大学计算机基础
（Windows 10+Office 2016）

闫瑞峰 张立铭 薛佳楣 主 编

王 锐 邰学礼 李德恒 周 虹 朱启东 副主编

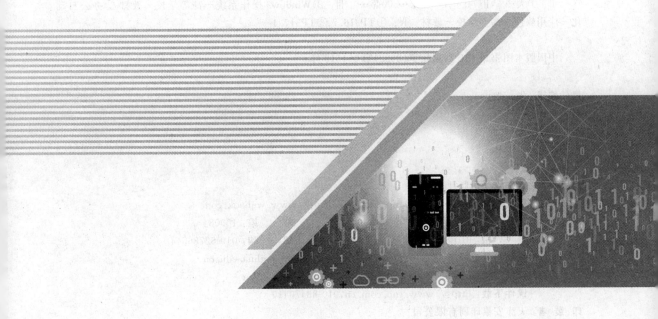

清华大学出版社

北京

内 容 简 介

　　本书依据教育部高等学校大学计算机课程教学指导委员会对计算机基础教学的基本要求,结合编者多年的教学经验而编写,面向高等学校非计算机专业的大学计算机基础课程,主要讲述计算机基础知识和基本理论,以 Windows 10 和 Microsoft Office 2016 为教学软件平台,适应日新月异的计算机技术发展。全书共分为 10 章,全面讲述计算机与计算思维;信息素养与信息安全;计算机系统组成;Windows 10 操作系统;文字处理;电子表格;演示文稿的制作;网络技术基础;算法、数据结构与程序设计;计算机新技术的发展等内容。本书在注重系统性和科学性的基础上,突出了实用性及操作性,对重点难点进行突出讲解。本书语言流畅,内容丰富,深入浅出。

　　本书可作为普通高校非计算机专业类公共计算机基础课程教材,也适合其他读者自学。

图书在版编目(CIP)数据

　　大学计算机基础:Windows 10＋Office 2016/闫瑞峰,张立铭,薛佳楣主编. —北京:清华大学出版社,2022.6

　　ISBN 978-7-302-60619-2

　　Ⅰ.①大…　Ⅱ.①闫…　②张…　③薛…　Ⅲ.①Windows 操作系统－高等学校－教材 ②办公自动化－应用软件－高等学校－教材　Ⅳ.①TP316.7②TP317.1

　　中国版本图书馆 CIP 数据核字(2022)第 064518 号

责任编辑:张　弛
封面设计:刘　键
责任校对:李　梅
责任印制:宋　林

出版发行:清华大学出版社
　　　网　　　址:http://www.tup.com.cn, http://www.wqbook.com
　　　地　　　址:北京清华大学学研大厦 A 座　　邮　　编:100084
　　　社 总 机:010-83470000　　　　　　　　邮　　购:010-62786544
　　　投稿与读者服务:010-62776969, c-service@tup.tsinghua.edu.cn
　　　质量反馈:010-62772015, zhiliang@tup.tsinghua.edu.cn
　　　课件下载:http://www.tup.com.cn,010-83470410
印 装 者:天津安泰印刷有限公司
经　　销:全国新华书店
开　　本:185mm×260mm　　　印　　张:18.25　　　字　　数:442 千字
版　　次:2022 年 7 月第 1 版　　　　　　　　印　　次:2022 年 7 月第 1 次印刷
定　　价:59.00 元

产品编号:095945-01

前　言

随着经济社会的发展,各行各业的信息化进程加速,社会进入"互联网＋"时代,信息技术发展日新月异,我国高等学校的计算机基础教育进入新的发展阶段。高等学校各专业都对学生的计算机应用能力提出了更高的要求,计算机基础教育更加注重满足不同知识层次和知识背景学生的学习需求。

大学计算机基础是面向高等学校非计算机专业的计算机基础教育课程,是培养"互联网＋"时代大学生综合素质和创新能力不可或缺的重要基础。本书依据教育部高等学校大学计算机课程教学指导委员会对计算机基础课程教学的基本要求编写而成。

本书系统研究了目前高等学校大学计算机基础教育和计算机技术发展的状况,在内容取舍、篇章结构、教学讲解等方面都进行了精心设计。本书根据各章实际情况融入课程思政元素,有利于提升学生的信息素养与思政修养。本书为非计算机专业的学生增加了信息素养、程序设计以及计算机新技术的应用和发展等内容。全书共分为 10 章,主要内容包括计算机与计算思维;信息素养与信息安全;计算机系统组成;Windows 10 操作系统;文字处理;电子表格;演示文稿的制作;网络技术基础;算法、数据结构与程序设计;计算机新技术的发展等。

参加本书编写工作的都是多年从事计算机基础教学、有着丰富一线经验的教师。本书由闫瑞峰、张立铭、薛佳楣任主编,王锐、邰学礼、李德恒、周虹和朱启东任副主编,第 1、10 章由张立铭编写,第 2 章由周虹编写,第 3、4 章由闫瑞峰编写,第 5 章由王锐编写,第 6 章由邰学礼编写,第 7 章由朱启东编写,第 8 章由薛佳楣编写,第 9 章由李德恒编写。

由于本书涉及知识范围较广,加之编者水平有限,书中难免有疏漏和不足之处,恳请广大读者批评指正。

编　者

2022 年 3 月

教学课件

目 录

第 1 章

计算机与计算思维

1.1 计算机概述

现在人们所说的计算机,其全称是通用电子数字计算机,"通用"是指计算机可服务于多种用途,"电子"是指计算机是一种电子设备,"数字"是指在计算机内部一切信息均用 0 和 1 的编码来表示。计算机的出现是 20 世纪最卓越的成就之一,它改变了人们的生活、学习和工作,在世界范围内形成了一种新的文化,构造了一种崭新的文明。

1.1.1 计算机的起源与发展

1. 古代计算工具

在人类文明发展的历史上中国曾经在早期计算工具的发明创造方面书写过光辉的一页。远在商代,中国就创造了十进制记数方法,领先于世界千余年。到了周代,发明了当时最先进的计算工具——算筹,如图 1-1 所示。这是一种用竹、木或骨制成的颜色不同的小棍。计算每一个数学问题时,通常编出一套歌诀形式的算法,一边计算,一边不断地重新布棍。中国古代数学家祖冲之,就是用算筹计算出圆周率在 3.1415926 和 3.1415927 之间,这一结果比西方早一千年。

算盘是中国的又一独创,也是计算工具发展史上的第一项重大发明,如图 1-2 所示。这种轻巧灵活、携带方便、与人民生活关系密切的计算工具,最初大约出现于汉朝,到元朝时渐趋成熟,在计算机已被普遍使用的今天,古老的算盘不仅没有被废弃,反而因它的灵便、准确等优点,在许多国家方兴未艾。联合国教科文组织正式认定珠算成为人类非物质文化遗产。

西方最早的计算工具是由英国人冈特在 1621 年发明的计算尺。不过在他之前达·芬奇已经在手稿中提出了计算工具的设想,并做出了关于机械式计算工具设计方案的记录。

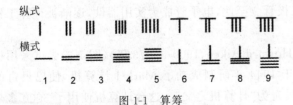

图 1-1 算筹

图 1-2 算盘

2. 机械式计算机

1642年,法国数学家帕斯卡(Blaise Pascal,1623—1662年)(图1-3)发明了帕斯卡加法器,这是人类历史上第一台机械式计算工具,其原理对后来的计算工具产生了持久的影响。德国数学家莱布尼茨(G. W. Leibnitz)受帕斯卡加法器的启发,于1673年研制出能进行四则运算的机械式计算器,称为莱布尼兹四则运算器。这台机器在进行乘法运算时采用进位-加(shift-add)的方法,后来演化为二进制,被现代计算机所采用。

19世纪初,英国数学家查尔斯·巴贝奇(Charles Babbage,1792—1871年)取得了突破性进展。1832年,巴贝奇(图1-4)研制出专门用于航海和天文计算的差分机(图1-5),这是最早采用寄存器来存储数据的计算工具,使计算工具从手动机械跃入自动机械的新时代。1832年,巴贝奇开始进行分析机的研究。在分析机的设计中,巴贝奇采用了三个具有现代意义的装置。①存储装置:采用齿轮式装置的寄存器保存数据,既能存储运算数据,又能存储运算结果;②运算装置:从寄存器取出数据进行加、减、乘、除运算,并且乘法是以累次加法来实现的,还能根据运算结果的状态改变计算的进程,用现代术语来说,就是条件转移;③控制装置:使用指令自动控制操作顺序、选择所需处理的数据以及输出结果。巴贝奇的分析机是可编程计算机的设计蓝图,实际上,我们今天使用的每一台计算机都遵循着巴贝奇的基本设计方案。但由于当时技术条件所限,实际机器并没有制造出来。

图1-3　数学家帕斯卡　　　　图1-4　数学家查尔斯·巴贝奇　　　　图1-5　差分机

3. 电子计算机

随着人类文明的发展和科学技术的进步,人们对计算的需求越来越多,从而推动了计算工具的不断革命。在20世纪初期,出现了一些具有控制功能的电子元件。最早为此做出贡献的是英国著名的物理学家弗莱明和美国的德·福雷斯特。弗莱明进行了近20年的研究试验,于1904年研制出了世界上第一只真空二极管。两年后,美国工程师德·福雷斯特在此基础上发明了具有放大作用的真空三极管。至此,电子管成为实用器件,逐渐被计算工具所采用。

1936年美国科学家霍华德·艾肯(Howard Aiken,1900—1973年)(图1-6)尝试采用机电方法来实现巴贝奇分析机的想法,并于1944年研制成功了Mark-1计算机,使巴贝奇的梦想变成现实,所以国际计算机界称巴贝奇为"计算机之父"。这台计算机使用了3000多个继电器,实现了自动顺序控制,可完成对23位十进制数的加减运算,并且计算时间仅为

0.3s。三年之后，艾肯又研制出运算速度更快的机电式计算机。随着人类文明的发展和科学技术的进步，人们对计算的需求越来越多，从而推动了计算工具的不断革命。

世界上第一台电子计算机 ENIAC(electronic numerical integrator and calculator,电子数字积分计算机)于 1946 年 2 月 14 日在美国诞生,如图 1-7 所示。这台计算机是在美国陆军部的主持下,由美国宾夕法尼亚大学的埃克特(Ecket)和莫奇里(Mauchley)研制成功的,它占地 $160m^2$,重 30t,功率 150kW,使用了 18000 多只电子管,运算速度为 5000 次/秒。虽然它仍存在着不能存储程序,以及使用的是十进制数等严重缺陷,但是它的运算速度在当时来说已经非常快了。ENIAC 的问世具有划时代的意义,它标志着人类计算工具的历史性变革,它的成功,开辟了提高计算速度的极为广阔的前景,从此计算机登上了人类社会发展的历史舞台。

图 1-6 科学家霍华德·艾肯

图 1-7 世界上第一台电子计算机 ENIAC

1945 年 6 月,普林斯顿大学数学教授冯·诺依曼发表了 EDVAC(electronic discrete variable automatic computer,离散变量自动电子计算机)方案,确立了现代计算机的基本结构,提出计算机应具有五个基本组成成分：运算器、控制器、存储器、输入设备和输出设备,描述了这五大部分的功能和相互关系,并提出"采用二进制"和"存储程序"这两个重要的基本思想。EDVAC 的发明为现代计算机在体系结构和工作原理上奠定了基础,对后来的计算机设计产生了重大影响。

1949 年 5 月,英国剑桥大学莫里斯·威尔克斯(Maurice Wilkes)教授研制了世界上第一台存储程序式计算机 EDSAC(electronic delay storage automatic computer),它使用机器语言编程,可以存储程序和数据并自动处理数据,使得存储和处理信息的方法开始发生革命性变化。1951 年问世的 UNIVAC 因准确预测了 1952 年美国大选艾森豪威尔的获胜而得到认可。1953 年,IBM 公司生产了第一台商业化的计算机 IBM701,使计算机向商业化迈进。

4. 影响计算机发展的两个灵魂人物

在现代计算机的发展中,具有突出贡献的代表人物是英国数学家图灵(Alan Mathison Turing,1912—1954 年)和美籍匈牙利数学家冯·诺依曼(John Von Neumann,1903—1957 年)。

图灵(图 1-8)的主要贡献：一是提出了著名的"图灵机"(TM,Turing machine)模型,探讨了计算机的基本概念,证明了通用数字计算机是可以实现的;二是提出了图灵测试

(Turing test),奠定了"人工智能"的理论基础。

图 1-8　数学家图灵

1936 年,图灵向伦敦权威的数学杂志投了一篇论文,题为"论数字计算在决断难题中的应用"。在这篇论文中,图灵提出了著名的"图灵机"的设想。"图灵机"不是一种具体的机器,而是一种思想模型,图灵机被公认为现代计算机的原型,这台机器可以读入一系列的 0 和 1,这些数字代表了解决某一问题所需要的步骤,"图灵机"能够识别运算过程中的每一步,并且能够按部就班地执行一系列的运算,直到获得最终答案。图灵在他那篇著名的文章里,还进一步设计出被人们称为"万能图灵机"的模型,它可以模拟其他任何一台解决某个特定数学问题的"图灵机"的工作状态。他甚至还想象在带子上存储数据和程序。"万能图灵机"实际上就是现代通用计算机最原始的模型,具有革命性意义。

美国的约翰·阿塔那索夫在 1942 年研制成功的"ABC 计算机",采用了二进位制,电路的开与合分别代表数字 0 与 1,运用电子管和电路执行逻辑运算等,是"图灵机"的第一个硬件实现。为了纪念图灵对计算机科学的重大贡献,美国计算机协会(ACM)在 1966 年设立了图灵奖,奖励每年在计算机科学领域做出特殊贡献的人。

冯·诺依曼(图 1-9)是 20 世纪最重要的数学家之一,是在现代计算机、博弈论、核武器和生化武器等诸多领域内有杰出建树的最伟大的科学全才之一,被后人称为"计算机之父"和"博弈论之父"。

ENIAC 机证明电子真空技术可以大大地提高计算技术,不过,ENIAC 机本身存在两大缺点:①没有存储器;②它用布线接板进行控制,甚至要搭接几天,计算速度也就被这一工作抵消了。冯·诺依曼由 ENIAC 机研制组的戈尔德斯廷中尉介绍参加 ENIAC 机研制小组后,便带领这批富有创新精神的年轻科技人员向着更高的目标进军。1945 年,他们发表了一个全新的存储

图 1-9　数学家冯·诺依曼

程序通用电子计算机方案——EDVAC(electronic discrete variable automatic computer,离散变量自动电子计算机)。在这个过程中,冯·诺依曼显示出他雄厚的数理基础知识,充分发挥了他的顾问作用及探索问题和综合分析的能力。冯·诺依曼起草了以"关于 EDVAC 的报告草案"为题的总结报告。报告广泛而具体地介绍了制造电子计算机和程序设计的新思想。这份报告是计算机发展史上一个划时代的文献,它向世界宣告:电子计算机的时代开始了。EDVAC 方案明确奠定了新机器由五个部分组成,包括:运算器、控制器、存储器、输入和输出设备,并描述了这五部分的职能和相互关系。报告中,冯·诺依曼对 EDVAC 中的两大设计思想做了进一步的论证,为计算机的设计树立了一座里程碑。

5. 计算机发展的四个阶段

自 1946 年电子计算机问世以来,计算机在制作工艺与元件、软件、应用领域等方面都取得了突飞猛进的发展。根据计算机所采用的逻辑元件的不同,一般将计算机的发展划分为四个阶段。

　　第一代计算机：电子管计算机时代(1946—1957 年)。逻辑元件采用电子管,软件方面用机器语言或汇编语言编写程序,主要用于军事和科学计算。特点是体积大、耗能高、速度慢(一般每秒数千次至数万次)、存储容量小、价格昂贵。其代表机型有 ENIAC、IBM704 等。

　　第二代计算机：晶体管计算机时代(1958—1964 年)。逻辑元件采用晶体管,软件方面出现了一系列高级程序设计语言,并提出了操作系统的概念。计算机设计出现了系列化的思想。应用范围也从军事与科学计算方面延伸到工程设计、数据处理、事务管理及其他科学研究领域。其代表机型有 IBM7090、ATLAS 等。

　　第三代计算机：中、小规模集成电路计算机时代(1965—1970 年)。逻辑元件采用中、小规模集成电路(IC),软件方面出现了操作系统及结构化、模块化程序设计方法,高级语言在这一时期有了很大的发展。软、硬件都向标准化、多样化、通用化、机种系列化的方向发展,计算机开始广泛应用在各个领域。其代表机型有 IBM360 等。

　　第四代计算机：大规模和超大规模集成电路计算机时代(1971 年至今)。逻辑元件采用大规模集成电路(large scale integration,LSI)和超大规模集成电路(very large scale integration,VLSI)。随着性能的不断提高,计算机体积、重量、功耗、价格不断下降,而速度和可靠性不断提高,应用范围进一步扩大。操作系统不断完善,应用软件已成为现代工业的一部分。

6. 我国计算机的发展

　　华罗庚教授是我国计算技术的奠基人和最主要的开拓者之一。早在 1947—1948 年,华罗庚在美国普林斯顿高级研究院担任访问研究员时,冯·诺依曼正在设计世界上第一台存储程序的通用电子数字计算机。华罗庚参观了冯·诺依曼实验室,并与他讨论有关学术问题。这时,华罗庚的心里已经开始勾画中国电子计算机事业的蓝图。华罗庚教授 1950 年回国,1952 年在全国大学院系调整时,他从清华大学电机系物色了闵乃大、夏培肃和王传英三位科研人员在他任所长的中国科学院数学所内建立了中国第一个电子计算机科研小组。1956 年,周总理亲自主持制定的《十二年科学技术发展规划》中,就把计算机列为发展科学技术的重点之一,并在 1957 年筹建中国第一个计算技术研究所。

　　1958 年,中科院计算所研制成功我国第一台小型电子管通用计算机 103 机(八一型),标志着我国第一台电子计算机的诞生。1965 年,中科院计算所研制成功第一台大型晶体管计算机 109 乙,之后推出 109 丙机,该机在两弹试验中发挥了重要作用;进入 20 世纪 70 年代,中国对于超级计算机的需求日益激增,中长期天气预报、模拟风洞实验、三维地震数据处理,以致新武器的开发和航天事业都对计算能力提出了新的要求,为此中国开始了对超级计算机的研发。

　　1983 年 12 月 4 日研制成功银河一号超级计算机,并继续成功研发了以银河二号、银河三号、银河四号为系列的银河超级计算机,使中国成为世界上少数几个能发布 5~7 天中期数值天气预报的国家之一。

　　1992 年研制成功曙光一号超级计算机,在发展银河和曙光系列的同时,中国发现由于向量型计算机自身的缺陷很难继续发展,因此需要发展并行型计算机,于是中国开始研发神威超级计算机,并在神威超级计算机基础上研制了神威蓝光超级计算机。2002 年中国联想集团研发成功深腾 1800 型超级计算机,并开始发展深腾系列超级计算机。

　　2010 年,中国第一次拥有了全球最快的超级计算机"天河一号"超级计算机,每秒超过

10亿亿次浮点运算,而所用平台是Intel提供的大约10万颗CPU。

2013年由国防科学技术大学研制的"天河二号"超级计算机系统,以峰值计算速度每秒5.49×10^{16}次、持续计算速度每秒3.39×10^{16}次双精度浮点运算的优异性能位居榜首,成为2013年全球最快超级计算机。

2015年4月9日,美国商务部发布了一份公告,决定禁止向中国4家国家超级中心出售至强(XEON)芯片,这一决定使天河二号升级受到阻碍。

2016年6月,中国已经研发出当时世界上最快的超级计算机"神威·太湖之光",落户在位于无锡的中国国家超级计算机中心。该超级计算机的浮点运算速度是世界第二快超级计算机天河二号的2倍,达9.3亿亿次每秒。

2017年6月20日德国法兰克福国际超级计算机大会(ISC)公布了世界计算机500强榜单,中国最新的超级计算机神威太湖之光登顶,并且实现了其核心处理器的全国产化。在2021年TOP500组织发布的最新一期世界超级计算机500强榜单中,中国共有186台超算上榜,上榜数量蝉联第一,截至目前,我国天河二号、"神威·太湖之光"等国产超级计算机,在国际超级计算机大赛上共拿下10个世界第一。

目前国家超级计算无锡中心"神威·太湖之光"系统运行稳定,用户数量不断增加,机器利用率已超过50%,已完成200多项百万核大型问题的求解任务,涉及航空航天、先进制造、生物医药、新材料、新能源等重点领域。未来我国科研团队将继续围绕提升国家科技创新能力,以"神威·太湖之光"超级计算机为基础,进一步解决气候、环境、生命、材料和制造等领域的重大科学问题,研究高性能计算的核心技术、提升高性能计算的应用水平、培养高性能计算人才。

7. 计算机的发展趋势

随着科技的进步和各种计算机技术、网络技术的飞速发展,计算机的发展已经进入了一个快速而又崭新的时代。在20世纪80年代就提出了第五代计算机的概念,用超大规模集成电路和其他新型物理元件组成的可以把信息采集、存储、处理、通信同人工智能结合在一起构成的智能计算机系统。这种计算机能面向知识处理,具有形式化推理、联想、学习和解释的能力,并能直接处理声音、文字、图像等信息。已经投入研究的有量子计算机、光子计算机、纳米计算机、生物计算机、神经计算机等。

(1) 量子计算机

量子计算机是利用原子所具有的量子特性进行信息处理的一种全新概念的计算机。量子理论认为,非相互作用下,原子在任一时刻都处于两种状态,称为量子超态。原子会旋转,即同时沿上、下两个方向自旋,这正好与电子计算机0与1完全吻合。量子计算机处理数据时不是分步进行而是同时完成的,只要40个原子一起计算,就相当于今天一台超级计算机的性能。量子计算机以处于量子状态的原子作为中央处理器和内存,其运算速度可能比目前的奔腾4芯片快10亿倍,就像一枚信息火箭,在一瞬间搜寻整个互联网,可以轻易地破解任何安全密码。

在量子计算机上,我国科研团队又实现了一次突破,中国科技大学成功研制了62比特可编程超导量子计算原型机"祖冲之号",超导量子比特数全球最多。基于"祖冲之号"量子计算原型机的二维可编程量子行走在量子搜索算法、通用量子计算等领域具有潜在应用,将是后续发展的重要方向。量子计算机在原理上具有超快的并行计算能力,可望通过特定算法在一些具有重大社会和经济价值的问题方面(如密码破译、大数据优化、材料设计、药物分析等)相比经典计算机实现指数级别的加速。当前,量子计算机研制作为世界科技前沿的重大挑战之一,已经成为欧美各发达国家竞相角逐的焦点。

(2) 光子计算机

1990 年年初,美国贝尔实验室研制成世界上第一台光子计算机。光子计算机是一种由光信号进行数字运算、逻辑操作、信息存储和处理的新型计算机。光子计算机的基本组成部件是集成光路,要有激光器、透镜和核镜。由于光子比电子速度快,光子计算机的运行速度可高达一万亿次。它的存储量是现代计算机的几万倍,还可以对语言、图形和手势进行识别与合成。许多国家都投入巨资进行光子计算机的研究。随着现代光学与计算机技术、微电子技术相结合,在不久的将来,光子计算机将可能成为人类普遍使用的工具。

(3) 纳米计算机

纳米计算机是用纳米技术研发的新型高性能计算机。纳米管元件的尺寸在几到几十纳米范围,质地坚固,有着极强的导电性,能代替硅芯片制造计算机。"纳米"是一个计量单位,一个纳米等于 10^{-9} 米,大约是氢原子直径的 10 倍。纳米技术是从 20 世纪 80 年代初迅速发展起来的新的前沿科研领域,最终目标是人类按照自己的意志直接操纵单个原子,制造出具有特定功能的产品。纳米技术正从微电子机械系统起步,把传感器、电动机和各种处理器都放在一个硅芯片上而构成一个系统。应用纳米技术研制的计算机内存芯片,其体积只有数百个原子大小,相当于人的头发丝直径的千分之一。纳米计算机不仅几乎不需要耗费任何能源,而且其性能要比今天的计算机强大许多倍。

(4) 生物计算机

20 世纪 80 年代以来,生物工程学家对人脑、神经元和感受器的研究倾注了很大精力,以期研制出可以模拟人脑思维、低耗、高效的生物计算机。用蛋白质制造的计算机芯片,存储量可以达到普通计算机的 10 亿倍。生物计算机元件的密度比大脑神经元的密度高100 万倍,传递信息的速度也比人脑思维的速度快 100 万倍。其特点是可以实现分布式联想记忆,并能在一定程度上模拟人和动物的学习功能。它是一种有知识、会学习、能推理的计算机,具有能理解自然语言、声音、文字和图像的能力,并且具有说话的能力,使人机能够用自然语言直接对话,它可以利用已有的和不断学习到的知识,进行思维、联想、推理,并得出结论,能解决复杂问题,具有汇集、记忆、检索有关知识的能力。

(5) 神经计算机

神经计算机,是模仿人大脑的判断能力和适应能力,并具有可并行处理多种数据功能的神经网络计算机。与以逻辑处理为主的计算机不同,它本身可以判断对象的性质与状态,并能采取相应的行动,而且它可同时并行处理实时变化的大量数据,并引出结论,神经计算机将类似人脑的智慧和灵活性。2020 年 9 月 1 日,浙江大学联合之江实验室共同研制成功了我国首台基于自主知识产权类脑芯片的类脑计算机,其包含 792 颗浙江大学研制的达尔文2 代类脑芯片,支持 1.2 亿个脉冲神经元、720 亿个神经突触,与小鼠大脑神经元数量规模相当,典型运行功耗只需 350~500 瓦,是目前国际上神经元规模最大的类脑计算机。

1.1.2 计算机的类型、特点和主要性能指标

1. 计算机的分类

由于科学技术的迅速发展带动了计算机类型的不断分化,形成了各种不同种类的计算

机。不同的应用需求需要不同类型的计算机支持,例如处理天气预报和一个动力传动系统仿真所需要的计算环境和计算机类型就相差甚远,前者通常需要高性能计算机,而后者用微型计算机就可以处理。下面首先介绍计算机的分类。

按处理方式,可以把计算机分为模拟计算机、数字计算机以及数字模拟混合计算机。模拟计算机,主要用于处理模拟信息,如工业控制中的温度、压力等。模拟计算机的运算部件是一些电子电路,其运算速度极快,但精度不高,使用也不够方便。数字计算机采用二进制运算,其特点是解题精度高,便于存储信息,是通用性很强的计算工具,既能胜任科学计算和数字处理,也能进行过程控制和 CAD/CAM 等工作。混合计算机是取数字、模拟计算机之长,既能高速运算,又便于存储信息,但这类计算机造价昂贵。现在人们所使用的大多属于数字计算机。

按用途可分为专用计算机和通用计算机两类。专用计算机是针对某类专门的应用而设计的计算机系统,具有有效、经济和实用等特点。例如超市、银行和机场使用的基本上都是专用计算机。通用计算机适用面广,但牺牲了效率、速度和经济性。通常所说的计算机是指通用计算机,例如目前教学、科研和家庭使用的都是通用计算机。

对通用计算机而言,较为普遍的是按照计算机的运算速度、字长、存储容量等综合性能指标进行分类,通常分为以下五大类。

(1) 超级计算机

超级计算机也就是常说的巨型计算机,通常是指由数百数千甚至更多的处理器(机)组成的,是计算机中功能最强、运算速度最快、存储容量最大的一类计算机,多用于国家高科技领域和尖端技术研究,它对国家安全、经济和社会发展具有举足轻重的意义,是国家科技发展水平和综合国力的重要标志。主要特点表现为高速度和大容量,配有多种外部和外围设备及丰富的、高功能的软件系统。现有的超级计算机运算速度大多可以达到每秒一太(Trillion,万亿)次以上。目前,国际上公认的对高性能计算机最为权威的评测机构是TOP500,每年公布一次世界 500 强排行榜。在 2021 年 6 月发布的全球超级计算机 500 强排行榜上,中国部署的超级计算机数量继续位列全球第一。其中具有代表性的是由国家并行计算机工程技术研究中心研制的"神威·太湖之光"等超级计算机,如图 1-10 所示,内置40960 个中国自主研发的"申威 26010"众核处理器,该众核处理器采用 64 位自主申威指令系统,峰值性能为 12.5 亿亿次/秒,持续性能为 9.3 亿亿次/秒。部署于国家超算广州中心的"天河二号"内置 32000 颗主 CPU 和 48000 个协处理器,共 300 多万个计算核心。峰值计算速度达到每秒 5.49 亿亿次,而持续计算时的速度每秒可达 3.39 亿亿次,如图 1-11 所示。

图 1-10　"神威·太湖之光"超级计算机

图 1-11　"天河二号"超级计算机

目前在气候预测、交通、生物信息学和计算生物学、社会健康与安全、地球物理探测和地球科学、材料科学与计算纳米技术、天体物理学模拟、核试验等领域中的一些极具复杂性、挑战性的计算难题,都必须依赖"超级计算机"来完成。例如在全球共同应对新型冠状病毒的战斗中,超级计算机就起到了重要的作用。如国家超级计算深圳中心主任冯圣中所言:"科学阻击疫情的每个环节,都需要超算来支撑。"2020 年 3 月 3 日,英特尔、联想及华大基因宣布携手加快 COVID-19 新型冠状病毒的基因组特性分析。通过使用最新的高性能计算和基因组分析技术是提高分析效率的重要手段,加快对新型冠状病毒感染者的快速识别和病毒基因组特性的研究,为新型冠状病毒的精准诊断、治疗和疫情防控提供强有力的支持。

（2）微型计算机

大规模集成电路及超大规模集成电路的发展是微型计算机得以产生的前提。微型计算机是由大规模集成电路组成的、体积较小的电子计算机。它是以微处理器为基础,配以内存储器及输入输出（I/O）接口电路和相应的辅助电路而构成的裸机。日常使用的台式计算机、笔记本电脑、掌上电脑、平板电脑等都是微型计算机。目前微型计算机已广泛应用于科研、办公、学习、娱乐等社会生活的方方面面,是发展最快、应用最为广泛的计算机。

（3）网络计算机

网络计算机包括服务器、工作站、集线器、交换机和路由器等。

工作站是一种以个人计算机和分布式网络计算为基础,主要面向专业应用领域,具备强大的数据运算与图形、图像处理能力,为满足工程设计、动画制作、科学研究、软件开发、金融管理、信息服务、模拟仿真等专业领域而设计开发的高性能计算机。它属于一种高档的计算机,一般拥有较大屏幕显示器和大容量的内存和硬盘,也拥有较强的信息处理功能和高性能的图形、图像处理功能以及联网功能。

服务器专指某些高性能的计算机,能通过网络对外提供服务。相对于普通计算机来说,在稳定性、安全性、性能等方面都要求更高,因此在 CPU、芯片组、内存、磁盘系统、网络等硬件方面和普通计算机有所不同。服务器是网络的节点,存储、处理网络上 80% 的数据、信息,在网络中起到举足轻重的作用。它们是为客户端计算机提供各种服务的高性能的计算机,其高性能主要表现在高速的运算能力、长时间的可靠运行、强大的外部数据吞吐能力等方面。

（4）工业控制计算机

工业控制计算机是一种采用总线结构,对生产过程及其机电设备、工艺装备进行检测与控制的计算机系统的总称,简称控制机。它由计算机和过程输入输出（I/O）通道两大部分组成。计算机由主机、输入输出设备和外部磁盘机、磁带机等组成。在计算机外部又增加一部分过程输入/输出通道,用来完成把工业生产过程中的检测数据送入计算机进行处理;另一方面将计算机要行使对生产过程控制的命令、信息转换成工业控制对象的控制变量的信号,再送往工业控制对象的控制器,由控制器行使对生产设备运行的控制。目前工控机的主要类别有：IPC（PC 总线工业计算机）、PLC（可编程控制系统）、DCS（分散型控制系统）、FCS（现场总线系统）及 CNC（数控系统）五种。

（5）嵌入式计算机

嵌入式计算机是指嵌入对象体系中,实现对象体系智能化控制的专用计算机系统。主要针对某个特定的应用,如针对网络、通信、音频、视频、工业控制等,从学术的角度,嵌入式系统是以应用为中心,以计算机技术为基础,并且软硬件可裁剪,适用于应用系统对功能、可靠性、成本、体积、功耗有严格要求的专用计算机系统,它一般由嵌入式微处理器、外围硬件设备、嵌入式操作系统以及用户的应用程序四个部分组成。

嵌入式系统的核心部件是嵌入式处理器,嵌入式微处理器一般具备四个特点:①对实时和多任务有很强的支持能力,能完成多任务并且有较短的中断响应时间,从而使内部的代码和实时操作系统的执行时间减少到最低限度;②具有功能很强的存储区保护功能,这是由于嵌入式系统的软件结构已模块化,而为了避免在软件模块之间出现错误的交叉作用,需要设计强大的存储区保护功能,同时也有利于软件诊断;③可扩展的处理器结构,以便能迅速地扩展出满足应用的高性能的嵌入式微处理器;④嵌入式微处理器的功耗必须很低,尤其是用于便携式的无线及移动的计算和通信设备中靠电池供电的嵌入式系统更是如此,功耗只能为 mW 甚至 μW 级。

2. 计算机的特点

计算机(Computer)是 20 世纪人类最伟大的发明之一,是一种能够存储程序,通过执行程序指令,自动、高速、精确地对各种信息进行复杂运算处理,并输出运算结果的一种高科技电子设备。其主要特点如下。

(1) 运算速度快

当今计算机系统的运算速度已达到每秒万亿次,微机也可达每秒几亿次以上。大量的科学计算过去人工需要几年、几十年,而现在利用计算机只需要几天或几小时甚至几分钟就可以完成。

(2) 运算精度高

在计算机中,其字长越长表示数的范围越大,同时运算精度越高。随着计算机硬件技术的不断发展,计算机的字长也在不停地增加,使得它能够满足高精度数值计算的需要。例如,对圆周率的计算,数学家们经过长期艰苦的努力只算到了小数点后 500 位,而使用计算机很快就能够算到小数点后 200 万位。科学技术的发展特别是尖端科学技术的发展,需要高度精确的计算,计算机控制的导弹之所以能准确地击中预定的目标,是与计算机的精确计算分不开的。一般计算机可以有十几位甚至几十位(二进制)有效数字,计算精度可由千分之几到百万分之几,是任何其他计算工具望尘莫及的。

(3) 可靠性高

计算机基于数字电路的工作原理,而在数字电路中表示"0""1"这样的二进制数非常方便,其运行状态稳定,再加上计算机内部电路所采用的各种校验手段,使得计算机具有非常高的可靠性。

(4) 具有逻辑判断功能,逻辑性强

计算机不仅能进行精确计算,还具有逻辑运算功能,可以对各种信息(如语言、文字、图形、图像、音乐等)进行比较和判断,以及推理和证明。

(5) 存储容量大

计算机内部的存储器具有记忆特性,随着计算机存储容量的不断增大,可存储记忆的信息越来越多。计算机不仅能进行计算,而且能把参加运算的数据、程序、中间结果和最终结果保存起来,以供用户随时调用。

（6）自动化程度高

由于计算机具有存储记忆能力和逻辑判断能力，因此人们可以将预先编好的程序存入计算机内存，在程序控制下，计算机可以连续、自动地工作，不需要人的干预。

3．计算机的主要性能指标

（1）字长

字长是计算机一次直接处理二进制数的位数，一般与运算器的位数一致。字长越长，精度越高，常见的字长有 8 位、16 位、32 位和 64 位等。

（2）运算速度

运算速度是指计算机每秒执行基本指令的条数。它反映计算机运算和对数据信息处理的速度，其单位为次/秒、百万次/秒、万亿次/秒、千万亿次/秒、亿亿次/秒等。

（3）主频

主频是指计算机的主时钟频率，它在很大程度上反映了计算机的运算速度，因此人们也常以主频来衡量计算机的速度。其单位是赫兹（Hz），常以 MHz、GHz 表示，比如 Intel Pentium II/866 表示该 CPU 主时钟频率为 866MHz，Intel 酷睿 i78 代 CPU 的工作主频为 3.7GHz。以 3.0GHz 的主频为例，意味着该 CPU 每秒钟会产生 30 亿个时钟脉冲信号，每个时钟信号周期为 0.33ns。

（4）存储器容量

容量是描述计算机存储能力的指标，通常以字节为最小的计量单位，用 B（Byte）表示。内存容量越大，计算机的整体性能就会越好。目前，微型计算机的存储容量也可以达到上千亿字节。为度量方便，引入了千字节（KB）、兆字节（MB）、吉字节（GB）和太字节（TB）等度量单位，它们之间的换算关系如下：

1KB（千字节）＝1024B（2^{10}B）

1MB（兆字节）＝1024KB＝1024×1024B（2^{20}B）

1GB（吉字节）＝1024MB＝1024×1024×1024B（2^{30}B）

1TB（太字节）＝1024GB＝1024×1024×1024×1024B（2^{40}B）

目前微型计算机的内存可以达到吉字节数量级，外存容量可以达到太字节数量级。

除此之外，还有功耗、无故障率、电源电压以及软件兼容性等性能指标。

1.1.3 计算机的工作原理

1．冯·诺依曼工作原理

尽管计算机飞速发展，但其基本工作原理仍然是基于冯·诺依曼原理，它的核心思想是"存储程序"的概念，它的特点如下。

（1）计算机由运算器、存储器、控制器和输入设备、输出设备五大部件组成。

（2）指令和数据都用二进制代码表示。

（3）指令和数据都以同等地位存放于存储器内，并可按地址寻访。

（4）指令由操作码和地址码组成，操作码用来表示操作的性质，地址码用来表示操作数所在存储器中的位置。

（5）指令在存储器内是顺序存放的。

根据冯·诺依曼的设想，计算机必须具有如下功能。

(1) 接受输入：所谓"输入"是指送入计算机系统的任何数据,也指把信息送进计算机的过程。

(2) 存储数据：具有记忆程序、数据、中间结果及最终运算结果的能力。

(3) 处理数据：数据泛指那些代表某些事实和思想的符号,计算机要具备能够完成各种运算、数据传送等数据加工处理的能力。

(4) 自动控制：能够根据程序控制自动执行,并能根据指令控制机器各部件协调工作。

(5) 产生输出：输出是指计算机生成的结果,也指产生输出结果的过程。

按照这一设想构造的计算机如图 1-12 所示。

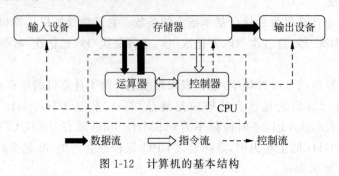

图 1-12　计算机的基本结构

2. 指令的执行过程

指令(instruction)是能够被计算机识别,能够完成某一种操作的命令,是程序设计的最小单位。指令是计算机硬件和软件之间的桥梁,是计算机工作的基础。一条指令就是计算机机器语言的一语句,它一般包括操作码和地址码两部分,如图 1-13 所示。

(1) 操作码(operation code, OP),说明指令所执行的操作。

操作码	地址码

图 1-13　指令结构

(2) 地址码(address code, AC),指出操作数的地址,然后根据地址取得操作数。地址是每个存储单元对应的一个固定编号,只要给出确定的地址,就能访问相应的存储单元,对该单元进行读/写操作,从中读出指令,并将执行结果写回到存储器。

要利用计算机来处理某些问题时,首先要制订该项任务的解决方案,再将其分解成计算机能够识别并可以执行的基本操作指令,这些指令按一定的顺序排列起来,就组成了程序(program)。计算机按照程序规定的流程依次执行存放在存储器中的一系列指令,最终完成程序所要实现的目标。

完成一条指令的操作可分为以下三个阶段。

(1) 取指令。根据程序计数器的内容(指令地址)到内存中取出指令,并放置到指令寄存器(instruction register, IR)中。指令寄存器也是一个专用寄存器,用来临时存放当前执行的指令代码,等待译码器来分析指令。当一条指令被取出后,程序计数器便自动加 1,使之指向下一条要执行的指令地址,为取下一条指令做好准备。

(2) 分析指令。控制器中的译码器对操作码进行译码,然后送往操作控制器进行分析,以识别不同的指令类别及各种获取操作数的方法,产生执行指令的操作命令(也称微命令),发往计算机需要执行操作的各个部件。

（3）执行指令。根据操作命令取出操作数,完成指令规定的操作,产生运算结果,并将结果存储起来。

综上所述,计算机自动工作过程是执行预先编写好的程序的过程,而执行程序的过程就是周而复始地完成取指令→分析指令→执行指令→再取下一条指令这样一个简单过程,如图 1-14 所示。

图 1-14　指令的执行过程

1.1.4　计算机的应用领域及研究新热点

最初发明计算机是为了进行军事方面的数值计算,但随着人类进入信息社会,计算机的功能已经远远超出了计算的机器这样狭义的概念。计算机的应用深入社会实践的各个领域,在传统应用的基础上出现了交叉学科应用的新热点。

1. 计算机的应用领域

（1）计算机在科学研究中的应用

① 科学与工程计算是指计算机应用于解决科学研究和工程技术中所提出的数学问题（数值计算）,通过计算机可以解决人工无法解决的复杂计算问题。从计算机诞生后,许多现代尖端科学技术的发展都是建立在计算机应用基础上的,如地震预测、气象预报及航天技术等,这些都需要大量的数值计算。

② 数据存储和检索。随着微电子技术和光电技术的发展,出现了大量的电子出版物,电子出版物的出现为使用计算机进行存储和检索创造了良好的条件,在信息爆炸时代,人们已经习惯于使用计算机来存储和检索海量的数据资源。

③ 计算机仿真主要应用于需要利用其他方法进行反复的实际实验,或者无法进行实际实验的场合。国防、交通、制造业等领域的科学研究是仿真技术的主要应用领域。

（2）计算机辅助系统的应用

计算机辅助系统主要包括计算机辅助设计、计算机辅助制造、计算机辅助教学等。

① 计算机辅助设计（computer aided design,CAD）是利用计算机强有力的计算功能和高效率的图形处理能力,进行工程和产品的设计与分析,以达到预期的目的或取得创新成果的一种技术。目前,建筑、机械、交通、服装设计等领域都广泛使用了计算机辅助设计系统,大大地提高了设计质量和生产效率。

② 计算机辅助制造（computer aided manufacturing,CAM）是指在机械制造业中,利用计算机通过各种数值控制机床和设备,自动完成离散产品的加工、装配、检测和包装等制造过程。目前,机械产品零件的加工、汽车制造流水线的运行、3D 打印以及各类机器人的智能制造等领域都广泛使用了计算机辅助制造系统,极大地提高了制造质量和制造速度。

③ 计算机辅助教学（computer aided instruction,CAI）是把计算机作为一种新型教学媒体,将计算机技术运用于课堂教学、实验课教学、线上教学及教学管理等各教学环节,以提高教学质量和教学效率的教学模式。

目前,以计算机技术为核心的现代教育方式在教育领域中的应用,已成为衡量教育现代化的一个重要标志。

（3）计算机在电子商务和电子政务中的应用

电子商务（electronic commerce，EC）是指通过计算机和网络进行商务活动，主要为电子商户提供服务、实现消费者的网上购物、商户之间的网上交易和在线电子支付的一种新型的商业运营模式。电子商务的广泛应用将彻底改变传统的商务活动方式，在企业的生产和管理、人们的生活和就业、政府的职能与法律法规，以及文化教育等社会诸多方面产生深刻的变化。

电子政务（electronic government）是运用计算机、网络和通信等现代信息技术手段，实现政府组织结构和工作流程的优化重组，超越时间、空间和部门分隔的制约，建立一个精简、高效、廉洁、公平的政府运作模式，以便全方位地向社会提供优质、规范、透明以及符合国际水准的管理与服务，是政府管理手段的变革。

总之，计算机的应用无处不在，以上列举了几个典型应用领域。计算机触及人类生活的各个领域，与人们的生活息息相关，密不可分。

2. 计算机研究的新热点

（1）大数据

"互联网＋"时代的电子商务、物联网、社交网络、移动通信等每时每刻都产生海量的数据，这些数据规模巨大，传统的计算机技术无法存储和处理，因此大数据技术应运而生。随着大数据（big data，BD）经过加工产生的价值不断增值，大数据的应用越来越受到关注，社会大数据、军事大数据、政府大数据、个人大数据等应用无处不在，通过社会各行各业的信息共享与不断创新，大数据极大地提高了社会生产力，促进了经济发展，便利了百姓生活。因此，大数据技术已经成为国家科技实力的象征，对经济发展起着不可忽视的作用，已经为人们创造了更多的新价值。

（2）云计算

云计算（cloud computing，CC）是计算机网络技术的新变革，更是一种新的思想方法。它是一种基于互联网的相关服务的增加、使用和交付模式，通常涉及通过互联网来提供动态易扩展且虚拟化的资源，构成一个计算资源池。用户通过计算机、智能手机等方式接入数据中心，在系统管理和调度下按自己的需求随时随地获取计算能力、存储空间和信息服务。云计算的应用已十分广泛并在不断地深入扩大到更多领域，例如使用云计算创建医疗健康服务云平台，实现医疗资源的共享和医疗范围的扩大；为银行、保险和基金等金融机构提供互联网处理和运行服务，实现普及快捷支付；向教育机构、学生和教师提供方便快捷的课程平台（大规模在线开放课程）。

（3）物联网

物联网（internet of things，IOT）顾名思义就是物物相连的互联网。物联网就是利用局域网和互联网等通信技术把传感器、控制器、机器、人和物等通过相关技术连在一起，实现信息化、远程管理控制和智能化的网络。以用户体验为核心的创新是物联网发展的灵魂，现在的物联网应用领域已经扩展到了智能交通、仓储物流、平安家居、智能消防、食品溯源、机器与设备运维、敌情侦查与情报搜集等多个领域。物联网不再是未来的技术，已经成为当今数据驱动经济的基础和支柱。

（4）虚拟现实技术

虚拟现实（virtual reality，VR）技术是一种可以创建和体验虚拟世界的计算机仿真系统,它利用计算机、电子信息、仿真技术等生成一种模拟环境,该环境是一种多源信息融合的、交互式的三维动态视景,提供使用者关于视觉、听觉、触觉等感官的模拟,让使用者如同身临其境,可以及时、没有限制地观察三维空间内的事物,实体行为的系统仿真可以使用户沉浸到该环境中。虚拟现实主要应用于临床医学、影视娱乐、教学实验、军事训练等领域。

（5）区块链

区块链(block chain,BC)是一种分布式数字化账本,其表现形式是由多个节点共同参与维护的,由统一共识机制保障的,不可篡改、时间有序密码学账本的数据库,利用去中心化和去信任方式集体维护数据库的可靠性技术方案。目前,国内的互联网巨头,比如阿里、腾讯、百度、金融银行等,都已经在尝试将区块链技术引用到自己的业务场景中,区块链对现实世界的发展有较大意义。2019 年 10 月 24 日,在中央政治局第十八次集体学习时,习近平总书记强调"把区块链作为核心技术自主创新的重要突破口""加快推动区块链技术和产业创新发展"。

（6）人工智能

人工智能(artificial intelligence,AI)是通过用计算机模拟人脑的智能行为,使机器具有类似于人的行为。近年来,图像识别、深度学习、神经网络等关键技术的突破带来了人工智能技术新一轮的发展,大大推动了以数据密集、知识密集、脑力劳动密集为特征的医疗产业与人工智能的深度融合。目前,人工智能技术在医疗领域、智能交通、智能机器人、航空卫星等方面的应用如火如荼。目前人工智能系统正以多种形态走进人们的生活,将来计算机会发展到一个更高、更先进的水平,计算机技术将会再次给世界带来巨大的变化。

1.2　计算思维概述

1.2.1　计算思维的概念

2006 年 3 月,美国卡内基·梅隆大学(CMU)计算机科学系主任周以真(Jeannette M. Wing)教授,在美国计算机权威刊物《Communications of the ACM》上首次提出了计算思维(computational thinking)的概念:"计算思维是运用计算机科学的基础概念去求解问题、设计系统和理解人类的行为。它涵盖了计算机科学之广度的一系列思维活动。"周以真教授从思维的视角阐述计算科学,并以此来探索计算机学习的教育价值。周教授为了让人们更易于理解,又将它更进一步地定义为:通过约简、嵌入、转化和仿真等方法,把一个看来困难的问题重新阐释成一个我们知道问题怎样解决的方法。

计算思维的本质就是抽象(abstraction)和自动化(automation),它反映了计算思维的根本问题,即什么能被有效地自动执行。任何自然系统和社会系统都可视为一个动态演化系统,演化伴随着物质、能量和信息的交换,这种交换可抽象为符号变换,使它可以用计算机进行处理。当动态演化系统抽象为用符号表示后,可对其建立模型、设计算法、开发软件并实施使之自动执行,这就是计算思维中的自动化。

典型的计算思维包括一系列广泛的计算机科学的思维方法,如递归、抽象和分解、保护、冗余、容错、纠错和恢复等,这些要素可以通过穷举法、回溯法、递归、分治法、贪心法等经典思维案例有效地表达。斐波那契数列(Fibonacci Sequence)是递归问题的经典应用之一,斐波那契数列又称黄金分割数列,指的是这样一个数列:1、1、2、3、5、8、13、21……。通过分析得出此数列的发展趋势或规律:即除了第一个和第二个数以外,每一项都等于前两项之和。

对此问题抽象为符号表示,并构建抽象模型如下:

$$\begin{cases} F(1)=1 \\ F(2)=1 \\ F(n)=F(n-1)+F(n-2) \quad \text{当 } n>=2 \text{ 时} \end{cases}$$

设计算法,并通过在 Python 语言程序设计软件中编写代码使之自动执行:

```
def Fibo(n)
    if(n==1 or n==2):
        return 1
    else:
        f = Fibo(n-1) + Fibo(n-2)
for i in range(1,20+1):
    print("{:>8}".format(Fibo(i)),end=" " if i%5!=0 else "\n")
```

程序执行结果如下:

```
   1      1      2      3      5
   8     13     21     34     55
  89    144    233    377    610
 987   1597   2584   4181   6765
```

斐波那契数列递归问题通过抽象、建模、设计算法、用软件实施并最终自动执行的过程展示了计算思维抽象与自动化的本质。计算机中文件夹复制、扫雷游戏、电影"盗梦空间"、汉诺塔问题等都巧妙运用了递归这种计算思维方式。计算思维与我们的生活息息相关,它是计算时代的产物,计算思维能力更应当成为这个时代中每个人都具备的一种基本能力。

从 20 世纪 50 年代开始,逐步形成了关于计算思维的概念,到 70 年代,Knuth 和 Dijkstra 对于计算思维有了清晰刻画,S. Papert 在 1980 年的书中出现了"计算思维"这个词。从 20 世纪 80 年代开始,在 Wilson 的呼吁和推动下,人们逐步认识了计算和模拟是科学研究的第三种方法。2006 年,周以真提出了关于计算思维的新理解(计算思维是像语言、计算那样的人类生活的基本技巧),推进了社会对于计算思维的重视和普及,一些国家将计算思维的教育列入教育体系,计算思维成为公民教育的基本内容,很多学科也在积极推进本学科的计算化和信息化,促进了学科的变革,这一时期可以称为计算思维 1.0 时代。

近几年来,由于信息技术的快速发展,人类社会由传统的物理世界和人类世界组成的二元空间,进入了物理世界、人类世界和信息世界的三元空间,并且正在向物理世界、人类世界、信息世界和智能体世界的四元空间转化。大数据和人工智能等新领域迈入了科学和社会舞台的中心,促进了 AI 赋能的新时代发展。针对大范围和大数量的信息分析,以及各种人工智能体的研究、设计和应用,产生了许多新的计算模型、算法形式和计算技术,这些进展推动了计算思维更加系统和深刻的认知,进入了新的发展时期,我们称为计算思维 2.0 时代。

联合国教科文组织在 2019 年 5 月发布的人工智能教育报告中指出,计算思维已经成为使学习者在人工智能驱动的社会中蓬勃发展的关键能力之一。计算思维具有二重性,本身既作为基本的科学对象,同时也具有学科的横向价值,从不同学科领域萌发的计算技术和方法经过计算机学科的精雕细琢以后,又为解决其他学科的问题提供了新的思想和方法。

1.2.2　计算思维的特性

计算思维具有以下特性。

(1) 计算思维是概念化的,而不是程序化的。计算机科学不是计算机编程,像计算机科学家那样去思维意味着不是为计算机编程,而是能够在抽象的多个层次上思维。

(2) 计算思维是每个人需掌握的基本技能,而不是刻板的重复性工作。基本技能是每一个人为了在现代社会中发挥职能所必须掌握的,而不是简单的机械性重复工作。

(3) 计算思维不是计算机的思维方式,而是人类解决问题的一种思维方式。

计算思维是人类求解问题的一条途径,并不是让人类像计算机那样思考。计算机枯燥且沉闷,人类聪颖且富有想象力。具备计算思维,利用计算机可以去解决之前不敢尝试的问题,实现"只有想不到,没有做不到"的境界。

(4) 计算思维是数学和工程思维的互补与融合。计算机科学在本质上源自数学思维,因为像所有的科学一样,其形式化基础建筑于数学之上。计算机科学又从本质上源自工程思维,因为我们建造的是能够与实际世界互动的系统。

(5) 计算思维是思想,不是产品。计算思维不是时时刻刻影响我们生活的软件、硬件等产品,而是求解问题、管理日常生活、与他人交流和互动的计算概念。

(6) 计算思维面向所有的人、所有的地方。当计算思维真正融入人类活动时,它作为一个解决问题的有效思维方法工具,人人都应当掌握,处处都会被使用。

1.2.3　计算思维对各学科的影响

计算思维正在渗透到各个学科、各个领域,并潜移默化地影响和推动着各个领域的发展。

(1) 计算思维正在改变统计学,通过机器学习、贝叶斯方法的自动化以及图形化模型的使用,可以从大量的数据中,如多样化的天文学图谱、信用卡购买以及食品超市的发票等,进行模式识别和异常检测。

(2) 计算机科学对于生物学的贡献,不仅在于从海量时序数据中搜寻模式规律的本领,更重要的是利用计算机专业中的数据结构和算法来表示蛋白质的结构以阐释其功能。计算生物学正在改变着生物学家的思考方式。

(3) 计算博弈理论正改变着经济学家的思考方式,纳米计算改变着化学家的思考方式,量子计算改变着物理学家的思考方式。计算思维跨越了自然和人文的学科分界,影响了几乎所有学科的学术研究。

(4) 计算机系统仿真是利用计算机科学和技术的成果建立被仿真的系统模型,并在某些实验条件下对模型进行动态实验的一门综合性技术。它具有高效、安全、受环境条件的约束较少、可改变时间比例尺等优点,已成为分析、设计、运行、评价、培训系统(尤其是复杂系统)的重要工具。很多实验在现实中不具备进行实验的条件,或很难多次重复实验,例如,天气预报的模型、卫星运行轨迹等,都依赖于计算机仿真。例如,波音 777 飞机没有经过实际的风洞测试,而完全是采用计算机模拟测试的。

(5) 许多科学和工程学原理是基于大量自然界中关于物理过程的计算模拟和数学模型

产生的。地球科学试图模拟出一个地球,从它的内核到表层到太阳系。在人文艺术领域,通过数据挖掘和数据联邦等计算方法生成的电子图书馆、文物收藏等,为探究和理解人类行为的新趋势、新模式和新关联创造了机会。在未来,更深层次的计算思维——通过对更智慧更复杂的抽象方式的选择,也许可以让科学家和工程师模拟和分析比他们现在可以处理的系统大出无数个数量级的系统。

计算思维也开始影响到超越科学和工程学的学科和专业,例如,医药算法、计算考古学、计算经济学、计算金融、计算与新闻学、计算法、计算社会科学以及数字人文科学。

大学计算机这门课程,是针对高校非计算机专业学生开设的一门通识型课程,旨在提高学生的信息素养和计算思维能力。本课程只是给大家打开一扇门,辅助同学们在大学的第一年里为成为适应新时代需要的"专业＋信息"人才迈出坚实的第一步,能够运用计算机科学的基础概念,对问题进行求解、系统设计和行为理解,即具备初步的计算思维能力。无论你将来进行科学探索,还是从事文学艺术创作,计算思维都能助你一臂之力。

第 2 章

信息素养与信息安全

2.1　信息素养概述

信息素养(information literacy)的本质是全球信息化需要人们具备的一种基本能力。信息素养这一概念是信息产业协会保罗·泽考斯基于 1974 年在美国提出的。简单的定义来自 1989 年美国图书馆学会,它包括文化素养、信息意识和信息技能三个层面。能够判断什么时候需要信息,并且懂得如何去获取信息,如何去评价和有效利用所需的信息。

信息素养是一种对信息社会的适应能力。美国教育技术 CEO 论坛 2001 年第 4 季度报告提出 21 世纪的能力素质,包括基本学习技能(指读、写、算)、信息素养、创新思维能力、人际交往与合作精神、实践能力。信息素养是其中一个方面,它涉及信息的意识、信息的能力和信息的应用。信息素养涉及各方面的知识,是一个特殊的、涵盖面很宽的能力,它包含人文的、技术的、经济的、法律的诸多因素,和许多学科有着紧密的联系。

信息技术支持信息素养。信息技术强调对技术的理解、认识和使用技能。而信息素养的重点是内容、传播、分析,包括信息检索以及评价,涉及面宽。它是一种了解、搜集、评估和利用信息的知识结构,既需要通过熟练的信息技术,也需要通过完善的调查方法、通过鉴别和推理来完成。

进入信息社会以后,作为一个能够适应信息社会生活、工作的人,应该能够积极、正确、有效地应用信息系统,正确地了解与认识信息技术,掌握信息传播方法,利用与开发各种各样的信息资源。除了需要读、写、算等工业社会所应该具备的文化素养以外,还应该具备应用信息技术的修养与能力,这就是我们所称的信息素养。在讨论信息素养时,有几个问题需要弄清楚。

(1) 信息素养作为一种素养,是社会共同的判断。一个人有没有信息素养,不是他自称的,而是要得到大家的公认。同时,随着社会信息素养的共同提高与信息技术的不断发展,人们所公认的信息素养内容也会发生变化,原来所掌握的知识与能力,可能一部分甚至大部分都不再有用了,这个时候,人们可能就不再说你的信息素养高了。

(2) 信息素养是以社会实践效果来衡量的,在信息社会这个大系统中,人们培育自己的信息素养是为了通过建立与利用"人机联系"来加强自己的"人际关系",成为社会中有所作为的一分子,使得信息社会这个系统正常运作,并且得到比较高的经济与社会效益。因此,信息素养的高低要看它对于社会的影响大小与所起作用的好坏而言。一个人的信息素养，不仅是看他能不能够熟练地使用信息系统，而且要看他能不能发挥信息系统对人类社会的积极作用。

（3）信息素养不是先天就有的，而是后天培育而成的，正像读、写、算等文化修养需要通过教育才能获得一样，信息素养必须通过自己的努力才能获得，而且要注意经常修习涵养。它可能通过学校教育有意识、有目标地培育，也可以通过自学与尝试成功掌握而获得。

综上所述，信息素养是一种可以通过教育所培育的，在信息社会中获得信息、利用信息、开发信息方面的修养与能力。它包含了信息意识与情感、信息伦理道德、信息常识以及信息能力多个方面，是一种综合性的、社会共同的评价。信息素养的四个要素共同构成一个不可分割的统一整体，其中信息意识是先导，信息知识是基础，信息能力是核心，信息道德是保证。

2.1.1　信息素养能力训练

人是信息系统中最重要的因素，信息系统的协调是一项非常重要的工作，作为信息素养的重要部分，信息知识是不可或缺的内容。作为一个有信息素养的人，应了解：信息技术的基本常识（各种术语、各种技术、信息技术的特点、信息技术的发展历史与趋势等）；信息系统的工作原理（数字化原理、程序、算法与数据、信息传播原理）；信息系统的结构与各个组成部分（硬件、软件、系统）；信息技术的作用与影响（使用信息技术的利弊、局限性等）；与信息技术有关的法律与道德常识。

1. 信息意识与情感

要具备信息素养，无疑要涉及学会运用信息技术，但不一定非得精通信息技术。况且，随着高科技的发展，信息技术将成为大众的伙伴，操作也越来越简单，为人们提供各种及时可靠的信息便利。因此，现代人的信息素养的高低，首先决定于其信息意识和情感。信息意识与情感主要包括：积极面对信息技术的挑战，不畏惧信息技术；以积极的态度学习操作各种信息工具；了解信息源并经常使用信息工具；能迅速而敏锐地捕捉各种信息，并乐于把信息技术作为基本的工作手段；相信信息技术的价值与作用，了解信息技术的局限及负面效应，从而正确地对待各种信息；认同与遵守信息交往中的各种道德规范和约定。

2. 信息技能

根据教育信息专家的建议，现代社会中的人们应该具备六大信息技能。

（1）确定信息任务

识别信息需求的能力，确切地判断问题所在，并确定与问题相关的具体信息。

（2）决定信息策略

在可能需要的信息范围内决定哪些是有用的信息资源。

（3）检索信息策略

这一部分技能包括：使用信息获取工具，尽量不用综合搜索引擎，用专业的搜索引擎，组织安排信息材料和课本内容的各个部分，以及决定搜索网上资源的策略。

（4）选择利用信息

在查获信息后，能够通过听、看、读等行为与信息发生相互作用，以决定哪些信息有助于问题解决，并能够摘录所需要的记录，复制和引用信息。

（5）综合信息

把信息重新组合和打包成不同形式以满足不同的任务需求。

（6）评价信息

通过回答问题确定实施信息问题解决过程的效果和效率。在评价效率方面还需要考虑花费在价值活动上的时间，以及对完成任务所需时间的估计是否正确等。

如今，提高信息素养已经成为渗透素质教育的核心要素。积极努力地探索信息技术与其他课程整合的思路与方法，在课堂上应用现代信息技术，把信息技术真正融入其他课程中，通过学校教育渠道培养学生的信息素养。为此应该做到以下四个方面。

（1）将信息素养的培养融入教材、认知工具、网络以及各种学习与教学资源的开发之中。通过信息的多样化呈现形式以满足学生对信息的需求，培养学生查找、评估、有效利用、传达和创造具有各种表征形式信息的能力，并由此扩展学生对信息本质的认识。

（2）坚持以学生的发展为本。不要过分注重学科知识的学习，而应关心如何引导学生应用信息技术工具来解决问题，特别是通过把信息技术的学习与学科教学相结合，让学生把技术作为获取知识和加工信息、为解决问题而服务的工具。同时，教师还要关心学生的情感发展，不能因为信息技术的介入而忽略了与学生的直接对话和沟通。

（3）在培养学生信息素养的同时，还要注意发展学生与信息素养密切相关的"媒体素养""计算机素养""视觉素养""艺术素养""数字素养"，以期全面提高学生适应信息时代需要的综合素质。

（4）信息素养教育要以培养学生的创新精神和实践能力为核心。因此，在信息技术课程中，必须是在基于自主学习和协作学习的环境中，学生自主探究、主动学习，教师成为课程的设计者和学生学习的指导者，让学生真正成为学习的主体。教师可以利用网络和多媒体技术，构建信息丰富的、反思性的、有利于学生自主学习、协作学习和研究性学习的学习环境与工具，开发学生自主学习的策略，允许学生进行自由探索，极大地促进他们的批判性、创造性思维的养成和发展。

2.1.2　信息时代产生的新的道德问题

1. 信息道德概述

信息道德是指在信息的采集、加工、存储、传播和利用等信息活动各个环节中，用来规范其间产生的各种社会关系的道德意识、道德规范和道德行为的总和。它通过社会舆论、传统习俗等，使人们形成一定的信念、价值观和习惯，从而使人们自觉地通过自己的判断规范自己的信息行为。

信息道德作为信息管理的一种手段，与信息政策、信息法律有密切的关系，它们各自从不同的角度实现对信息及信息行为的规范和管理。信息道德以其巨大的约束力在潜移默化中规范人们的信息行为，信息政策和信息法律的制定和实施必须考虑现实社会的道德基础，所以说，信息道德是信息政策和信息法律建立和发挥作用的基础；而在自觉、自发的道德约束无法涉及的领域，以法制手段调节信息活动中的各种关系的信息政策和信息法律则能够充分发挥作用；信息政策弥补了信息法律滞后的不足,其形式较为灵活,有较强的适应性,而信息法律则将相应的信息政策、信息道德固化为成文的法律、规定、条例等形式,从而使信息政策和信息道德的实施具有一定的强制性,更加有法可依。信息道德、信息政策和信息法律三者相互补充、相辅相成,共同促进各种信息活动的正常进行。

2. 我国的发展现状

在我国对信息伦理道德的研究也已经有较长的历史,一些组织也纷纷提出了自己的伦理道德准则。早在1995年,中国信息协会通过了《中国信息咨询职务工作者的职业道德准则的倡议书》,提出了我国信息咨询服务工作者所应当遵循的道德准则,这些道德准则涉及信息咨询服务的基本指导思想、咨询服务中的职业道德等诸多方面。

网络媒体作为网络社会的重要组成部分,肩负着促进网络伦理道德建设的重大使命。我国传统媒体和网络媒体携手,在网络伦理道德建设的进程中迈出了脚步。作为一种随着信息技术的产生和信息化的深入而逐渐提上日程的道德规范,信息道德的建设对于世界各国来说,都是一个需要继续努力的重要课题。作为一个发展中国家,我国更应该根据现有的信息伦理道德水平,借鉴国外的研究成果,加强宣传和教育,不仅要加强青年人的信息伦理道德的教育,更应该致力于全民的信息伦理道德建设,从而提高信息行为主体的文明意识和道德,使他们能够更好地在信息社会中自爱、自律,为共同促进信息社会的发展而努力。

总之,在信息政策、信息法律和信息道德的建设方面,仍有很长的路要走。我们应当在加强理论研究的同时,明确各信息行为主体的权利义务关系,建设和发展相关的信息行为和信息道德的监督机构,在运用政策的手段对全国的信息活动进行宏观规划和引导的同时,加强信息道德的教育,充分发挥信息道德的重要作用,同时,以信息法律、法规、条例的形式,将信息政策和信息道德的一些内容以条文的形式固定下来,这样使信息政策、信息法律和信息道德相辅相成,共同促进我国信息管理事业的发展。

2.1.3　信息犯罪与防治

1. 信息犯罪概念

信息犯罪是指针对信息系统的正常运行或者信息本身实施的犯罪行为。实际上,目标是针对信息系统的正常运行的犯罪行为,目的仍然是信息本身。

信息时代,信息流通的平台形式多样,交易及展示等与生产生活息息相关的各类交互行为中涉及的个人信息,对于商家来讲唾手可得,信息的泄露问题追责困难,维权不易,与信息有关的犯罪行为也层出不穷。对于信息技术的主要媒介计算机和网络,安全技术不断升级,网上交易以及网络账户安全相对可靠而有保障。然而,通过互联网进行展示和交换的信息量如此巨大,文章转载以及转发速度异常迅速,人们在网络上言论自由,由此而产生了新的法律问题。网络暴力、知识侵权等现象屡见不鲜,给当事人造成了严重的伤害。

人们对于信息的辨识能力弱,信息甄别意识薄弱,使得一些人屡屡成为电信诈骗的受害者,一些人由于缺乏信息安全意识,也往往使自己或他人遭受了严重损失。由此可见,在信息时代,全面信息素养的提高是信息安全的首要保障。准确地识别信息,不盲目跟风,不随心所欲地发表不良言论,是信息时代新的道德标准中的重要一环。

2. 防治对策

现代信息技术的发展,为信息犯罪的多发创造了必要的社会条件,但只要采取一些有针对性的防治对策,信息犯罪发展的势头还是能遏制住的。这些防治对策包括以下几种。

(1) 加强道德教育,提高信息安全意识

在现代化发展进程中,信息成为社会财富的一种表现形态,信息资源成为最重要的经济资源,信息产业成为社会的主导性产业。由于信息资源蕴含着巨大的经济利益,因而也成为驱动犯罪分子实施侵害的重要目标,这是造成信息犯罪大量增多的一个重要原因。面对信息经济价值的诱惑,有的人肆无忌惮地进行犯罪,有的人却能够不为所动,主要原因在于其内在的道德不同。犯罪是内外因相互作用的结果,内因是变化的根据,外因是变化的条件,外因通过良好的道德约束自己,外界的诱惑再大,也不会实施犯罪,因此加强道德建设是控制信息犯罪的重要途径。

信息犯罪多发,与人们的信息安全意识薄弱密切相关。要遏制信息犯罪多发的势头,必须在加强道德教育的同时,大力强化人们的信息安全意识,大力开展信息安全教育。使全体公民树立正确的信息价值观、信息商品观、信息义务观,自觉地保护知识产权、尊重个人隐私。重点是在内部人员和青少年中进行信息安全教育。实践证明,很多信息犯罪都是内部人员所为,特别是内部的专业技术人员所为。因为信息犯罪是一种高智商犯罪,无论是黑客入侵,还是设置逻辑炸弹、制造计算机病毒,没有相当的专业知识,没有作案的方便条件是不可能实施这种犯罪的。所以,重点对内部人员特别是内部的专业技术人员进行信息安全教育,提高他们的信息安全意识和社会责任感,对减少此类犯罪的发生意义十分重大。

(2) 加强信息技术投入,堵塞信息犯罪的漏洞

计算机网络技术上存在着一些安全缺陷,成了信息犯罪发生的漏洞,使犯罪分子有可乘之机。加强投入,采用新的防范技术,堵塞信息犯罪的漏洞,可以有效地降低信息犯罪率。常用的防范技术包括以下几种。

① 设置防火墙。防火墙是一种访问控制产品,它在内部网络与不安全的外部网络之间设置障碍,防止外界对内部资源的非法访问,确保网上工作站、服务器的安全。

② 建立虚拟专用网。虚拟专用网是在公共数据网络上,通过采用数据加密技术和访问控制技术,实现两个或多个信息网络之间的互联。虚拟专用网要求采用具有加密功能的路由器或防火墙,以实现数据在公共信息上的安全传递。

③ 设立安全服务器。安全服务器主要针对一个局域网内部信息存储、传递的保密问题,其功能包括对局域网资源的管理和控制,对局域网内用户的管理以及局域网中所有安全相关事件的审计和跟踪,以弥补信息管理中心不能控制工作站的不足等。

④ 黑客跟踪技术。能够在一个可控的、相对封闭的计算机网络区域内追查到黑客的攻击源头,从而突破了原来只能识别黑客的攻击行为而无法追踪到源头的局限,实现了全网监视。上面这些技术对克服信息安全技术缺陷,防范信息犯罪无疑起到了非常重要的作用,但应该看到,很多犯罪都是与防范技术相伴而成长的,而且目前信息安全技术上仍存在一些无法解决的隐患,不足以完全抵挡犯罪分子的入侵,所以必须不断地加大投入,不断地创新信息安全防范技术,才能有效地遏制信息犯罪的发展。

(3) 加强行政管理,营造预防信息犯罪的社会氛围

信息管理失控也是造成信息犯罪多发的一个重要原因。现在,很多信息行业都缺乏完善的管理制度,缺乏严格的管理,使信息犯罪分子犯罪成功率高、成本低。加强行政管理,牢固树立起"向管理要效益"的理念,营造预防信息犯罪的社会氛围。各个单位应强化信息规

范化管理,形成健全的信息管理机构。

(4) 加强立法完善,为打击信息犯罪提供法律保障

信息化发展过快导致相关法律出台滞后成为必然,尽快出台并完善相关法律,可以建立有效的安全防护网,有效打击信息犯罪。近几年来,我国在立法以及信息管理规则制定上的效率逐年递增,取得了不小的成绩,也使得越来越多的网络信息犯罪行为得到了有效的遏制,我国的《计算机信息系统安全保护条例》《计算机信息网络国际联网管理暂行规定》《中国公众多媒体通信管理办法》《计算机信息网络国际联网安全保护管理办法》《中华人民共和国刑法》中都已经有与利用计算机犯罪有关的条款,这些法律、法规对我国信息领域的规范管理起到了巨大作用。

2.2 信息安全概述及技术

信息安全是一门综合性学科,涉及信息论、计算机科学和密码学等多方面的内容,它的主要任务是研究计算机系统和通信网络内信息的保护方法以及实现系统内信息的安全、保密、真实和完整。

计算机信息系统是指由计算机及其相关的配套设备(含网络)构成的,并按照一定的应用目标和规则对信息进行处理的人机系统。信息已成为社会发展的重要战略资源、决策资源;信息化水平已成为衡量一个国家现代化程度和综合国力的重要标志。信息技术正以前所未有的速度发展,给人们的生活和工作带来极大的便利,但在人们享受网络信息所带来的高效率的同时,也面临着严重的信息安全威胁。信息安全已成为世界性的现实问题,信息安全与国家安全、民族兴衰和战争胜负息息相关。

2.2.1 信息安全

信息安全是指保护信息和信息系统不被未经授权的访问、使用、泄露、中断、修改和破坏,为信息和信息系统提供保密性、真实性、完整性、可用性和可控性,保证一个国家的社会信息化状态和信息技术体系不受外部的威胁与侵害。

2.2.2 OSI 信息安全体系结构

ISO 7498 标准是目前国际上普遍遵循的计算机信息系统互联标准。1989 年,ISO 颁布了该标准的第二部分,即 ISO 7498-2 标准,并首次确定了开放系统互连参考模型(OSI)的信息安全体系结构。我国将其作为 GB/T 9387.2—1995 标准。它包括了五大类安全服务以及提供这些服务所需要的八大类安全机制。ISO 7498-2 确定的五大类安全服务分别是:鉴别、访问控制、数据保密性、数据完整性和不可否认性。ISO 7498-2 确定的八大类安全机制分别是:加密、数据签名机制、访问控制机制、数据完整性机制、鉴别交换机制、业务填充机制、路由控制机制和公证机制。

2.2.3 信息安全技术

计算机网络具有连接形式多样性、终端分布不均匀性和网络的开放性、互连性等特征,致使网络易受黑客、恶意软件和其他不轨行为的攻击,如何通过技术手段保障网络信息的安

全是一个非常重要的问题。下面介绍几种常用的信息安全技术：密码技术、认证技术、访问控制技术、防火墙技术和云安全技术。

1. 密码技术

密码技术是实现信息安全的重要手段，它包含加密和解密两方面：加密就是利用密码技术对信息进行加密，实现信息隐蔽，从而起到保护信息安全的作用；解密就是恢复数据和信息本来面目的过程。加密和解密过程共同组成了加密系统，其核心是加解密算法和密钥。密钥是一个用于密码算法的秘密参数，通常只有通信者拥有。根据加密和解密过程是否使用相同的密钥，加密算法可以分为对称密钥加密算法和非对称密钥加密算法两种。一个密码系统采用的基本工作方式称为密码体制。密码体制从原理上分为两大类：对称密钥密码体制和非对称密钥密码体制。

（1）对称密钥密码体制又称为常规密钥密码体制。其保密强度高，加密速度快，但开放性差。它要求发送者和接收者在安全通信之前商定一个密钥，需要有可靠的密钥传递信道，而双方用户通信所用的密钥也必须妥善保管。

（2）非对称密钥密码体制又称为公开密钥密码体制。1976 年，人们提出了一种密钥交换协议，允许在不安全的媒体上通过通信双方交换信息，安全地传送密钥。在此基础上，出现了公开密钥密码体制，公开密钥密码体制是现代密码学最重要的发明和进展。

2. 认证技术

认证就是对于证据的辨认、核实、鉴别，以建立某种信任关系。在通信中，它会涉及两个方面：一方面提供证据或标识；另一方面对这些证据或标识的有效性加以辨认、核实、鉴别。

（1）数字签名。数字签名是数字世界中的一种信息认证技术，是公开密钥加密技术的一种应用，是根据某种协议产生一个反映被签署文件的特征和签署人特征，以保证文件的真实性和有效性的数字技术，同时也可以用来核实接收者是否有伪造、篡改行为。

（2）身份验证。身份识别或身份标识是指用户向系统提供的身份证据。身份认证是系统核实用户提供的身份标识是否有效的过程。在信息系统中，身份认证实际上是决定用户对请求的资源获得存储权和使用权的过程。身份识别和身份认证统称为身份验证。

3. 访问控制技术

访问控制是对信息系统资源的访问范围以及方式进行限制的策略。它是建立在身份认证之上的操作权限控制。身份认证解决了访问者是否合法，但并非身份合法就什么都可以做，还要根据不同的访问者，规定他们分别可以访问哪些资源，以及对这些可以访问的资源用什么方式（读、写、执行、删除等）访问。

4. 防火墙技术

防火墙是指设置在可信任的内部网和不可信任的公众访问网之间的一道屏障，使一个网络不受另一个网络的攻击，实质上是一种隔离技术。防火墙系统的主要用途就是控制对受保护网络（即网点）的往返访问。防火墙是网络通信时的一种限制，防火墙技术允许同意的"人"和"数据"访问，同时把不同意的"拒之门外"，这样能最大限度地防止黑客的访问，阻止他们对网络进行非法操作。

5. 云安全技术

云计算服务是互联网技术的又一次重大突破。紧随云计算、云存储之后，云安全（cloud

security)应运而生了。云安全技术是指云服务提供商为用户提供的更加专业和完善的访问控制、攻击防范、数据备份和安全审计等安全功能,并通过统一的安全保障措施和策略对云端 IT 系统进行安全升级和加固,从而提高用户系统和数据的安全水平的技术。针对互联网的主要威胁正在由计算机病毒转向恶意程序及木马的情况,采用云安全技术,通过网状的大量客户端对网络中软件行为的异常监测,获取互联网中木马、恶意程序的最新信息,并传送到服务器端进行自动分析和处理,再把病毒和木马的解决方案分发到每一个客户端识别和查杀病毒,使整个互联网变成一个巨大的"杀毒软件",参与者越多,每个参与者就越安全,整个互联网就会更安全。

2.3 计算机病毒与黑客的防范

2.3.1 计算机病毒及其防范

1. 计算机病毒的概念

计算机病毒是指具有自我复制能力的计算机程序,它能影响计算机软件、硬件的正常运行,破坏数据的正确与完整。《中华人民共和国计算机信息系统安全保护条例》对计算机病毒的定义是:"计算机病毒是指编制或者在计算机程序中插入的破坏计算机功能或者毁坏数据,影响计算机使用并能自我复制的一组计算机指令或者程序代码。"

2. 计算机病毒的传播途径

传染性是计算机病毒最基本的特性。计算机病毒主要是通过文件的复制、传送等方式传播的,文件的复制与传送需要传播媒介,计算机病毒的主要传播媒介是 U 盘、光盘和网络。

U 盘作为常用的交换媒介,在计算机病毒的传播中起到了很大的作用。人们使用带有计算机病毒的 U 盘在计算机之间进行文件交换的时候,计算机病毒就已经悄悄地传播开了。光盘的存储容量比较大,其中可以用来存放很多可执行的文件,这也就成了计算机病毒的藏身之地。对于只读光盘来说,由于不能对它进行写操作,因此光盘上的病毒就不能被删除。现代通信技术使数据、文件、电子邮件等可以通过网络在各个计算机间高速传输。当然这也为计算机病毒的传播提供了"高速公路",现在网络已经成为计算机病毒的主要传播途径。

随着 Internet 的不断发展,计算机病毒也出现了一种新的趋势。不法分子制作的个人网页,不仅直接提供了下载大批计算机病毒的便利途径,而且将制作计算机病毒的工具、向导、程序等内容写在自己的网页中,使没有编程基础和经验的人制造新病毒成为可能。

3. 计算机病毒的特点

根据对计算机病毒的产生、传染和破坏行为的分析,计算机病毒具有以下几个主要特点。

(1) 破坏性。任何病毒只要侵入系统,都会对系统及应用程序产生不同程度的影响。轻者会降低计算机工作效率,占用系统资源;重者会对数据造成不可挽回的破坏,甚至导致系统崩溃。

(2) 传染性。病毒通过各种渠道从已被感染的计算机扩散到未被感染的计算机。只要一台计算机染毒,若不及时处理,病毒就会在这台计算机上迅速扩散。当这台计算机与其他计算机进行数据交换或通过网络接触时,病毒将会继续传染。

（3）潜伏性。某些病毒可长期隐藏在系统中,只有在满足特定条件时才启动其破坏模块,这样它才能广泛传播。例如,"黑色星期五"病毒会在每逢 13 日的星期五发作。

（4）隐蔽性。病毒一般是具有很高编程技巧、短小精悍的程序,通常附在正常程序中或磁盘较隐蔽的地方,也有个别的以隐含文件形式出现,目的是不让用户发现它的存在。

（5）不可预见性。从对病毒的检测方面来看,病毒还具有不可预见性。而病毒的制作技术也在不断提高,病毒相较于反病毒软件总是超前的。

4. 计算机病毒的预防

（1）安装实时监控的杀毒软件,定期更新病毒库。

（2）经常升级操作系统的补丁程序。

（3）安装防火墙工具,设置相应的访问规则,过滤不安全的站点访问。

（4）不要随意打开来历不明的电子邮件及附件。

（5）在正规的合法的网站和官网上下载软件,不要随意安装来历不明的 App 和插件程序。

（6）不要随意连接未知的 WiFi 网络,慎用没有加密的 WiFi 网络。

（7）不要随意点击和转发不明的页面链接、扫描来历不明的二维码,谨防恶意隐藏的木马病毒。

5. 杀毒软件

杀毒软件具有在线监控功能,它会在操作系统启动之后自动运行,时刻监控系统的运行。病毒同杀毒软件的关系就像矛和盾,永远在进行较量。

2.3.2　网络黑客及其防范

1. 网络黑客的概念

20 世纪六七十年代,"黑客"（Hacker）一词极富褒义,主要是指那些独立思考、奉公守法的计算机迷。从事黑客活动意味着对计算机的最大潜力进行智力上的自由探索。现在黑客使用的侵入计算机系统的基本技巧,如"破解口令""走后门"、安放"特洛伊木马"等,都是在这一时期发明的。现在的"黑客"是指从事恶意破解商业软件、恶意入侵他人计算机、恶意入侵网站的人,又称为"骇客",本质上指的是非法闯入别人计算机系统或者软件的人。

2. 网络黑客的防范

（1）屏蔽可疑 IP 地址。这种方式见效最快,一旦网络管理员发现了可疑的 IP 地址申请,可以通过防火墙屏蔽相对应的 IP 地址,这样黑客就无法再连接到服务器上了。但这种方法也有某些缺点,如很多黑客都使用动态 IP 地址,一个 IP 地址被屏蔽,只要更换其他 IP 地址,就可以进攻服务器,而且高级黑客有可能会伪造 IP 地址,屏蔽的也许是正常用户的地址。

（2）过滤信息包。通过编写防火墙规则,可以让系统知道什么样的信息包可以进入,什么样的应该放弃。当黑客发送的攻击性信息包经过防火墙时就会被丢弃,从而防止了黑客的进攻。

（3）修改系统协议。对于漏洞扫描，系统管理员可以修改服务器的相关协议。如漏洞扫描根据文件申请的返回值判断文件是否存在，这个数值如果是 200，表示文件在服务器上；如果是 404，表示服务器上没有相应的文件。如果管理员修改返回数值或屏蔽 404，则漏洞扫描器就毫无用处。

（4）经常升级系统版本。任何一个版本的系统发布之后，一旦其中的问题暴露出来，黑客就会蜂拥而至。管理员在维护系统时，可经常浏览安全站点，找到系统的新版本或者补丁程序进行安装，以保证系统中的漏洞在没有被黑客发现之前，已经修补上了，从而保证服务器的安全。

（5）安装必要的安全软件。用户还应在计算机中安装并使用必要的杀毒软件和防火墙。在上网时打开它们，这样即便有黑客进攻，用户的安全也是有一定保障的。

（6）不要回陌生人的邮件。有些黑客会冒充正规网站给用户发电子邮件，要求输入密码等个人信息，如果按邮件的提示操作，用户的个人信息就进入了黑客的邮箱。所以不要随便回复陌生人的邮件，即使他说得再动听、再诱人也不要上当。

（7）做好浏览器的安全设置。ActiveX 控件和 Applets 有较强的功能，但也存在被人利用的隐患。网页中的恶意代码往往会利用这些控件编写的小程序，只要打开网页就会被运行，所以要避免恶意网页的攻击就要禁止这些恶意代码的运行。

2.4　知识产权

计算机软件是人类知识、智慧和创造性劳动的结晶，它指的是计算机程序及其有关文档。计算机程序是指为了得到某种结果而可以由计算机等具有信息处理能力的装置执行的代码化指令序列，或者可以被自动转换成代码化指令序列的符号化指令序列或符号化语句序列。同一计算机程序的源程序和目标程序可视为同一作品。

软件产业是知识和资金密集型的新兴产业。由于软件开发具有开发工作量大、周期长，而生产（复制）容易、费用低等特点，因此，长期以来，软件的知识产权得不到尊重，软件的真正价值得不到承认，靠非法窃取他人软件而牟取商业利益成了信息产业中投机者的一条捷径。因此，软件知识产权保护已成为待解决的一个社会问题，是软件产业健康发展的重要保障。

1. 知识产权的概念

知识产权又称智力成果权和智慧财产权，是指对智力活动创造的精神财富所享有的权利。知识产权不同于动产和不动产等有形物，它是生产力发展到一定阶段后，才在法律中作为一种财产权利出现的。知识产权是经济和科技发展到一定阶段后出现的一种新型财产权。计算机软件是人类知识、经验、智慧和创造性劳动的结晶，是一种典型的由人的智力创造性劳动产生的"知识产品"，一般软件的知识产权指的是计算机软件的版权。

2. 知识产权组织及法律

1967 年在瑞典斯德哥尔摩成立了世界知识产权组织。1980 年我国正式加入了该组织。1990 年 9 月，我国颁布了《中华人民共和国著作权法》，确定了计算机软件为保护的对象。1991 年 6 月，我国颁布了《计算机软件保护条例》。这个条例是我国第一部计算机软件保护的法律法规,它标志着我国的计算机软件保护已经走上法制化的轨道。

3. 知识产权的特点

知识产权的主要特点包括:无形性,即被保护对象是无形的;专有性,即未经知识产权人的同意,除法律有规定的情况外,他人不得占有或使用该项智力成果;地域性,即法律保护知识产权的有效地区范围;时间性,即法律保护知识产权的有效期限,期限届满即会丧失效力。

4. 计算机软件受著作权法保护

计算机软件的体现形式是程序和文件,它们是受著作权法保护的。一个软件必须在其创作出来后固定在某种有形物体(如纸、磁盘、光盘等)上,能为他人感知、传播、复制的情况下,才享有著作权保护。

著作权法的基本原则是:只保护作品的表现,而不保护作品中所体现的思想、概念。目前人们比较一致的观点是:软件的功能、目标、应用属于思想、概念,不受著作权法的保护;而软件的程序代码是表现,应受著作权法的保护。

5. 著作权人享有的权利

根据我国著作权法的规定,作品著作权人(或版权人)享有以下五项专有权利。

(1) 发表权:决定作品是否公布于众的权利。

(2) 署名权:表明作者身份,在作品上享有署名的权利。

(3) 修改权:修改或授权他人修改作品的权利。

(4) 保护作品完整权:保护作品不受篡改的权利。

(5) 使用权和获得报酬权:以复制、表演、播放、展览、发行、摄制影视或改编、翻译、编辑等方式使用作品的权利,以及许可他人以上述方式作为作品,并由此获得报酬的权利。

2.5　网络道德与相关法规

随着 Internet 的普及,社会化、信息化的程度正在迅速提高。计算机在国民经济、科学文化、国家安全和社会生活的各个领域中正得到日益广泛的应用。为保证"计算机安全与计算机应用同步发展",打造网络空间命运共同体,要做好网络道德教育、法律法规教育,这是计算机信息系统安全教育、倡导良好网络道德、培养文明网络行为的重要内容。

2.5.1　遵守规范,文明用网

网络道德,是指以善恶为标准,通过社会舆论、内心信念和传统习惯来评价人们的上网行为,调节网络时空中人与人之间以及个人与社会之间关系的行为规范。违反网络道德的不文明行为时有发生,如 2019 年网民评出了"十大网络不文明行为"。网络行为和其他社会行为一样,需要一定的规范和原则。国内外一些计算机和网络组织就制定了一系列相应的规范。在这些规则和协议中,比较有影响的是美国计算机伦理学会为计算机伦理学所制定的十条戒律,也可以说是计算机行为规范。这些规范是一个计算机用户在任何网络系统中都"应该"遵循的最基本的行为准则。具体内容如下。

(1) 不应该用计算机去伤害别人。

（2）不应该干扰别人的计算机工作。

（3）不应该窥探别人的文件。

（4）不应该用计算机进行偷窃。

（5）不应该用计算机作伪证。

（6）不应该使用或复制你没有付钱的软件。

（7）未经许可不应该使用别人的计算机资源。

（8）不应该盗用别人的智力成果。

（9）应该考虑你所编写程序的社会后果。

（10）应该以深思熟虑和慎重的方式来使用计算机。

2.5.2　我国信息安全的相关法律法规

所有的社会行为都需要法律法规来规范和约束。随着 Internet 的发展，各项涉及网络信息安全的法律法规也相继出台。

1. 我国现行的信息安全法律体系框架

（1）一般性法律规定。这类法律法规是指《中华人民共和国宪法》《中华人民共和国国家安全法》《中华人民共和国著作权法》等。这些法律法规并没有专门对网络行为进行规定，但是，它所规范和约束的对象中包括了危害信息网络安全的行为。

（2）规范和惩罚网络犯罪的法律。这类法律法规包括《中华人民共和国刑法》《全国人民代表大会常务委员会关于维护互联网安全的决定》等。其中刑法也是一般性法律规定，这里将其独立出来，作为规范和惩罚网络犯罪的法律规定。

（3）直接针对计算机信息网络安全的特别规定。这类法律法规主要有《中华人民共和国网络安全法》《中华人民共和国计算机信息系统安全保护条例》《中华人民共和国计算机信息网络国际联网管理暂行规定》《计算机信息网络国际联网安全保护管理办法》《计算机软件保护条例》等。

《中华人民共和国网络安全法》是我国第一部全面规范网络空间安全管理方面问题的基础性法律，是我国网络安全领域的第一部专门法律，是保障网络安全的基本法，内容十分丰富，具有六大突出亮点。一是明确了网络空间主权的原则；二是明确了网络产品和服务提供者的安全义务；三是明确了网络运营者的安全义务；四是进一步完善了个人信息保护规则；五是建立了关键信息基础设施安全保护制度；六是确立了关键信息、基础设施重要数据跨境传输的规则。《中华人民共和国网络安全法》的颁布和实施是我国建立严格的网络治理指导方针的一个重要里程碑，是依法治网、化解网络风险的法律重器，是让互联网在法治轨道上健康运行的重要保障。

（4）具体的、规范的信息网络安全技术和安全管理方面的规定。这一类法律主要有《商用密码管理条例》《计算机信息系统安全专用产品检测和销售许可证管理办法》《计算机病毒防治管理办法》《计算机信息系统保密管理暂行规定》《计算机信息系统国际联网保密管定》《金融机构计算机信息系统安全保护工作暂行规定》等。

2. 信息安全法律法规的特点

（1）体系性。网络改变了人们的生活观念、生活态度、生活方式等，同时也涌现出病毒、黑客、网络犯罪等新事物。传统的法律体系变得越来越难以适应网络技术发展的需要,在保障信息网络安全方面也显得力不从心。因此,构建一个有效、自成一体、结构严谨、内在和谐统一的新的法律体系来规范网络社会,就显得十分必要了。

(2) 开放性。信息网络技术在不断发展,信息网络安全问题层出不穷,信息安全法律应全面体现和把握信息网络的基本特点及其法律问题,以适应不断发展的信息网络技术问题和不断涌现的网络安全问题。

(3) 兼容性。信息安全法律法规不能脱离传统的法律原则和法律规范,大多数传统的基本法律原则和规范对信息网络安全仍然适用。同时,从维护法律体系的统一性、完整性和相对稳定性来看,信息安全法律法规也应当与传统的法律体系保持良好的兼容性。

(4) 可操作性。网络是一个数字化的社会,许多概念、规则难以被常人准确把握,因此,信息安全法律法规应当对一些专业术语、难以确定的问题、容易引起争议的问题等做出解释,使其更具可操作性。

第 3 章

计算机系统组成

目前计算机中发展最快、应用最广泛的是微型计算机。所谓微型计算机,首先是它体积小,同时具有的功能和配置是能够自己完成输入、处理、输出和存储操作,并至少配备一个输入设备、输出设备、外存储设备、内存和微处理器。图 3-1 所示就是台式微型机的外形,从外观看其主要部件有主机箱、显示器、键盘、鼠标等。如果打开主机箱,将会看到图 3-2 所示的硬件。

图 3-1　台式微型机　　　　　　　　　图 3-2　主机箱内部结构

一个完整的微型计算机系统包含计算机硬件系统和计算机软件系统两大部分。组成一台计算机的物理设备的全体称为计算机硬件系统,硬件是计算机系统的物质基础。指挥计算机工作的各种程序的集合称为计算机软件系统,软件是控制和操作计算机工作的核心。硬件是软件工作的基础,离开硬件,软件无法工作;软件又是硬件功能的扩充和完善,有了软件的支持,硬件功能才能得到充分发挥。两者相互渗透、相互促进,可以说硬件是基础,软件是灵魂,只有将硬件和软件结合成统一的整体,才能称为一个完整的计算机系统。

硬件系统主要由中央处理器、存储器、输入输出控制系统和各种输入输出设备等功能部件组成。每个功能部件各尽其责,协调工作。中央处理器是对数据进行运算和处理的部件;存储器用于存放各种程序和数据;输入输出控制系统管理外围设备与存储器之间的数据传送;输入设备负责将程序和数据输入计算机中,输出设备则将程序、数据、处理结果和各种文档从计算机中输出。

软件系统是相对于硬件系统而言的,它包括计算机运行所需的各种程序、数据及相关文档资料。硬件是软件赖以运行的物质基础,软件是人与硬件之间的界面。计算机软件不仅为人们使用计算机提供方便,而且在计算机系统中起着指挥管理的作用。因此,一台性能优良的计算机硬件系统能否发挥其应有的功能,很大程度上取决于所配置的软件是否完善和丰富。软件不仅提高了机器的效率、扩展了硬件功能,也为用户提供了方便。计算机系统的组成如图 3-3 所示。

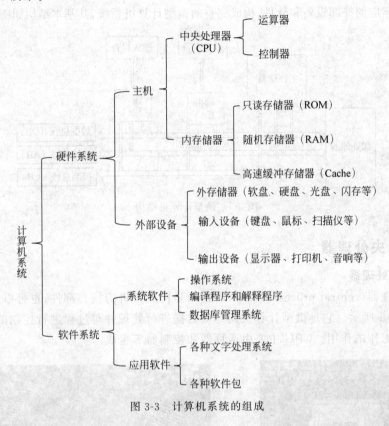

图 3-3　计算机系统的组成

作为一个完整的计算机系统,硬件和软件是按一定的层次关系组织起来的。最内层是硬件,然后是系统软件中的操作系统,而操作系统的外层是其他软件,最外层是用户程序或文档。操作系统向下控制硬件,向上支持软件,它是直接管理和控制硬件的系统软件,其自身又是系统软件的核心。这种层次关系为软件开发、扩充和使用提供了强有力的手段。计算机系统的层次结构如图 3-4 所示。

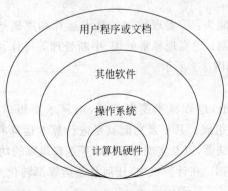

图 3-4　计算机系统的层次结构

3.1 计算机硬件系统

微型计算机硬件系统是以中央处理器为核心,加上存储设备、输入输出接口和系统总线组成。再配以相应的外部设备和软件,构成完整的微型计算机系统,其基本结构如图 3-5 所示。

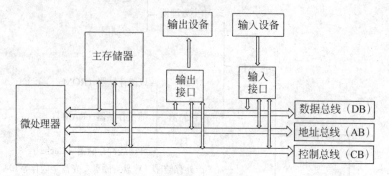

图 3-5   微型计算机结构

3.1.1 中央处理器

1. 中央处理器

中央处理器(central processing unit,CPU)是构成微机的核心部件,也可以说是微机的心脏,如图 3-6 所示。它是微型计算机内部对数据进行处理并对过程进行控制的部件,起到控制计算机工作的作用。CPU 主要由运算器和控制器等组成。

图 3-6   中央处理器

中央处理器的主要功能为:①实现数据的算术运算和逻辑运算;②实现取指令、分析指令和执行指令操作的控制;③实现异常处理、中断处理等操作。

CPU 内部结构框图如图 3-7 所示。

(1) 运算器

运算器(arithmetic unit)也称算术逻辑部件,由算术逻辑单元(arithmetic logic unit,ALU)、寄存器及内部总线组成。其主要功能就是进行算术运算和逻辑运算。ALU 的内部包括负责加、减、乘、除的加法器,以及实现与、或、非等逻辑运算的功能部件。寄存器用来存放操作数、中间数据和结果数据。在计算机中,任何复杂运算都转化为基本的算术与逻辑运算,在运算器中完成。

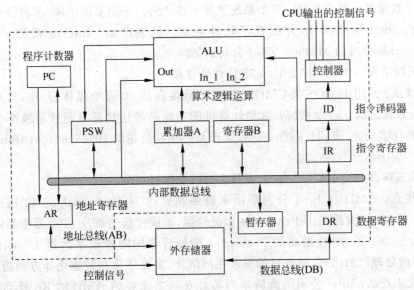

图 3-7　CPU 内部结构框图

（2）控制器

控制器（control unit）是计算机的神经中枢和指挥中心，是指挥整个计算机各功能部件协调一致工作的部件。它的基本功能是从内存取指令和执行指令。控制器通过地址访问存储器、逐条取出指定单元指令，分析指令，并根据指令产生的控制信号作用于其他各部件来完成指令要求的工作。上述工作周而复始，保证了计算机能自动连续地工作。通常将运算器和控制器合起来称为中央处理器。CPU 是计算机硬件的核心部件，控制了计算机的运算、处理、输入和输出等工作。

2. 微处理器的发展

微处理器的发展决定了微型计算机的发展，每当一款新型的微处理器出现时，就会带动微机系统其他部件的相应发展，如微机体系结构的进一步优化、存储器容量的不断增大、存取速度的不断提高，外部设备的不断改进以及新设备的不断出现等。通常按照各种功能、性能指标将微处理器产品划分为以下六个发展阶段。

（1）第一阶段（1971—1973 年）：4 位和 8 位低档微处理器

基本特点：采用 PMOS 工艺，集成度低（4000 个晶体管/片）。指令系统：系统结构和指令系统简单，主要采用机器语言或简单的汇编语言，指令数目少，基本指令周期为 20～50μs，用于简单的控制场合。代表产品：Intel4004 和 Intel8008 微处理器和分别由它们组成的 MCS-4 和 MCS-8 微机。

（2）第二阶段（1974—1977 年）：8 位中高档微处理器

基本特点：采用 NMOS 工艺，集成度提高约 4 倍，运算速度提高 10～15 倍。指令系统：比较完善，具有典型的计算机体系结构和中断、DMA 等控制功能。代表产品：Intel8080/8085、Motorola 公司、Zilog 公司的 Z80。

（3）第三阶段（1978—1984 年）：16 位微处理器

基本特点：用 HMOS 工艺，集成度（20000～70000 晶体管/片）和运算速度都比第 2 代提高了一个数量级。指令系统：指令系统更加丰富、完善，采用多级中断、多种寻址方式、段式存储机构、硬件乘除部件，并配置了软件系统。代表产品：Intel 公司的 8086/8088/80286、Motorola 公司的 M68000、Zilog 公司的 Z8000。

(4) 第四阶段(1985—1992 年)：32 位微处理器

基本特点：采用 HMOS 或 CMOS 工艺，集成度高达 10 万个晶体管/片，具有 32 位地址线、32 位数据总线。指令系统：微型计算机的功能已经达到甚至超过超级小型计算机，完全可以胜任多任务、多用户的作业。代表产品：Intel 公司的 80386/80486，Motorola 公司的 M69030/68040。

(5) 第五阶段(1993—2005 年)：奔腾系列微处理器

基本特点：AMD 与 Intel 分别推出来时钟频率达 1GHz 的 Athlon 和 Pentium Ⅲ。2000 年 11 月，Intel 又推出了 Pentium 4 微处理器，集成度高达每片 4200 万个晶体管，主频为 1.5GHz。2002 年，Intel 推出的 Pentium 4 微处理器的时钟频率达到 3.06GHz。新突破：MMX 微处理器的出现，使微机的发展在网络化、多媒体化和智能化等方面迈上了更高的台阶。代表产品：Intel 公司的奔腾系列芯片及与之兼容的 AMD 的 K6 系列微处理器芯片。

(6) 第六阶段(2005 年至今)：酷睿系列微处理器的时代

基本特点："酷睿"是一款领先节能的新型微架构，设计的出发点是提供卓然出众的性能和能效，提高每瓦特性能，也就是所谓的能效比高。优势：酷睿 2 是一个跨平台的构架体系，包括服务器版、桌面版、移动版三大领域，它的推出提高了两个核心的内部数据交换效率，采取共享式二级缓存设计，两个核心共享高达 4MB 的二级缓存。

3. CPU 的主要技术特性

CPU 性能的高低直接决定了一个微机系统的档次，而 CPU 的主要技术特性可以反映出 CPU 的基本性能。

(1) 时钟频率。CPU 执行指令的速度与系统时钟有直接的关系。频率越快，CPU 速度越快。

(2) 字长。CPU 一次所能同时处理的二进制数据的位数。可同时处理的数据位数越多，CPU 的档次就越高，从而它的功能就越强，工作速度也越快，其内部结构也就越复杂。

(3) 高速缓冲存储器(Cache)的容量和速率。Cache 容量大、速率高，则 CPU 的效率也就越高。

(4) 地址总线和数据总线的宽度。CPU 能够送出的地址的宽度决定了它能直接访问的内存单元的个数。数据总线的宽度决定了 CPU 和内存之间数据交换的效率。显然，数据总线越宽则每次传递的二进制位数就越多。

(5) 设计制造。一个 CPU 的性能表现取决于 CPU 内核的设计。

4. 协处理器

协处理器(coprocessor)也是一种芯片，但是它的功能是辅助微处理器完成特殊任务，用于减轻微处理器的负担，例如数字协处理器可以控制数字处理，图形协处理器可以处理图形绘制。著名的 GPU 实际上就是一种协处理器，它拥有很强的理论运算性能，可以做大量的数学运算。还有 iPhone 5S 的 M7 协处理器，它是 A7 芯片的得力助手，专为测量来自加速感应器、陀螺仪和指南针的运动数据而设计。

3.1.2　存储体系

计算机的重要特点之一就是具有存储能力,这是它能自动连续执行程序、进行庞大的信息处理的重要基础。存储器是计算机的记忆核心,是程序和数据的收发集散地。在传统的以 CPU 为中心的计算机系统中,为数不多的寄存器只能暂时存放少量的信息,绝大部分的信息与数据需要存放在专门的存储器中。有多种物理方法可以用来存放信息,有各种各样的信息需要存放,而计算机的系统发展要求具有多层次的存储能力,这就构成了有机联系的存储系统,如图 3-8 所示。

图 3-8　内存储器

1. 内存储器

（1）内存储器的特点

内存储器是由 CPU 直接编址访问的存储器,其特点是可以和 CPU 直接交换信息。它存放需要执行的程序和需要处理的数据。内存储器的容量较小,成本和价格较高,存取速度快,计算机掉电或重新启动后,随机存取存储器中的信息将全部丢失。内存储器由许多存储单元组成,采用顺序的线性方式组织。存储器的容量就是指存储器中存储单元的总和。每个存储单元(一个字节)都有一个唯一的编号(地址),排在最前面的为 0 号单元,即其地址为 0,其余单元的地址按顺序排列。由于地址具有唯一性,因此它可以作为存储单元的标识,对内存储器的存储单元的使用都通过地址进行,如图 3-9 所示。

（2）内存储器的分类

目前使用的内存储器主要分为随机存取存储器、只读存储器、互补金属氧化物半导体和高速缓冲存储器四类。

① 随机存取存储器(random access memory,RAM),是一种可读写存储器。其特点是存储器的任何一个存储单元的内容都可以随机存取,而且存取时间与存储单元的物理位置无关,关机后其存储的信息丢失,计算机系统中的大部分内存都采用这种存储器。

② 只读存储器(read only memory,ROM),只能对其存储的内容读出,而不能对其重新写入的存储器。通常用它存放固定不变的程序、常数以及字库等。关机后其存储的信息不会丢失。它与 RAM 可共同作为内存的一部分,统一构成内存地址域。

③ 互补金属氧化物半导体(CMOS),用来存储计算机系统每次开机时所需的重要信息。它与 RAM 的区别在于,CMOS 通过电池供电,即当关机时其存储的信息不会丢失。它与 ROM 的区别在于,CMOS 的内容随着计算机系统的配置的改变或用户设置的改变而改变。

④ 高速缓冲存储器(cache)。高速缓冲存储器是指设置在 CPU 和内存之间的高速小容量存储器。在计算机工作时,系统先将数据由外存读入 RAM,再由 RAM 读入 Cache 中,

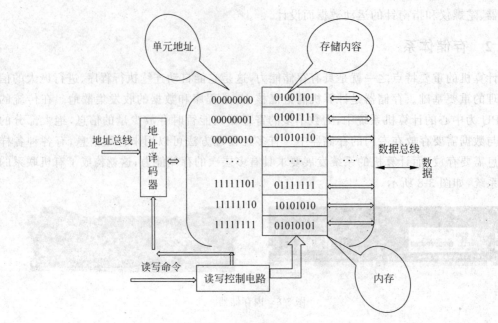

图 3-9　存储地址示意图

然后 CPU 直接从 Cache 中取数据进行操作。设置高速缓冲存储器就是为了解决 CPU 速度与 RAM 速度不匹配的问题。

2. 外部存储器

外部存储器作为主存的后援设备,又称辅助存储设备。它与内存相比,具有容量大、速度慢、价格低、可脱机断电保存信息等特点,属"非易失性"存储器。外存储器一般不直接与中央处理器打交道,外存中的数据应先调入内存,再由 CPU 进行处理。为了增加内存容量,方便读写操作,有时将硬盘的一部分当作内存使用,这就是虚拟内存。目前最常用的外存储器有硬盘存储器、光盘存储器和移动存储器等。

(1) 硬盘存储器

由盘片组、主轴驱动机构、磁头、磁头驱动定位机构、读写电路、接口及控制电路等组成,一般置于主机箱内。硬盘是涂有磁性材料的磁盘组件,用于存储数据,如图 3-10 和图 3-11 所示。

图 3-10　硬盘存储器

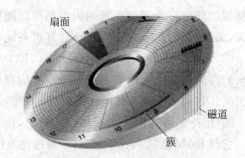

图 3-11　硬盘存储器内部结构

磁盘片被固定在电机的转轴上,由电动机带动它们一起转动。每个磁盘片的上下两面各有一个磁头,它们与磁盘片不接触。如果磁头碰到了高速旋转的盘片,则会破坏表面的涂层和存储在盘片上的数据,磁头也会损坏。硬盘是一个非常精密的设备,所要求的密封性能很高。任何微粒都会导致硬盘读写的失败,所以盘片被密封在一个容器之中。一个硬盘可以有多张盘片,所有的盘片按同心轴方式固定在同一个轴上,两个盘片之间仅留有读写磁头的位置。每张盘片按磁道、扇区来组织硬盘数据的存取。硬盘的容量取决于硬盘的磁头数、柱面数及每个磁道扇区数,由于硬盘一般都有多个盘片,所以用柱面这个参数代替磁道。柱面是指使磁盘的所有盘片具有相同编号的磁道,显然这些磁道的组成就像一个柱面。若一个扇区的容量为 512B,那么硬盘容量为:512×磁头数×柱面数×扇区数。磁盘上的数据以簇(块)作为存取单位,一个数据簇(块)可以是一个扇区或是多个扇区。硬盘与内存交换信息时,应给出访问磁盘的"地址"。该地址由柱面号、扇区号及簇(块)数 3 个参数确定。新磁盘在使用前必须进行格式化,然后才能被系统识别和使用。格式化的目的是对磁盘进行磁道和扇区的划分,同时还将磁盘分成 4 个区域:引导扇区、文件分配表、文件目录表和数据区。其中,引导扇区用于存储系统的自引导程序,主要为启动系统和存储磁盘参数而设置;文件分配表用于描述文件在磁盘上的存储位置以及整个扇区的使用情况;文件目录表即根目录区,用于存储根目录下所有文件名和子目录名、文件属性、文件在磁盘上的起始位置、文件的长度及文件建立和修改的日期与时间等;数据区即用户区,用于存储程序或数据,也就是文件。硬盘格式化需要分 3 个步骤进行,即硬盘的低级格式化、分区和高级格式化。

硬盘的低级格式化即硬盘的初始化,其主要目的是对一个新硬盘划分磁道和扇区,并在每个扇区的地址域上记录地址信息。初始化工作一般由硬盘生产厂家在硬盘出厂前完成,当硬盘受到破坏或更改系统时,也需要进行硬盘的初始化。初始化工作是由专门的程序来完成的,需参阅具体的使用说明书。初始化后的硬盘仍不能直接被系统识别使用,为方便用户使用,系统允许把硬盘划分成若干个相对独立的逻辑存储区,每一个逻辑存储区称为一个硬盘分区。显然,对硬盘分区的主要目的是建立系统使用的硬盘区域,并将主引导程序和分区信息表写到硬盘的第一个扇区上。只有分区后的硬盘才能被系统识别使用,这是因为经过分区后的硬盘具有自己的名字,也就是通常所说的硬盘标识符。系统通过标识符访问硬盘。高级格式化的主要作用有两点:一是建立操作系统,使硬盘兼有系统启动盘的作用;二是针对指定的硬盘分区进行初始化,建立文件分配表。

(2)光盘存储器

光盘存储器主要由光盘、光盘驱动器和光盘控制器组成,目前已成为计算机的重要存储设备之一。光盘的主要特点是存储容量大、可靠性高,只要存储介质不发生故障,光盘上的数据就可长期保存,如图 3-12 所示。

图 3-12　光盘

读取光盘数据需用光盘驱动器(compact disk,CD),通常称为光驱。光驱的核心部分由激光头、光反射透镜、电机系统和处理信号的集成电路组成。影响光驱性能的关键部位就是激光头。通常所说的 48 倍速、52 倍速就是指光驱的读取速度。在制定光驱标准时,把 150kbps 的传输速率定为标准。后来光驱的传输率越来越快,就出现了各倍速光驱。除了传输速率外,平均查找时间也是衡量光驱的另一指标。

光盘有以下三种基本类型。

① 只读光盘(compact disk-read only memory,CD-ROM),只读指只能从光盘中读取数

据,不能写入或擦掉数据。

② CD-R(CD recordable),用户只能写一次,此后就只能读取。

③ 可擦写光盘(CD rewrite,CD-RW),可反复擦写和读取数据。

(3) 移动存储器

便携式移动存储器作为新一代的存储设备被广泛使用。移动存储器的存储介质是快闪存储器(flash memory),它和一些外围数字电路连接在电路板上,并封装在塑料壳内。目前,有 U 盘和移动硬盘两类,如图 3-13 所示。

图 3-13　移动存储器

移动存储器之所以被广泛应用是因为它具有以下优点。

① 不使用驱动器,方便文件共享与交流,节省支出。

② 接口是 USB,无须外接电源,支持即插即用和热插拔。

③ 具有高速度、大容量,适用于存储大容量文件。

④ 便于携带,它的体积小、重量轻、安全易用。

3.1.3　主板

主板(main board)又称为系统主板(system board),用于连接计算机的多个部件。它安装在机箱内,是微型计算机最基本、最重要的部件之一。计算机主板的平面是一块 PCB 印制电路板,电路板内部是错落有致的电路布线。主板中最重要的部件是芯片组,它决定了该主板支持何种类型的 CPU、内存的规格与容量、接口类型和数量等。

主板采用了开放式结构。在电路板上面有棱角分明的各部件,如插槽、芯片、电阻、电容等。当主机加电时,电流会在瞬间通过 CPU、南北桥芯片、内存插槽、AGP 插槽、PCI 插槽、IDE 接口,以及主板边缘的串口、并口、PS/2 接口等。随后,主板会根据 BIOS(基本输入输出系统)来识别硬件,并进入操作系统发挥出支撑系统平台工作的功能。虽然主板的品牌很多,布局不同,但基本结构和使用的技术基本一致。下面以图 3-14 所示主板为例,介绍主板

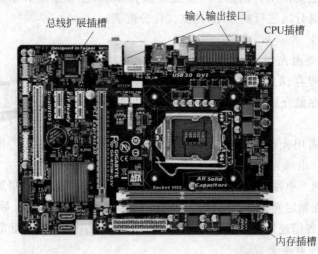

图 3-14　主板

上的几个重要部件。

(1) CPU 插槽。CPU 插槽用于固定连接 CPU 芯片。由于集成化程度和制造工艺的不断提高，越来越多的功能被集成到 CPU 上。CPU 与主板的接口形式根据 CPU 型号的不同分为 Socket 插槽、Slot 插槽和 LGA 插槽 3 种，每种又有不同的型号。

(2) 内存插槽。主板给内存预留了专用插槽，只要购买所需数量并与主板插槽匹配的内存条，就可以实现扩充内存和即插即用。对于支持双通道 DDR 内存的主板，4 条内存插槽用两种颜色区分。要实现双通道必须成对地配备内存，即需要将两条完全一样的 DDR 内存条插入同一颜色的内存插槽中。目前市场上的内存有 DDR、DDR2 和 DDR3 共 3 种内存条，相应的内存插槽也有 3 种，内存条采用了防错设计，一般不会插错。

(3) 总线扩展槽。总线扩展槽主要用于扩展微型计算机的功能，也称为 I/O 插槽。在它上面可以插入许多标准选件，如显卡、声卡、网卡等，以扩展微型计算机的各种功能。任何插卡插入扩展槽后，都可以通过系统总线与 CPU 连接，在操作系统的支持下实现即插即用。这种开放的体系结构为用户组合各种功能设备提供了方便。

目前主板上常见的扩展槽如下。

① AGP 插槽：用于在主存与显卡的显示内存之间建立一条新的数据传输通道，不需要经过 PCI 总线就可以让影像和图形数据直接传送到显卡中。AGP 总线是一种专用的显示总线，目前一块主板只有一个 AGP 扩展槽，位于北桥芯片和 PCI 扩展槽之间。目前，市场上的新型主板已不使用此种插槽。

② PCI 插槽：多为乳白色，是主板必备的插槽，可以插视频采集卡、声卡、网卡等设备。PCI 插槽是主板的主要扩展插槽，通过插接不同的扩展卡可以获得目前微机能实现的几乎所有外接功能。

③ PCI Express 插槽：随着 3D 性能要求的不断提高，AGP 已越来越不能满足视频处理带宽的要求，目前主流主板上的显卡接口多转向 PCI Express。PCI Express 插槽有 1x、2x、4x、8x 和 16x 之分。未来的趋势是 PCI Express 插槽将完全取代 AGP 插槽和 PCI 插槽。

(4) BIOS 芯片。BIOS 即"基本输入/输出系统"（Basic Input/Output System），是一块方块状的存储器，是主板的核心，它保存着计算机系统中的基本输入/输出程序、系统信息设置、自检程序和系统启动自举程序。BIOS 负责从计算机开始加电到完成操作系统引导之前的各部件和接口的检测、运行管理。现在主板的 BIOS 还具有电源管理、CPU 参数调整、系统监控、病毒防护等功能。早期的 BIOS 通常采用 EPROM 芯片，用户不能更新版本。目前，主板上的 BIOS 芯片采用闪存（Flash ROM）。由于闪存可以电擦除，因此可以更新 BIOS 的内容，升级十分方便，但也成为主板上唯一可以被病毒攻击的芯片。BIOS 中的程序一旦被破坏，主板将不能工作。

(5) 主板芯片组。芯片组（Chipset）是主板的核心组成部分，按照在主板上的排列位置的不同，通常分为北桥芯片和南桥芯片。其中，北桥芯片是主桥，它可以与不同的南桥芯片搭配使用，以实现不同的功能与性能。北桥芯片通常在主板上靠近 CPU 插槽的位置，负责与 CPU 的联系并控制内存，作用是在处理器与 PCI 总线、DRAM、AGP 和 L2 高速缓存之间建立通信接口。因为北桥芯片的数据处理量非常大，所以此类芯片的发热量一般较高，在此芯片上装有散热片。南桥芯片一般位于主板上离 CPU 插槽较远的下方，PCI 插槽附近，这种布局是考虑到它所连接的 I/O 总线较多,离处理器远一点有利于布线,而且更加容易实现信号线等长的布线原则。南桥芯片负责 I/O 总线之间的通信,如 PCI 总线、USB、LAN、ATA、SATA、音频控制器、键盘控制器、实时时钟控制器、高级电源管理等。相对于北桥芯片来说,南桥芯片数据处理量并不算大,所以南桥芯片一般都不必采取主动散热,有时甚至连散热片都不需要。南桥芯片的发展方向主要是集成更多的功能,如网卡、RAID、IEEE 1394,甚至 WiFi 无线网络等。

(6) CMOS芯片。CMOS是主板上的一块可读/写的 ROM 芯片,用来保存当前系统的硬件配置和一些用户设定的参数。用户可以利用 CMOS 对计算机的系统参数进行设置。设置方法是,系统启动时按设置键(通常是 Del 键)进入 BIOS 设置窗口,在窗口内进行CMOS 的设置。CMOS 开机时由系统电源供电,关机时靠主板上的电池供电,即使关机,信息也不会丢失,但应注意更换电池。

3.1.4 系统总线

总线是连接多个部件的信息传输线,是各部件共享的传输介质。当多个部件与总线相连时,如果出现两个或两个以上的部件同时向总线发送信息,势必导致信号冲突,传输无效。因此,在某一时刻,只允许有一个部件向总线发送信息,而多个部件可以同时从总线上接收相同的信息。总线实际上是由许多传输线或通路组成的,每条线可传输一位二进制代码,一串二进制代码可在一段时间内逐一传输完成。

若干条传输线可以同时传输若干位二进制代码,如 32 条传输线组成的总线,可同时传输 32 位二进制代码。按系统传输信息的不同,系统总线可分为三类:地址总线、数据总线和控制总线,如图 3-15 所示。

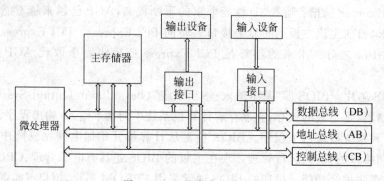

图 3-15　以总线为公共通道

(1) 地址总线:地址总线主要用来指出数据总线上的源数据或目的数据在内存中的地址。欲将某数据经输出设备输出,则 CPU 除了将数据送到数据总线外,同时还需将该输出设备的地址(I/O 接口)送到地址总线上。可见,地址总线上的代码用来指明 CPU 欲访问的存储单元或 I/O 端口地址,它是单向传输的。地址线的位数与存储单元的个数有关。

(2) 数据总线:数据总线用来传输各功能部件之间的数据信息,它是双向传输总线。其位数与机器字长、存储字长有关。数据总线的条数称为数据总线的宽度,它是衡量主机系统性能的一个重要参数。

(3) 控制总线:控制总线是用来发出各种控制信号的传输线。由于数据总线、地址总线都是由总线上的各部件共享的,如何使各部件能在不同时刻占有总线使用权,需要依靠控制总线来完成。由于计算机的各个部件都连在总线上,都需要传递信息,总线需要解决非常复杂的管理问题,因而总线实际上也是复杂的器件。

3.1.5 各种接口

各种接口电路是 CPU 与外部设备之间的连接缓冲。CPU 与外部设备的工作方式、工作速度、信号类型都不相同,通过接口电路的变换作用,把两者匹配起来。接口电路中包括一些专用芯片、辅助芯片,以及各种外部设备适配器和通信接口电路等。不同外部设备与主机相连都要配备不同的接口。常用的接口电路一般都做成标准件,便于选用。微型计算机与外部设备之间的信息传输方式有串行和并行两种。串行方式是按二进制位,逐位传输,传送速度较慢,但节省器材;并行方式一次可以传送若干个二进制位的信息,传送速度比串行方式快,但器材投入较多。在计算机内部都是采用并行方式传送信息,而计算机与外部设备之间的信息传送,两种方式均有采用。为了适应这两种传送方式,微机的 I/O 接口也有两种,即串行接口和并行接口。随着主板技术的增加,主板上集成的接口越来越多,主板的后侧 I/O 背板上的外部设备接口如图 3-16 所示。

PS/2接口 DVI接口 VGA接口　　USB接口 网卡接口 音频接口

图 3-16 I/O 背板上的外部设备接口

1. 硬盘接口

硬盘接口可分为 IDE 接口(integrated device electronics,集成设备电子部件)和 SATA 接口(serial ATA,串行 ATA),早期型号的主板上大多集成两个 IDE 口,主要连接 IDE 硬盘和 IDE 光驱。而目前市场的主板上,IDE 接口大多被缩减甚至取消,代之以 SATA 接口。

2. 并行接口

并行接口(parallel port)主要用于连接打印机等设备。主板上的并行接口为 26 针的双排插座,标识为 LPT 或 PRN。现在使用 LPT 接口的打印机与扫描仪已经基本很少了,多使用 USB 接口的打印机与扫描仪。

3. 串行接口

串行接口(serial port)主要用于连接鼠标、外置 MODEM 等外部设备。串行接口是所有计算机都具备的 I/O 接口,主板上的串行接口一般为两个 10 针双排插座,分别标注为 COM1 和 COM2。目前部分新出的主板已取消了串口。

4. USB 接口

USB 接口是现在最为流行的接口,最大可以支持 127 个外部设备,并且可以独立供电,其应用非常广泛。USB 接口可以连接键盘、数码相机、扫描仪、U 盘等外部设备。

5. 网卡接口

主板上的板载网络接口几乎都是 RJ-45 接口,该接口应用于以双绞线为传输介质的以太网中。网卡上面有两个状态指示灯,通过这两个指示灯可判断网卡的工作状态。

6. 光纤音频接口

光纤音频接口是日本东芝公司开发并设定的技术标准,在视听器材的背板上有 optical 作为标识。现在几乎所有的数字影音设备都具备这种格式的接头。现在某些型号的主板也配备了光纤音频接口,需要专门的光纤音频连接线。

7. 同轴音频接口

同轴音频接口(coaxial),标准为 SPDIF(sony/philips digital interface),是由索尼公司与飞利浦公司联合制定的,在视听器材的背板上有 Coaxial 作为标识,主要是提供数字音频信号的传输。目前,有些主板配备了单个输出的接口(黄色)。

8. IEEE 1394 接口

IEEE 1394 接口是 Apple 公司开发的串行标准,中文译名为火线接口(firewire)。它支持外部设备热插拔,可为外部设备提供电源,省去了外部设备自带的电源,能连接多个不同设备,支持同步数据传输,主要用于连接数字摄影机等。

3.1.6　输入输出设备

输入输出设备是实现计算机系统与人(或其他系统)之间进行数据交换的设备。通过输入设备,可以把程序、数据、图像和语音输入计算机中。通过输出设备,可以将计算机的处理结果显示或打印出来。

1. 输入设备

常用的输入设备有键盘、鼠标、图形扫描仪、条形码阅读器、磁卡阅读器、光笔、触摸屏等。

(1)键盘由一组开关矩阵组成,包括数字键、字母键、符号键、功能键和控制键等,共有一百零几个。每个键在计算机中都有对应的唯一代码。键的排列分布在键盘的不同区域,如图 3-17 所示。

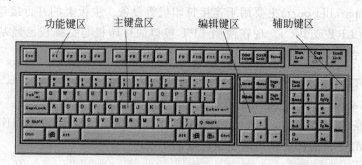

图 3-17　键盘外观

(2)鼠标作为一种手持式屏幕坐标定位设备,常用在菜单选择操作或辅助设计系统中,其外观如图 3-18 所示。鼠标是一种相对定位设备,不受平面上移动范围的限制。它的具体位置也和屏幕上光标的绝对位置没有对应关系。常用的鼠标有机械式和光电式两种。机械式鼠标的底座有一个可以滚动的圆球，当鼠标在平面上移动时，圆球与平面发生摩擦使球转动，圆球与 4 个方向的电位器接触，可测得上、下、左、右 4 个方向的相对位移量，用以控制屏幕上光标的移动。光电式鼠标的底部装有红外线发射和接收装置，当鼠标在特定的反射板上移动时，发出的光经反射板反射后被接收，并转换成移位信号，该移位信号送入主机，使屏幕上的光标随之移动。

（3）图形扫描仪是一种输入图形和图像的设备，可快速地输入图形、图像、照片以及文本等文件资料，其外观如图 3-19 所示。按其工作原理可分为线阵列和面阵列两种，按其扫描方式可分为平面式和手持式两种。按其灰度和色彩又分为二值化扫描仪、灰度扫描仪和彩色扫描仪。平面扫描仪大多采用并行口与主机连接，手持式扫描仪多采用串行口与主机连接，由专门的程序支持其工作。其主要技术指标有分辨率、灰度层次、扫描速度和扫描幅面尺寸等。

图 3-18　鼠标外观

图 3-19　图形扫描仪外观

（4）其他。除了上述输入设备之外，常用的输入设备还有条形码阅读器、磁卡阅读器、光笔、触摸屏等。其中条形码阅读器是通过光电传感器把条形码信息转换成数字代码，输入给计算机。按其结构分为手持式和卡槽式两种；按其工作原理目前主要分为 CCD 和激光枪两种。磁卡阅读器是通过磁头阅读磁表面中存储的二进制信息，输入给计算机。按其结构分为卡槽式和台式两种，其最大优点是磁表面中存储的信息可以重新写入，便于修改。光笔是由手写板和光笔组成，通过光电传感器把写入的信息输入给计算机，用来在屏幕上画图或写入字符，并实现图形修改、放大、移动、旋转等功能。触摸屏是一种快速人机对话输入设备，主要有电容式、电阻式和红外式 3 种。当人手接触屏幕时引起内部电容、电阻或者红外线发生变化，阅读程序将这一变化转换成坐标信息，输入给计算机。目前电容式和电阻式触摸屏的分辨率较高，安装较为方便，但灵敏度有限；红外式触摸屏灵敏度较高，但分辨率较低，安装不便。随着多媒体技术的发展，近年来出现了许多语音、手写输入装置，比如汉王等。在其软件的支持下，可直接使用口语和手写体输入。

2. 输出设备

输出设备是把计算机的处理结果用人所能识别的形式（如字符、图形、图像及语音等）表示出来的设备。常用的有显示器、打印机、绘图仪等。

图 3-20 显示器外观

1) 显示器

常用的显示器有 CRT 显示器和液晶显示器(LCD),显示器外观如图 3-20 所示。

(1) CRT 显示器。显示器主要用来显示运算结果、程序清单或其他用户需要的信息,是人与计算机之间的交互界面。输入时,显示用户由键盘输入的内容,与键盘结合,实现编辑功能。其工作原理是一种阴极射线管,简称为 CRT,通过显示适配器与主板连接。显示器的类型按显示内容可分为字符显示器、图形显示器和图像显示器;按颜色可分为单色和彩色显示器;按分辨率可分为高、中、低 3 档。

① 分辨率反映的是显示器的清晰度。字符和图像是由一个个像素组成的,像素越密,清晰度越高。

各种显示器的分辨率由像素的数目为:低分辨率(300×200 左右像素),中分辨率(640×350 左右像素),高分辨率(640×480、1024×768、1280×1024 像素)等。

② 显示适配器也称为显卡,是显示器与主板连接的接口电路板,可直接插入主板上的插槽中。常用类型有 VGA、Super VGA、TVGA、AGP 等,可支持各种高分辨率的彩色显示,显示色彩 256/1024 种以上。当显示色彩在 1024 种以上时,称为真彩显示。目前的多媒体计算机多配有 AGP 图形加速卡,分辨率为 800×600、1024×768 和 1280×1024,可实现真彩显示。

(2) 液晶显示器。液晶显示器是利用液晶的物理特性,在通电时导通,内部晶体有序排列,使光线容易通过;不通电时排列紊乱,阻止光线通过。所以有明亮之分,这样可用来显示字符和图形。液晶显示器的特点是体积小,体型薄,重量轻,工作电压低,功耗小,无污染,无辐射,无静电感应,视域宽,无闪烁,能直接与 CMOS 集成电路匹配,目前得到广泛使用。近年来,较流行的液晶显示器主要有双扫描无源阵列彩色显示器(俗称伪彩显)和薄膜晶体管有源阵列彩色显示器(俗称真彩显)。而在薄膜晶体管有源阵列彩色显示器中,每一个液晶像素都是由集成在像素后面的薄膜晶体管(thin film transistor,TFT)来驱动,因此能做到高速、高亮度、高对比度显示信息。

液晶显示器的主要参数如下。

① 可视角度。可视角度是指从上、下、左、右观看屏幕的角度,也就是视线与中垂线之间的夹角,一般在最大可视角度所观察或测量到的对比度越好,比如 45°,表示视角为 0°~45°。

② 亮度和对比度。亮度大,感觉明亮,目前常见的 TFT 液晶显示器的亮度在 $200\text{cd}/\text{m}^2$,对比度一般为(150~300):1。

③ 响应时间。响应时间是指液晶显示器各像素点对输入信号的反应速度,也就是像素由暗转亮,或由亮转暗的速度。目前一般为 25~30ms。

④ 显示颜色数。显示颜色数一般为 256K 种。

⑤ 分辨率。一般在 800×600 像素以上。

2）打印机

打印机是计算机最常用的输出设备之一。打印机种类繁多，工作原理和性能各异，一般分为针式打印机、喷墨打印机和激光打印机，激光打印机外观如图 3-21 所示。针式打印机打印的字符或图形是以点阵的形式构成的，是由打印机上打印头中的钢针通过色带打印在纸上。目前使用的一般是 24 针。针式打印机在打印过程中噪声较大，分辨率低，打印图形效果差，适用于打印压感纸。喷墨打印机是将墨水通过技术手段从很细的喷嘴中喷出，印在纸上，从而实现打印。喷墨技术可分为气泡式、液体压电式和热感式 3 种。其特点是噪声小，打印效果比针式打印机好。但喷头容易堵塞，使用成本比针式打印机高。激光打印机是激光技术和照相技术的复合产物。它利用电子照相原理，类似于复印机。在控制电路的控制下，输出的字符或图形变换成数字信号来驱动激光器的打开和关闭，对充电的感光鼓进行有选择的曝光。被曝光部分产生放电现象，而未曝光部分仍带有电荷，随着鼓的圆周运动，感光鼓充电部分通过碳粉盒时，让字符或图形的部分吸附碳粉。当鼓和纸接触时，在纸反面加以反向静电电荷，将鼓上的碳粉附到纸上，这称为转印。最后经高压区定影，使碳粉永久黏附在纸上，实现打印。其特点是分辨率高，打印效果佳，打印速度高，缺点是成本高。

3）绘图仪

绘图仪是一种用于绘制图形的输出设备，在绘图软件的支持下可绘制出复杂、精确、漂亮的图形，主要用于工程设计、轻印刷和广告制作，其外观如图 3-22 所示。目前比较流行的绘图仪有笔式和喷墨式两种，按其色彩可分为单色和彩色两大类型。

图 3-21　激光打印机外观

图 3-22　绘图仪外观

除了上述几种常用输入输出设备外，对于多媒体计算机还可配置摄像机、录像机、录音机、电视机、音响设备等。在计算机控制与数据采集系统中可使用 A/D 与 D/A 转换器，以进行模/数与数/模转换。在计算机通信中，可使用调制解调器、数传机作为输入输出设备。另外，相对于主机，外存储器的磁盘、光盘也可以视为输入输出设备。

3.2　微型计算机的选购与组装

3.2.1　微型计算机的选购

1. 品牌机

品牌机是指有一个明确品牌标识的微机，由专业的计算机公司批量生产，并经过兼容性测试，正式对外出售的整套计算机。品牌机由专家设计，流水生产线生产，经过严格的检验，有良好的质量保证和完善的售后服务。品牌商凭借其强大的售后和后续服务，得到广大消费者的认可。目前,国产品牌主要有联想、华为、TCL、海尔等,进口或合资品牌有 HP(惠普)、Dell(戴尔)、东芝等。根据不同的用户群体,生产商将计算机分为四种。

(1) 家用机:以游戏和多媒体应用为主的娱乐型计算机,在均衡计算机各方面性能的同时,突出其游戏和多媒体性能,而且注重追求个性化和外观与周围环境的和谐。

(2) 商用机:主要面对商业用户,注重实用性、稳定性,以商业办公为应用重点的计算机。商用机突出硬件的稳定性和安全性,外观和多媒体性能没有优势。

(3) 笔记本电脑:配备液晶显示器和可充电笔记本电池,体积小巧,是可以随身携带的个人计算机。笔记本电脑携带方便和具有很强的移动性,主要用于移动使用。

(4) 服务器:专指能通过网络对外提供服务的高性能计算机。服务器的稳定性、安全性和系统性能比普通计算机更高,其 CPU、芯片组、内存、磁盘系统和网络等硬件均采用服务器专用配置,可以全天候不间断工作。

2. 组装机

组装机是计算机用户根据需求,自己购买计算机硬件设备并组装到一起的计算机。组装机可以自己组装,也可以到计算机市场(电子市场)组装。组装机的搭配随意性很强,用户可以根据自己的经济条件和应用需求,购买不同价位、品质和用途的硬件,随意搭配出具有鲜明个性特色的计算机。由于减少了各种销售环节并具有极高的自主性,所以组装机性价比较高。

3. 品牌机和组装机比较

(1) 个性需求:组装机的各种硬件设备可以根据用户需求随意购买和搭配,可以为某一用途选择专门的硬件,从而满足特殊需求。品牌机由于是批量生产的,要面向大多数用户,不能针对不同的用户进行专业的配置调整,硬件配置上没有特色。

(2) 硬件配置:计算机硬件发展和更新比较快,品牌机很难跟上更新速度,有些在电子市场已经淘汰的配件,还会出现在品牌机上。而组装机则可以使用最新的硬件设备,使用户享受到新技术带来的高效率和便利。

(3) 外观:品牌机的外观比较整齐统一,而且用户能够根据自己的喜好选择颜色或款式。组装机用户的配件一般由多个品牌组成,外观不是很整齐统一,但用户可以选择有特色的配件,组装出富有个性的计算机。

(4) 性价比:计算机散件市场流通环节少,所以组装机性价比相对较高。由于品牌机在生产、销售、广告方面避免不了要花费较多成本,缺乏价格优势。另外,品牌机为获得竞争优势,往往会降低主板和显卡的成本,从而误导只注意硬盘容量和 CPU 频率,而忽略主板和显卡性能的普通消费者。

(5) 可靠性:品牌机都经过严格的兼容性和可靠性测试,并通过国家强制的 3C 认证,计算机用户可以放心使用。组装机则由于没有经过严格的测试,其可靠性和稳定性不高,不适合计算机新手使用。

(6) 售后服务:一般的品牌机都会提供 24 小时响应的免费电话服务,并能在 48 小时内上门服务。组装机虽然也可以提供上门服务,但不同装机商售后服务会有所不同,相对品牌机来说售后服务比较薄弱和烦琐。

4. 选购微机的注意事项

随着微型计算机技术的发展,微机硬件更新换代的速度越来越快。因此,用户在选购微机时完全不必追求高档,而是根据微机的用途选择合适的配置。例如,如果只是用微机进行上网、文字处理等工作,目前的低档微机足以满足要求。但是,如果使用微机进行平面设计、制作动画或玩 3D 游戏、3D 设计等,则微机的性能越高越好。

如果用户自己选购微机硬件部件组装,还应注意以下几点。

(1) 收集市场信息。了解最近的硬件行情,制订装机计划和初步的硬件配置表。有关信息可通过 Internet 来了解当前市场行情。用户既可以通过这些网站了解各地配件的行情,也可以学习一些微机的相关知识。

(2) 各部件之间要匹配。由于微机的配件种类较多,而且每种配件又有不同的型号、规格和品牌,因此在组装微机时应注意各部件的匹配。例如,CPU 与芯片组的匹配问题、内存与主板的匹配问题、显卡与主板的匹配问题、电源与主板的匹配问题、CPU 风扇与 CPU 的匹配问题等,这些问题在组装计算机前需要提前考虑,以便制定出合理、实用的配置方案,保证组装的微机的质量。

(3) 选择配件宜集中。选购时,先在市场上到处看看行情,按照自己原定的配置,询问各种配件的价格。然后,选择信誉好的大商家,将所有配件一次性在该处购买。这样做的好处是有利于取得合理的定价,而且售后服务也可以直接找商家解决。

3.2.2 微型计算机硬件组装

1. 微机组装的准备工作

微机组装就是将计算机的各配件合理地组装在一起。在动手组装微机前,应先做好以下准备工作。

(1) 学习微机的基本知识,包括硬件结构、日常使用的维护知识、常见故障处理、操作系统和常用软件安装等。

(2) 准备好装机所需要的工具,如十字螺丝刀、尖嘴钳等。

(3) 在安装前,先消除身上的静电,比如用手摸一摸自来水管等接地设备。

(4) 对各部件要轻拿轻放,不要碰撞,尤其是硬盘。

(5) 安装主板一定要稳固,同时要防止主板变形,不然会对主板的电子线路造成损伤。

(6) 检查好所需的配件:CPU、内存条、硬盘、主板、显卡、光驱、机箱、电源、鼠标、键盘、显示器、数据线等。

2. 微机组装的基本步骤

(1) 安装电源:对机箱进行拆封,将电源安装在机箱预留的位置。

(2) 安装 CPU 和风扇:安装 CPU 时,先拉起主板上 CPU 插座的手柄,把 CPU 按正确方向放进插座,使每个接脚插到相应的孔里。注意要放到底,但不必用力给 CPU 施压。然后把手柄按下,CPU 就被牢牢地固定在主板上了。然后安装 CPU 风扇。风扇是用一个弹性铁架固定在插座上的,当取下 CPU 时,先取下风扇,然后先把手柄拉起来,再取下 CPU。

(3) 安装内存条:安装时把内存条对准插槽,均匀用力插到底就可以了。同时插槽两端的卡了会自动卡住内存条。取下时,只要用力按下插槽两端的卡子,内存就会被推出插槽。

(4) 安装主板：将主板固定在机箱底板上。

(5) 显卡的安装：如果显卡没有集成在主板上，根据显卡总线选择合适的插槽。

(6) 安装驱动器：主要针对硬盘和光驱进行安装，并连接其数据线。

(7) 连接电源线：可查看主板说明找准位置。

(8) 连接机箱前置面板与主板间的连线：即各种指示灯、电源开关线。

(9) 连接显示器、键盘和鼠标。

(10) 再重新检查各个接线，准备进行测试。

给机器加电，若显示器能够正常显示，表明初装已经正确，此时进入 BIOS 进行系统初始设置，至此微机硬件的安装基本完成。注意，以上步骤不是一成不变的，可根据具体情况调整，以方便、可靠为安装顺序的准则。但要使微机运行起来，还需要安装软件。安装软件的过程包括硬盘分区和格式化、安装操作系统(如 Windows 10 或者 Windows XP 系统)、安装各种驱动程序(如显卡、声卡等驱动程序)、安装各种应用软件。

3.3　计算机软件系统基础

计算机系统的另一个子系统是软件系统。软件是指为了充分发挥计算机硬件的效能和方便用户使用计算机而设计的各种程序、文档和数据的总和。软件是对硬件功能的体现、补充和完善，软件的运行最终都被转换为对硬件设备的操作。如果说计算机的硬件系统是计算机系统的骨架，计算机的软件系统就是计算机系统的灵魂。自计算机软件出现以来，已经发展成为一门完整的学科。计算机软件系统通常可分为系统软件和应用软件两大类。

3.3.1　系统软件

系统软件是指控制和协调计算机及外部设备，支持应用软件开发和运行的系统，是无须用户干预的各种程序的集合。其主要功能是调度、监控和维护计算机系统；负责管理计算机系统中各种独立的硬件，使它们可以协调工作。系统软件使得计算机使用者和其他软件将计算机当作一个整体而不需要顾及每个硬件是如何工作的。系统软件通常包括操作系统、语言处理系统、数据库管理系统和驱动管理等。

1. 操作系统

操作系统是管理和控制计算机硬件资源和软件资源的软件。它负责对计算机的所有硬件和软件资源进行分配、控制、调度和回收，合理地组织计算机的工作流程，使计算机系统能够协调一致，高效率地完成处理任务。操作系统是计算机最基础的系统软件，是人机对话的管理者和执行者，对计算机的所有操作都要在操作系统的支持下才能进行。

2. 语言处理系统

要使计算机能够按照人的意图去工作，就必须使计算机能接受人向它发出的各种命令和信息，这就需要有用来进行人和计算机交换信息的"语言"。能够实现计算机自动处理任务的"语言"称为计算机程序设计语言，它们是一组记号和一组规则的集合。而具体实现某处理任务的语句(或指令)的集合称为计算机程序，简称程序。编写程序的过程叫作程序设计。程序设计语言的发展经历了机器语言、汇编语言和高级语言三个阶段。

（1）机器语言

机器语言是用二进制代码表示的语言，是计算机唯一可以直接识别并执行的语言。人们与计算机交流最初就是将人类的表达方式转换成全部是由 0 和 1 两个符号组成的"语言"代码，称为机器语言。机器语言就是二进制代码形式表示的机器基本指令的集合，它具有可以直接执行、容量小、运算速度快等优点。然而，机器语言与硬件高度相关、难记忆、容易错，程序的检查和调试都极为困难。

（2）汇编语言

为了解决机器语言难以理解和记忆的问题，人们开始用助记符来表示机器语言。这种用指令助记符组成的语言叫作汇编语言，用汇编语言编写的程序称为汇编源程序。计算机不能直接执行汇编源程序。为此，需要一种软件把汇编源程序"翻译"成机器目标程序。这种"翻译"过程称为"汇编"，相关软件称为汇编程序。汇编语言仍是一种面向机器语言，因此，其可移植性差。

（3）高级语言

为了解决机器语言和汇编语言的种种缺陷，人们又研发了多种计算机"高级语言"。其目标是实现既接近于自然语言又不依赖硬件的计算机程序编写方式，而计算机则采用两种方式来执行由高级语言编写的源程序：编译方式和解释方式，如图 3-23 所示。

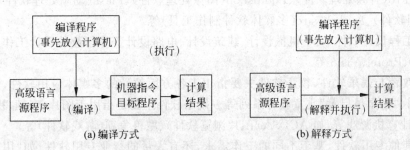

图 3-23　高级语言的编译方式和解释方式

① 编译方式是采用编译器把高级语言源程序一次性翻译成机器可执行的目标程序，然后执行这个目标程序。编译得到的目标程序可脱离编译器运行且可移植性好。

② 解释方式是采用解释软件把高级语言源程序逐句地翻译，译出一句立即执行一句，边解释边执行。这种方式较慢且与解释软件相关，但使用比较灵活。

目前，比较流行的计算机高级语言有很多，诸如 FORTRAN、COBOL、PASCAL、C、Java、Visual Basic、Visual C++等。

3. 数据库管理系统

数据库（data base）是以一定组织方式存储起来且具有相关性数据的集合，具有数据冗余小、利用率高和独立于应用程序的特点，可以为多种不同的应用程序共享，成为当代计算机应用的一大领域。数据库管理系统（data base management system，DBMS）是对数据库资源进行统一管理和控制的软件，数据库管理系统是数据库系统的核心。目前，流行的数据库管理系统有 Visual FoxPro、SQL Server、Oracle、Sybase、Access 等。

4. 驱动管理

在计算机系统中,各种硬件设备(主板、显卡、打印机、键盘、外部存储设备等)要正常工作以及与 CPU 进行数据交换均需要通过相应的接口程序来实现,这种接口程序称为驱动程序。操作系统的设备管理功能就是通过驱动程序实现对硬件管理的。

3.3.2　应用软件

应用软件是在操作系统支持下,针对某个应用领域的具体问题而开发和研制的程序,具有很强的实用性和专业性。正是由于应用软件的这些特点,才使得计算机应用日益普及到社会的各个行业。应用软件一般由应用软件包、数据包和用户程序组成。常用的应用软件有以下几类。

(1) 办公自动化软件,如 Word、Excel、PowerPoint 等,将在后续章节重点介绍。

(2) 信息管理软件,如各种管理信息系统(MIS)。

(3) 图像处理软件,如 Photoshop、ACDSee、3DMAX 等。

(4) 程序开发软件,主要是指计算机程序设计语言,用于开发各种程序。目前较常用的有 Python、C/C++、Visual Studio 系列、Visual Studio. NET 系列、Java 等。

(5) 多媒体编辑软件,主要用于对音频、图像、动画、视频创作和加工。常用的有 Cool Edit Pro(音频处理软件)、Photoshop(图像处理软件)、Flash(动画处理软件)、Premiere (视频处理软件)、Authorware(多媒体软件制作工具)等。

(6) 工程设计软件,用于机械设计、建筑设计、电路设计等多行业的设计工作,常用的有 AutoCAD、Protel、Visio 等。

(7) 教育与娱乐软件,教育软件主要指用于各方面教学的多媒体应用软件,如"轻松学电脑"系列、"小星星启蒙"儿童教育系列等。娱乐软件主要是指用于图片、音频、视频的播放软件以及计算机游戏等,如 ACDSee(图片浏览软件)、魔兽争霸(游戏软件)等。

(8) 其他专用软件,基于不同的工作需求,还有大量的行业专用软件,如"用友"财务软件系统、"北大方正"印刷出版系统、"法高"彩色证卡系统等。

在具体配置微机软件系统时,操作系统是必须安装的,工具软件、办公软件也应该安装,对于其他软件,应根据需要选择安装,也可以事先准备好可能需要的安装软件,在使用时即用即装。不建议将尽可能全的软件都安装到同一台微机中,一方面影响整机的运行速度,以 Windows 操作系统平台为例,软件安装的越多,注册表越庞大,资源管理工作量加大,则微机速度下降;另一方面,软件间可能发生冲突,如反病毒软件在系统工作时进行实时监控,不断搜集分析可疑数据和代码,若同时安装两套反病毒软件,将会造成互相侦测、怀疑,如此反复循环,最终导致系统瘫痪。此外,不常用程序安装在微机中,还将对宝贵的存储空间造成不必要的浪费。

第 4 章

Windows 10 操作系统

4.1 操作系统概述

操作系统是最重要的系统软件,是整个计算机系统的指挥机构,管理计算机的所有资源。因此,要熟练使用计算机的操作系统,首先要了解一些操作系统的基本知识。

4.1.1 操作系统的基本概念

操作系统(operating system,OS)是计算机系统中非常重要的系统软件,其功能是管理和控制计算机软件和硬件资源,使计算机各部分协调工作;合理组织计算机工作流程,为用户使用计算机提供友好的人机界面,方便用户使用计算机系统。

计算机系统层次结构可以分为 4 部分:硬件、操作系统、其他系统程序和应用程序。硬件是所有软件运行的物质基础;操作系统位于硬件之上,是与硬件关系最密切的系统软件,是对硬件功能的首次扩充;操作系统上运行的系统程序包括语言处理程序、数据库管理系统和各种服务程序等;应用程序是为解决某一特定问题而利用计算机程序设计语言开发的软件。

4.1.2 操作系统的功能

一般来说,从资源管理角度,操作系统的功能包括进程管理、作业管理、存储管理、设备管理和文件管理五个主要部分。

1. 进程管理

处理机(CPU)是计算机中最宝贵的硬件资源,程序只有获得 CPU 才能运行,进程管理主要对处理机进行分配和管理。在计算机系统中,以进程为基本单位分配和使用处理机,因此对处理机的管理最终归结为对进程的管理。进程管理的主要功能是进程控制、进程调度、进程同步及进程通信。

2. 作业管理

作业管理是为了合理组织工作流程,对作业进行控制和管理。作业管理包括作业输入、作业调度和作业控制。

3. 存储管理

存储管理是指对内存资源进行管理,主要任务是为多道程序运行提供良好的环境,方便用户使用存储器,提高内存利用率。存储管理主要包括存储分配、存储保护、虚拟内存和地址映射。

4. 设备管理

设备管理是指对计算机外部设备(打印机、显示器等)进行分配、控制和管理,使用户不必过多了解接口技术而方便地使用外部设备。设备管理的主要功能有缓冲区管理、设备分配和设备控制。

5. 文件管理

文件管理主要负责软件资源管理,包括文件存储空间管理、目录管理、文件存取控制、文件共享与保护。

4.1.3　操作系统的分类

操作系统一般分为：批处理操作系统、分时操作系统、实时操作系统、网络操作系统以及分布式操作系统。

1. 批处理操作系统

批处理(batch processing)操作系统的工作方式是：用户将作业交给系统操作员,系统操作员将许多用户的作业组成一批作业,之后输入计算机中,在系统中形成一个自动转接的连续的作业流,然后启动操作系统,系统自动、依次执行每个作业,最后由操作员将作业结果交给用户。

2. 分时操作系统

分时(time sharing)操作系统的工作方式是一台主机连接了若干个终端,每个终端有一个用户在使用。用户交互式地向系统提出命令请求,系统接收每个用户的命令,采用时间片轮转方式处理服务请求,并通过交互方式在终端上向用户显示结果。用户根据上步结果发出下道命令。分时操作系统将 CPU 的时间划分成若干个片段,称为时间片。操作系统以时间片为单位,轮流为每个终端用户服务。每个用户轮流使用时间片而使每个用户并不感到有别的用户存在。

3. 实时操作系统

实时操作系统(real-time operating system,RTOS)是指使计算机能及时响应外部事件的请求,在规定的严格时间内完成对该事件的处理,并控制所有实时设备和实时任务协调一致工作的操作系统。实时操作系统追求的目标是对外部请求在严格时间范围内做出反应,有高可靠性和完整性。

4. 网络操作系统

网络操作系统是基于计算机网络的,是在各种计算机操作系统上按网络体系结构协议开发的系统软件,包括网络管理、通信、安全、资源共享和各种网络应用,其目标是相互通信及资源共享。网络操作系统除了具有一般操作系统的基本功能之外,还具有网络管理模块。网络操作系统用于对多台计算机的硬件和软件资源进行管理和控制。网络管理模块的主要功能是提供高效而可靠的网络通信能力,提供多种网络服务。

网络操作系统通常用在计算机网络系统中的服务器上。最有代表性的几种网络操作系统产品有 Novell 公司的 Netware,Microsoft 公司的 Windows XP Server、UNIX 和 Linux 等。

5. 分布式操作系统

分布式操作系统是由多台计算机通过网络连接在一起而组成的系统,系统中任意两台计算机可以远程调用交换信息,系统中的计算机无主次之分,系统中的资源供所有用户共享,一个程序可分布在几台计算机上并行地运行,互相协调完成一个共同的任务。分布式操作系统的引入主要是为了增加系统的处理能力、节省投资、提高系统的可靠性。用于管理分布式系统资源的操作系统称为分布式操作系统。

4.1.4　常见操作系统

常见的操作系统有 DOS、UNIX、Linux、Mac OS、Windows、Android、NetWare 和 Free BSD 等,下面简要介绍其中常见的六种操作系统。

1. DOS

DOS 最初是微软公司为 IBM-PC 开发的操作系统,因此它对硬件平台的要求很低,适用性较广。从 1981 年问世至今,DOS 经历了 7 次大的版本升级,从 1.0 版到 7.0 版,并不断地改进和完善。但是,DOS 系统的单用户、单任务、字符界面和 16 位的大格局没有变化,它对于内存的管理也局限于 640KB 的范围内。常用的 DOS 有 3 种不同的品牌,它们是 Microsoft 公司的 MS-DOS、IBM 公司的 PC-DOS 以及 Novell 公司的 DR DOS,这 3 种 DOS 中使用最多的是 MS-DOS。

2. UNIX

UNIX 系统是一种分时计算机操作系统,于 1969 年在 AT&T Bell 实验室诞生,最初在小型计算机上运用。最早移植到 80286 微机上的 UNIX 系统称为 XENIX。XENIX 系统的特点是系统开销小,运行速度快。UNIX 能够同时运行多进程,支持用户之间共享数据。同时 UNIX 支持模块化结构,安装 UNIX 操作系统时,只需要安装用户工作需要的部分。UNIX 有很多种,许多公司都有自己的版本,如惠普公司的 HP-UX、西门子公司的 Reliant UNIX 等。

3. Linux

Linux 系统是一个支持多用户、多任务的操作系统,最初由芬兰人 Linus Torvalds 开发,其源程序在 Internet 上公开发布,由此引发了全球计算机爱好者的开发热情,许多人下载该源程序并按自己的意愿完善某一方面的功能,再发回网上,Linux 也因此被雕琢成一个全球较稳定的、有发展前景的操作系统。Linux 系统是目前全球较大的一款自由免费软件,是一个功能可与 UNIX 和 Windows 相媲美的操作系统,具有完备的网络功能,在源代码上兼容绝大部分 UNIX 标准,支持几乎所有的硬件平台,并广泛支持各种周边设备。

4. Mac OS

Mac OS 是美国苹果计算机公司开发的一套运行于 Macintosh 系列计算机的操作系统,是首个在商用领域成功的图形用户界面。该机型于 1984 年推出,Mac OS 率先采用了一些至今仍为人称道的技术,例如,图形用户界面、多媒体应用、鼠标等。Macintosh 在影视制作、印刷、出版和教育等领域有着广泛的应用,Microsoft Windows 系统至今在很多方面还有 Mac OS 的影子。

5. Windows

Windows 系统由微软公司研发,是一款为个人计算机和服务器用户设计的操作系统,是目前世界上用户较多且兼容性较强的操作系统。第 1 个版本于 1985 年发行,并最终获得了世界个人计算机操作系统软件的垄断地位。它使 PC 开始进入所谓的图形用户界面时代。在图形用户界面中,每一种应用软件(即由 Windows 系统支持的软件)都用一个图标(Icon)来表示,用户只需把鼠标指针移动到某图标上,双击即可进入该软件,这种界面方式为用户提供了很大的方便,把计算机的使用提高到了一个新的阶段。常见的 Windows 系统的版本有 Windows 2000、Windows XP、Windows Vista、Windows 7、Windows 8、Windows 10 等。

6. Android

Android(中文名称为"安卓")是一种基于 Linux 的开放源代码操作系统,主要使用于便携设备。最初由 Andy Rubin 开发,主要用在手机设备上。2005 年由 Google 收购注资,并组建开放手机联盟对 Android 进行开发改良,逐渐扩展到平板计算机及其他领域中。2011 年第一季度,Android 在全球的市场份额首次超过塞班系统,跃居全球第一。目前Android 占据全球智能手机操作系统市场份额非常大。

4.2　Windows 10 的基本操作

Windows10 操作系统是由美国微软公司开发的应用于计算机和平板电脑的操作系统,于 2015 年 7 月发布正式版,是目前使用较为广泛的操作系统。它包括家庭版、专业版、企业版、教育版、移动版、移动企业版和物联网核心版 7 个版本。本章将重点介绍中文版Windows 10 专业版操作系统。

4.2.1　Windows 10 的启动及退出

1. Windows 10 的启动及登录

通常在确保电源供电正常、各电源线、数据线及外部设备等硬件连接无误的情况下,按开机按钮,即可进入系统启动界面。系统进入登录界面后,用户输入账号和密码,验证通过后,Windows 10 进入系统桌面。

图 4-1　Windows 10"电源"选项

2. Windows 10 的退出

在"开始"菜单中的"电源"选项中有睡眠、关机与重启等操作选项,如图 4-1 所示。

"关机"命令是指关闭操作系统并断开主机电源。

"重启"命令是指计算机在不断电的情况下重新启动操作系统。

"睡眠"命令自动将打开的文档和程序保存在内存中并关闭所有不必要的功能。睡眠的优点是只需几秒便可使计算机恢复到用户离开时的状态,且耗电量非常少。对于处于睡眠状态的计算机,可通过按键盘上的任意键、单击、打开笔记本电脑的盖子来唤醒计算机或通过按下计算机电源按钮恢复工作状态。

关机时请注意保存好运行的程序或修改过的文件,Windows 10 的关机操作没有再次确认的界面,一旦选择"关机"按钮,系统会立刻进行关机操作。

在桌面中按 Alt+F4 组合键,弹出如图 4-2 所示的"关闭 Windows"对话框,包含"切换用户""注销""睡眠""关机""重启"操作选项。

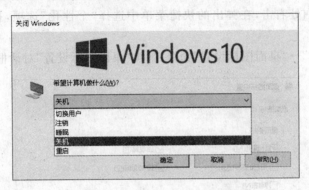

图 4-2　"关闭 Windows"对话框

"注销"命令将退出当前账户,关闭打开的所有程序,但计算机不会关闭,其他用户可以登录计算机而无须重新启动计算机。注销不可以代替重新启动,只可以清空当前用户的缓存空间和注册表等信息。

若计算机上有多个用户账户,用户可使用"切换用户"命令在各用户之间进行切换而不影响每个账户正在使用的程序。

4.2.2　Windows 10 的桌面

桌面是 Windows 操作系统和用户之间的桥梁,几乎 Windows 中的所有操作都是在桌面上完成的。Windows 10 的桌面主要由桌面背景、桌面图标、任务栏等部分组成,如图 4-3 所示。

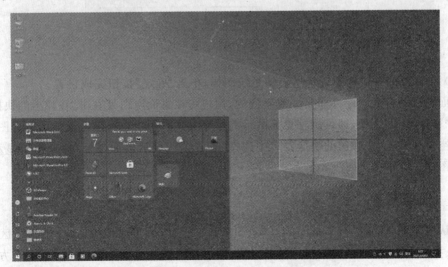

图 4-3　Windows 10 的桌面

4.2.3　桌面图标

图标是代表文件、文件夹、程序和其他项目的小图片,双击图标或选中图标后按 Enter 键即可启动或打开它所代表的项目。在新安装的 Windows 10 系统桌面中,往往仅存在一个回收站图标,用户可以根据需要将常用的系统图标添加到桌面上。

例如,添加系统图标的具体步骤如下。

(1) 在桌面空白处右击,在弹出的快捷菜单中选择"个性化"选项,打开"个性化"设置窗口。

(2) 选择"主题"→"桌面图标设置"命令,弹出"桌面图标设置"对话框,如图 4-4 所示。

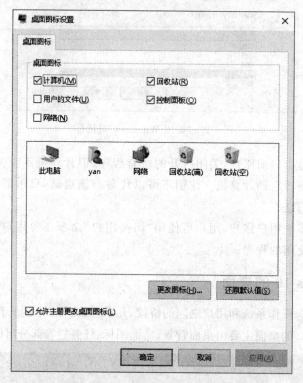

图 4-4　"桌面图标设置"对话框

(3) 在打开的对话框中选择所需的系统图标,单击"确定"按钮完成设置。

桌面图标的排列顺序并非是一成不变的,用户可在桌面空白处右击,在弹出的快捷菜单中选择"排序方式"选项,即可调整桌面图标的排序方式。用户也可隐藏或显示桌面图标,在桌面的空白处右击,在弹出的快捷菜单中选择"查看"→"显示桌面图标"命令则可显示或隐藏桌面图标。

4.2.4　任务栏

默认情况下,任务栏位于桌面的底端,如图 4-5 所示,由"开始"按钮、应用程序区域、通知区域、操作中心、显示桌面按钮等部分组成,通过拖动任务栏可使它置于屏幕的上方、左侧或右侧,也可通过拖动栏边调节栏高。任务栏的主要作用是显示当前运行的任务、进行任务的切换等。

图 4-5　任务栏

　　用户可根据自己的操作习惯对任务栏的位置、外观、显示的图标等进行设置。右击任务栏空白处,在弹出的快捷菜单中选择图 4-6 所示的"任务栏设置"选项,将打开"任务栏设置"窗口,如图 4-7 所示。

图 4-6　任务栏快捷菜单

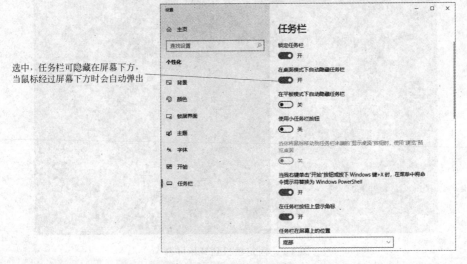

图 4-7　"任务栏设置"窗口

Windows 10 允许用户把程序图标固定在任务栏上。启动应用程序,右击位于任务栏上该程序的图标,然后在弹出的如图 4-8 所示的菜单中选择"固定到任务栏"命令,完成上述操作之后,即使关闭该程序,任务栏上仍显示该程序的图标。另外,也可以直接从桌面上拖动快捷方式到任务栏上进行固定。

图 4-8　将程序固定到任务栏

4.2.5　"开始"菜单

"开始"按钮位于任务栏最左端,单击"开始"按钮即可打开"开始"菜单。"开始"菜单是运行 Windows 10 应用程序的入口,是执行程序常用的方式。Windows 10 的"开始"菜单整体可以分成两个部分,左侧为应用程序列表、常用项目和最近添加使用过的项目;右侧则是用来固定图标的开始屏幕。通过"开始"菜单,用户可以打开计算机中安装的大部分应用程序,还可以打开特定的文件夹,例如文档、图片等。

用户能把经常用到的应用项目固定到右侧的开始屏幕中,方便快速查找和使用,右击"开始"菜单左侧某一项目,在弹出的如图 4-9 所示的快捷菜单中,选择"固定到'开始'屏幕"选项,应用图标就会固定到右侧的开始屏幕中。按 Ctrl＋Esc 组合键或 Windows 键 ⊞ 可以显示或隐藏"开始"菜单。将鼠标移动到"开始"菜单的边缘,可调整"开始"菜单大小。单击"开始"菜单左侧的 ▦ 按钮,即可进入分类页面,快速定位到我们需要的应用。

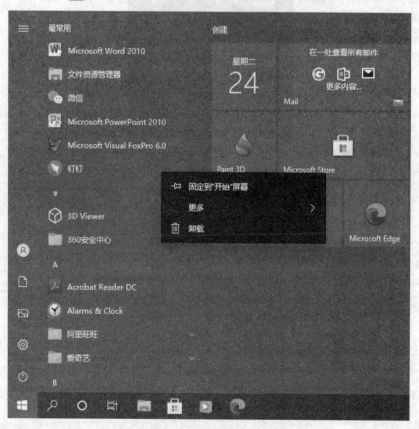

图 4-9　固定项目到开始屏幕

4.2.6　窗口、对话框及菜单的基本操作

1. 窗口

Windows 所使用的界面称为窗口，对 Windows 中各种资源的管理也就是对各种窗口的操作。Windows 10 默认采用类似于 Office 2010 的功能区界面风格，如图 4-10 所示，这个界面让文件管理操作更加方便、直观。窗口一般由标题栏、功能选项卡、地址栏、导航窗格、工作区、状态栏、滚动条等组成。当前所操作的窗口是已经激活的窗口，而其他打开的窗口是未激活的窗口。激活窗口对应的程序称为前台程序，未激活窗口对应的程序称为后台程序。

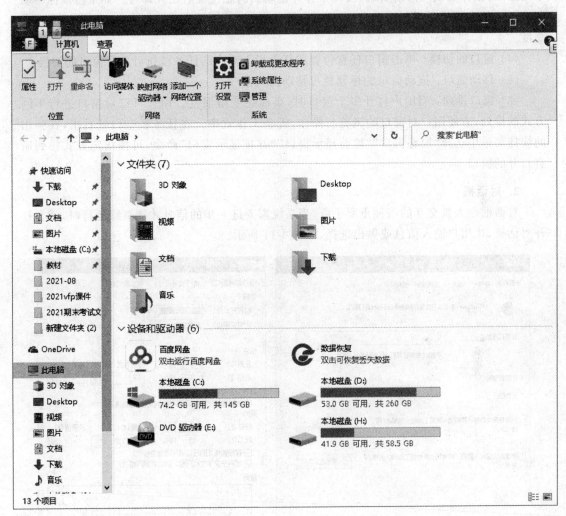

图 4-10　窗口

窗口的基本操作主要包括以下几个方面。

（1）打开窗口：在 Windows 10 中，双击应用程序图标，就会弹出窗口，即打开窗口。另外，用户在图标上右击，在弹出的快捷菜单中选择"打开"命令，也可以打开窗口。

（2）关闭窗口：单击窗口右上角的"关闭"按钮，即可关闭当前打开的窗口。用户可以

使用 Alt+F4 组合键进行窗口的关闭操作,也可右击位于任务栏的该窗口的图标,在弹出的快捷菜单中选择"关闭窗口"命令。

(3)调整窗口的大小:包括窗口的最大化、最小化和窗口还原,改变窗口的大小等。

用户可以单击标题栏右侧的"最大化""最小化"按钮来调节窗口的大小。双击标题栏也可以在最大化与还原窗口之间进行切换。在 Windows 10 中,用户可以按住标题栏拖动窗口到屏幕顶端,窗口会以气泡形状显示并最大化。此时,松开鼠标即可完成窗口的最大化操作。

如果用户想根据实际应用任意改变窗口的大小,只需将鼠标移至窗口四个角的任意一个角上,当鼠标变成双向箭头时,按住鼠标并拖动到满意位置后松开即可。如果将鼠标移动到窗口四条边的任意一条边上时,出现双向箭头,按住鼠标并拖动即可改变窗口的宽度或者高度。

(4)窗口的切换:单击窗口任意位置或任务栏上对应的任务按钮可进行窗口的切换。

(5)移动窗口:拖动窗口的标题栏可移动窗口。

(6)窗口排列:当用户打开多个窗口时,桌面会变得混乱。用户可以对窗口进行不同方式的排列,方便用户对窗口的浏览与操作,提高工作效率。在任务栏空白处右击,在弹出的快捷菜单中选择"层叠窗口""堆叠显示窗口""并排显示窗口"命令,可按指定方式排列所有打开的窗口。

2. 对话框

对话框是人机交互的一种重要手段,当系统需要进一步的信息才能继续运行时,就会打开对话框,让用户输入信息或做出选择,如图 4-11 所示。

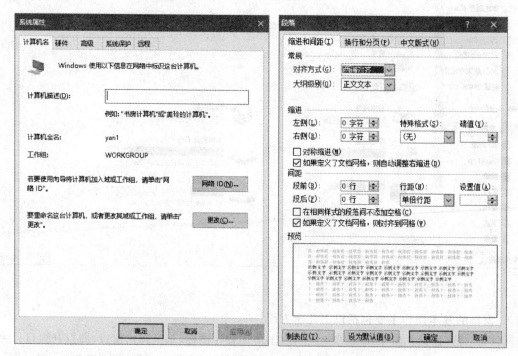

图 4-11　对话框

对话框中通常有命令按钮、文本框、下拉列表框、复选框、单选按钮等基本元素。

（1）命令按钮：用来确认选择执行某项操作，如"确定"和"取消"按钮等。

（2）文本框：用来输入文字或数字等。

（3）下拉列表框：提供多个选项，单击右侧的下拉按钮可以打开下拉列表框，从中选择一项。

（4）复选框：用来决定是否选择该项功能，通常前面有一个方框，方框中勾选表示被选中，可同时选择多项。

（5）单选按钮：一组选项中只能选择一个，通常前面有一个圆圈，圆圈中带有圆点表示被选中。

（6）微调按钮：一种特殊的文本框，其右侧有向上和向下两个三角形按钮，用于调整数值。

（7）选项卡：将功能类似的所有选项集中用一个界面呈现，单击标签可切换选项卡。

3. 菜单

在 Windows 系统中执行命令最常用的方法之一就是选择菜单中的命令，菜单主要有"开始"菜单、下拉菜单和快捷菜单几种类型。在 Windows 10 中，〉、▼标记常表示包含下级子菜单。

（1）"开始"菜单

单击任务栏最左端"开始"按钮即可打开"开始"菜单，"开始"菜单在前面已经做了介绍，这里不再重复。

（2）下拉菜单

单击窗口中的菜单栏选项就会出现下拉菜单，如图 4-12 所示。

（3）快捷菜单

在某一个对象上右击，弹出的菜单称为快捷菜单，如图 4-13 所示，在不同的对象上右击，弹出的快捷菜单内容也不同。

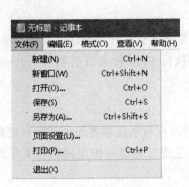

图 4-12　下拉菜单

图 4-13　快捷菜单

4.2.7　应用程序的启动和退出

1. 应用程序的启动

应用程序的启动有多种方法，以下介绍常用的三种启动方法。

（1）通过快捷方式

如果该对象在桌面上设置有快捷方式,直接双击快捷方式图标即可运行软件或打开文件。

（2）通过"开始"菜单

一般情况下,软件安装后都会在"开始"菜单中自动生成对应的菜单项,用户可通过单击菜单项快速运行软件。

（3）通过可执行文件

通常情况下,软件安装完成后将在 Windows 注册表中留下注册信息,并且在默认安装路径 C:\Program Files 或 Program Files(x86)中生成一系列文件夹和文件。例如,我们要运行 Word 文字处理软件,首先要找到 Word 的主程序文件,可以这样操作：找到默认路径 C:\program Files(x86)\Microsoft office\root\office16 中的 Winword.exe,用户直接双击 Winword.exe 可执行文件启动 Word 软件。

2. 应用程序的退出

Windows 10 是一款支持多用户、多任务的操作系统,能同时打开多个窗口,运行多个应用程序。应用程序使用完之后,应及时关闭退出,以释放它所占用的内存资源,减小系统负担。

退出应用程序有以下几种方法。

（1）单击程序窗口右上角的"关闭"按钮×。

（2）在程序窗口中选择"文件"→"关闭"命令。

（3）在任务栏上右击对应的程序图标,在弹出的快捷菜单中选择"关闭窗口"命令。

（4）对于出现未响应,用户无法通过正常方法关闭的程序,可以在任务栏空白处右击,在弹出的快捷菜单中选择"任务管理器"命令,通过强制终止程序或进程的方式进行关闭操作。

4.2.8　帮助功能

在 Windows 10 中获取帮助有多种方法,以下是获取帮助的三种方法。

1. F1 键

F1 键是寻找帮助的原始方式,在应用程序中按 F1 键通常会打开该程序的帮助菜单,对于 Windows 10 本身,该按钮会在用户的默认浏览器中执行 Bing 搜索以获取 Windows 10 的帮助信息。

2. 在"使用技巧"应用中获取帮助

Windows 10 内置了一个"使用技巧"应用,通过它可以获取系统各方面的帮助和配置信息。"使用技巧"窗口的右上角有搜索按钮,用户可以通过搜索关键词快速找到相关帮助信息。选择"开始"→"使用技巧"命令,则可打开"使用技巧"窗口。

3. 向 Cortana 寻求帮助

Cortana 是 Windows 10 中自带的虚拟助理,它不仅可以帮助用户安排会议、搜索文件,回答用户问题也是其功能之一。右击任务栏空白处,在打开的快捷菜单中选择"显示 Cortana 按钮"命令,可在任务栏中显示 Cortana 按钮 ◉,单击该按钮则可打开 Cortana 助手寻求帮助。

4.3　Windows 10 的个性化设置

在 Windows 10 中,控制面板和设置应用程序是用户进行个性化系统设置和管理的综合工具箱。微软已经加强了 Windows 10 的设置应用程序,以集成更多来自传统控制面板的选项。

选择"开始"→"Windows 系统"→"控制面板"命令即可打开控制面板,如图 4-14 所示。控制面板有三种查看方式:类别、大图标或小图标。

图 4-14　控制面板

Windows 10 的设置应用程序功能非常强大,是用户进行 Windows 系统设置和管理的常用工具。右击"开始"按钮,在弹出的快捷菜单中选择"设置"命令或单击"开始"按钮,再单击"开始"菜单左侧的"设置"按钮,即可运行设置应用程序,打开"Windows 设置"窗口,如图 4-15 所示。

图 4-15　"Windows 设置"窗口

4.3.1　外观和个性化设置

1. 更改桌面背景和主题

桌面背景是用户在系统使用过程中看到次数最多的图片,好的桌面背景会给用户一个好的学习和工作环境。选择"开始"→"设置"→"个性化"选项,即可打开图 4-16 所示的"个性化"设置窗口,用户可以对桌面背景、窗口颜色和主题等进行设置。

如果感觉长时间使用同一桌面背景十分单调乏味,反复手动更换又十分麻烦,用户可以使用 Windows 10 自带的桌面"幻灯片放映"功能,在图 4-16 所示的设置窗口中,单击"背景"选项,在打开的下拉列表中选择"幻灯片放映"选项,然后单击"浏览"按钮进行设置。

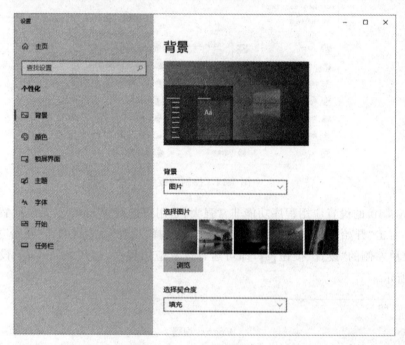

图 4-16　"个性化"设置窗口

2. 设置屏幕保护程序

当计算机在一定时间内没有使用时,就会自动启动屏幕保护程序。屏幕保护程序起到保护屏幕、个人隐私及省电的作用。选择"开始"→"设置"→"个性化"→"锁屏界面"→"屏幕保护程序设置"选项,即可打开图 4-17 所示的"屏幕保护程序设置"对话框。

3. 更改屏幕分辨率

分辨率是屏幕图像的精密度,是指显示器所能显示像素的多少。由于屏幕上的点、线和面都是由像素组成的,显示器可显示的像素越多,画面就越精细,同样的屏幕区域内显示的信息也越多,所以分辨率是操作系统非常重要的性能指标之一。选择"开始"→"设置"→"系统"→"显示"选项,打开"显示"设置窗口,即可对显示分辨率进行设置。

右击桌面空白处,在弹出的快捷菜单中选择"个性化""显示设置"选项,可快速打开"个性化""显示"设置窗口来设置桌面背景、主题、窗口颜色、屏幕分辨率等。

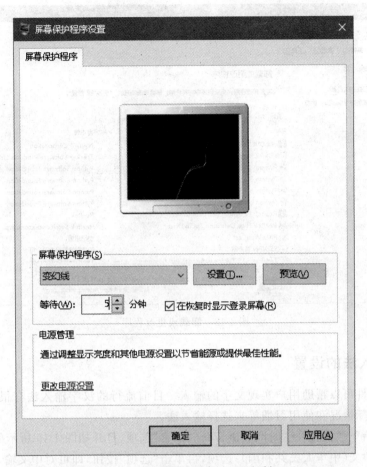

图 4-17　"屏幕保护程序设置"对话框

4.3.2　应用程序的安装与卸载

1. 应用程序的安装

应用程序是计算机应用的重要组成部分,在生活、工作中,为了实现更多的功能,用户需要安装不同的软件。

应用程序的安装主要有以下三个途径。

(1) 许多软件是以光盘形式提供的,光盘上面带有 Autorun.inf 文件,表示光盘打开后将自动打开安装向导,用户根据安装向导安装即可。

(2) 直接运行安装盘中的安装程序 Setup.exe(或 Install.exe),用户根据提示安装即可。

(3) 如果软件是从网上下载的,通常整套软件被捆绑成一个.exe 可执行文件或.rar 压缩文件,对于.exe 文件直接双击即可安装,对于.rar 文件则需要解压缩后再安装。

2. 应用程序的卸载

对于不再使用的应用程序,用户可将其卸载,以释放其所占用的磁盘空间及系统资源等。用户可通过控制面板的"程序和功能"链接项进行应用程序的卸载,如图 4-18 所示。

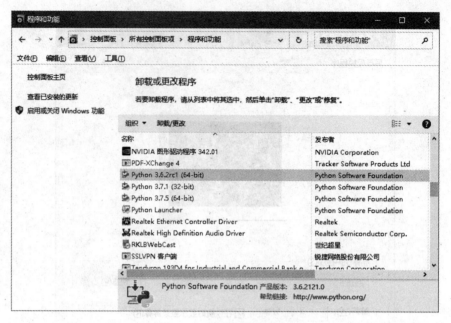

图 4-18   卸载或更改程序

4.3.3   输入法的设置

输入法软件可以帮助用户实现文字的输入。目前流行的汉字输入法有很多,用户可以根据自己的实际情况和使用习惯等来选择输入法。

选择"开始"→"设置"→"时间和语言"→"语言"选项,打开如图 4-19 所示的"语言"设置窗口。选择"中文(中华人民共和国)"选项,再单击"选项"按钮,即可对中文输入法进行添加和删除操作,如图 4-20 所示。

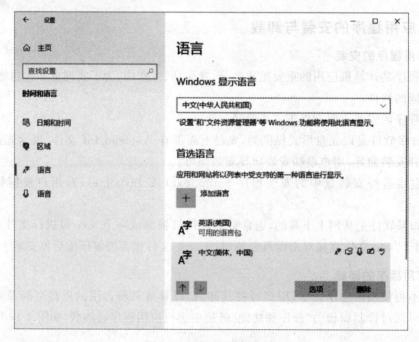

图 4-19   "语言"设置窗口

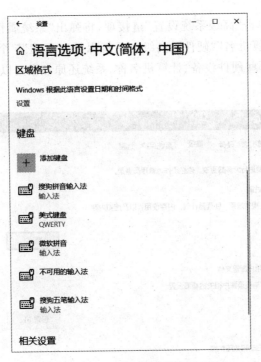

图 4-20　添加/删除输入法

4.3.4　系统属性设置

本机硬件配置信息、计算机名、远程访问设置等可通过"控制面板"中的"系统"链接项查看。系统属性的设置关系到计算机是否能正常运行。

单击控制面板中的"系统"链接项，或右击桌面中的"此电脑"图标，在弹出的快捷菜单中选择"属性"命令，都可以打开"系统"窗口，如图 4-21 所示。

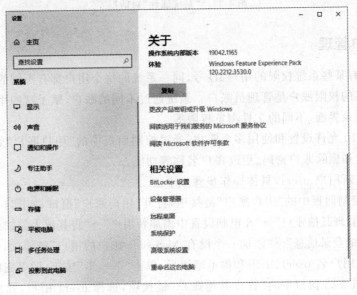

图 4-21　"系统"窗口

在"系统"窗口中单击"高级系统设置"链接项,将弹出"系统属性"对话框,如图 4-22 所示。该对话框包含"计算机名""硬件""高级""系统保护""远程"5 个选项卡,通过各选项卡可查看计算机安装了哪些硬件设备、计算机名称、系统还原点设置以及是否允许远程控制等信息并做出适当的调整。

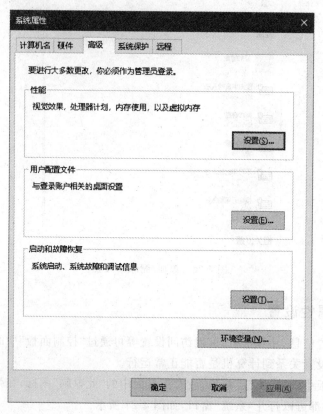

图 4-22　"系统属性"对话框

4.3.5　账户管理

账户是具有某些系统权限的用户 ID 号,同一系统的每个用户都有不同的账户名。在整个系统中,最高的权限账户是管理员账户。系统通过不同的账户,赋予这些用户不同的运行权限,不同的登录界面,不同的文件浏览权限等。

Windows 10 允许设置和使用多个账户,通过控制面板中的"用户账户"管理功能,实现创建账户、更改和删除账户密码、更改账户名称等功能。

例如,创建新用户 user1,具体操作步骤如下。

(1) 单击控制面板中的"用户账户"链接项,打开"用户账户"窗口,如图 4-23 所示。

(2) 单击"管理其他账户"→"在电脑设置中添加新用户"→"将其他人添加到这台电脑"→"我没有这个人的登录信息"→"添加一个没有 Microsoft 账户的用户"链接项,弹出图 4-24 所示的窗口,输入用户名 user1、密码和提示暗语后,单击"下一步"按钮,即可完成账户创建。

(3) 单击图 4-23 窗口中的"管理其他账户"链接项,选择 user1 用户,弹出图 4-25 所示的"更改账户"窗口,可对账户的名称、密码、类型进行修改,也可删除该用户。

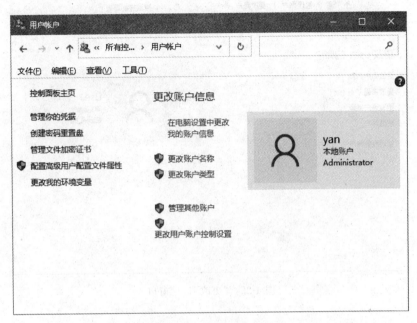

图 4-23 "用户账户"窗口

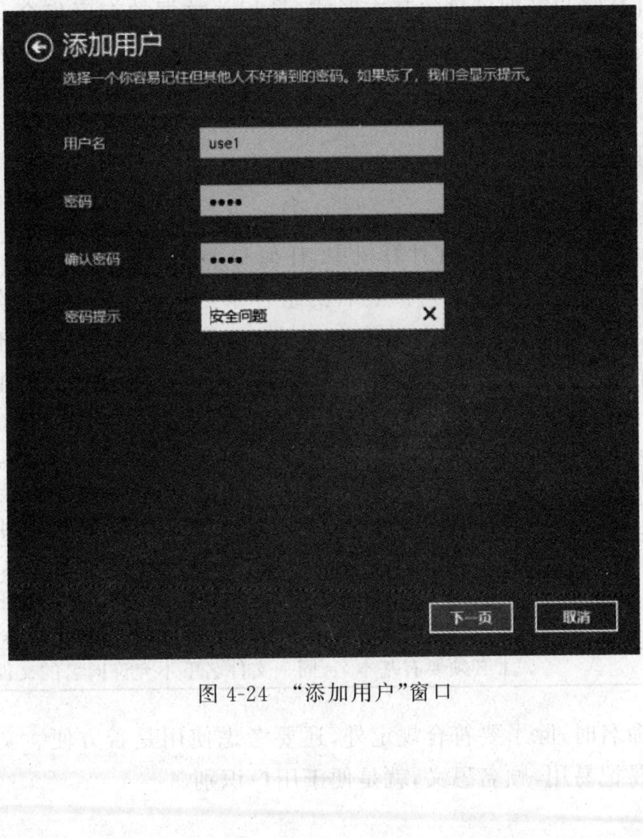

图 4-24 "添加用户"窗口

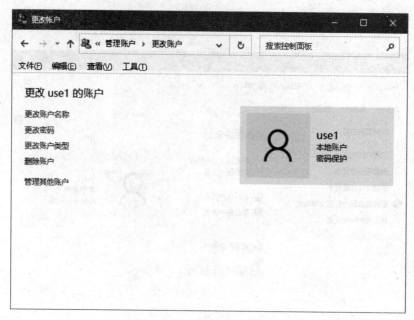

图 4-25 "更改账户"窗口

4.4 Windows 10 文件管理

文件是计算机存储和管理信息的基本形式,是相关数据的有序集合。文件的内容多种多样,可以是文本、数值、图像、视频、声音或者可执行的程序等,也可以是没有任何内容的空文件。

4.4.1 文件的基本概念

1. 文件名

文件名用来标识每一个文件,在计算机中,任何一个文件都有文件名。为了标识不同的文件,Windows 10 使用文件基本名与扩展名的组合来进行命名。例如,在 test. txt 文件名中,test 是基本名,txt 是扩展名。文件基本名与扩展名之间用"."隔开。不同的操作系统其文件名命名规则有所不同,Windows 10 操作系统的文件命名规则如表 4-1 所示。

表 4-1　Windows 10 操作系统的文件命名规则

命名规则	规则描述
文件名长度	包括扩展名在内最多 255 个字符长度,不区分大小写
不能包含的字母	\,/,?,:,",<,>,|,*
不允许命名的文件名	由系统保留的设备文件名、系统文件名等。例如:Aux、Com1、Com2、Com3、Com4、Con、Lpt1、Lpt2、Lpt3、Prn、Nul
其他限制	必须要有基本名,同一文件名下不允许同名的文件存在

另外,为文件命名时,除了要符合规定外,还要考虑使用是否方便。文件的基本名应反映文件的特点,并易记易用,顾名思义,就是便于用户识别。

为了方便使用,操作系统把一些常用的标准设备也当作文件看待,这些文件称为设备文件,如 Com1 表示第一串口,Prn 表示打印机等。操作系统通过对设备文件名的读/写操作来驱动与控制外围设备,显然不能用这些设备名去命名其他文件。

2. 文件类型

文件的扩展名用来区别不同类型的文件,当双击某一个文件时,操作系统会根据文件的扩展名决定调用哪一个应用软件来打开该类型的文件。表 4-2 所示为 Windows 10 操作系统的常用文件扩展名。

表 4-2　Windows 10 操作系统的常用文件扩展名

扩　展　名	文　件　类　型
. exe、. com	可执行程序文件
. docx、. xlsx、. pptx	Microsoft Office 文件
. bak	备份文件
. bmp、. jpg、. gif、. png	图像文件
. mp3、. wav、. wma、. mid	音频文件
. rar、. zip	压缩文件
. html、. aspx、. xml	网页文件
. bat	可执行批处理文件
. mp4、avi、. wmv、. mov	视频文件
. sys、. ini	配置文件
. obj	目标文件
. bas、. c、. cpp、. asm	源程序文件
. txt	文本文件

在默认情况下,Windows 10 操作系统中的文件是隐藏扩展名的,如果希望所有文件都显示扩展名,可使用以下方法进行设置。

（1）在桌面上双击"此电脑"图标,打开"资源管理器"窗口。

（2）选择"查看"选项卡,选中"文件扩展名"复选框,如图 4-26 所示,即可查看文件扩展名。

图 4-26　查看文件扩展名

3. 文件通配符

文件通配符是指 * 和？符号, * 代表任意一串字符,？代表任意一个字符,利用通配符？和 * 可使文件名对应多个文件,便于查找文件,如表 4-3 所示。

表 4-3　文件通配符

文件名	含　　义
*.docx	表示以.docx 为扩展名的所有文件
.	表示所有文件
A*.txt	表示文件名以 A 开头,以.txt 为扩展名的文件
A*.*	表示以 A 开头的所有文件
?? T*.*	表示第三个字符为 T 的所有文件

4.4.2　文件目录结构和路径

1. 文件目录结构

为了方便管理和查找文件,Windows 10 系统采取树形结构对文件进行分层管理。每个硬盘分区、光盘、可移动磁盘都有且仅有一个根目录(目录又称文件夹),根目录在磁盘格式化时创建,根目录下可以有若干子目录,子目录下还可以有下级子目录。

2. 路径

操作系统中使用路径来描述文件存放在存储器中的具体位置。从当前(或根)目录到达文件所在目录所经过的目录和子目录名,即构成"路径"(目录名之间用反斜杠分隔)。从根目录开始的路径方式属于绝对路径,比如 C:\myfile\student\class1.xlsx。而从当前目录开始到达文件所经过的一系列目录名则称为相对路径。

4.4.3　资源管理器基本操作

1. 资源管理器

资源管理器是 Windows 系统的重要组件,利用"资源管理器"可完成创建文件夹、查找、复制、删除、重命名、移动文件或文件夹等文件管理工作。Windows 10 资源管理器布局清晰,如图 4-27 所示,由标题栏、功能选项卡、地址栏、搜索栏、导航窗格、工作区域、状态栏等组成。用户可通过双击桌面上的"此电脑"图标 或单击任务栏上的"资源管理器"图标 打开资源管理器。

(1)标题栏:标题栏主要显示了当前目录的名称,如果是根目录,则显示对应的分区号。

在标题栏右侧为"最小化""最大化/还原""关闭"按钮,单击相应的按钮则完成窗口的对应操作。双击标题栏空白区域,可以进行窗口的最大化和还原操作。

(2)快速访问工具栏:快速访问工具栏默认的图标功能为查看属性和新建文件夹。用户可以单击其右侧的下拉按钮,从下拉列表中选择需要在快速访问工具栏上出现的功能选项。

(3)功能区:功能区显示了针对当前窗口或窗口内容的一些常用功能选项卡。根据选择对象的不同,功能区会显示额外的选项卡,方便用户执行不同的操作。用户单击功能选项卡上的命令按钮,可实现各种操作。

(4)控制按钮区:控制按钮区的主要功能是实现目录的后退、前进或返回上级目录。单击前进按钮后的下拉菜单可以看到最近访问的位置信息,在需要进入的目录上单击,即可快速进入。

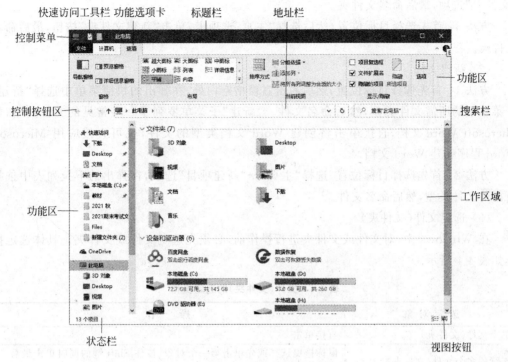

图 4-27　资源管理器

（5）地址栏：地址栏主要用于显示从根目录开始到现在所在目录的路径，用户可以单击各级目录名称访问上级目录。单击该区域空白位置可以在地址栏显示路径的文字模式，直接输入全路径可以快速到达要访问的位置。

（6）搜索栏：如果当前目录文件过多，可以在搜索栏输入需要查找信息的关键字，实现快速筛选或定位文件。需要注意的是，此时搜索的位置为地址栏目录下，包含所有子目录。如果要搜索其他位置或进行全盘搜索，需要进入相应目录中。

（7）导航窗格：导航窗格以树形结构显示计算机中的目录，用户使用导航窗格可以快速定位到所需的位置来浏览文件或完成文件的常用操作。

（8）工作区域：在窗口中央显示各种文件或执行某些操作后显示内容的区域称为窗口的工作区域。如果窗口内容过多，则会在窗口右侧或下方出现滚动条，用户可以使用鼠标拖动滚动条来查看更多内容。

（9）状态栏：状态栏位于窗口的最下方，会根据用户选择的内容，显示出容量、数量等属性信息，用户可以参考使用。

（10）视图按钮：视图按钮的作用是让用户选择窗口的显示方式，有列表和大缩略图两种选项，用户可以使用鼠标单击选择。

2. 文件与文件夹操作

（1）新建文件夹

方法 1：首先选择目标位置，然后单击快速访问工具栏上的"新建文件夹"按钮，最后命名文件夹。

方法 2：首先选择目标位置，然后右击右窗格空白处，在弹出的快捷菜单中选择"新建"→

"文件夹"选项,最后命名文件夹。

方法 3:首先选择目标位置,然后选择"主页"选项卡,单击"新建文件夹"按钮,最后命名文件夹。

（2）新建文件

方法 1:首先选择目标位置,然后右击右窗格空白处,在弹出的快捷菜单中选择"新建"子菜单下的所需文件类型,然后命名文件。"新建"子菜单罗列了一些常见的文件类型,如 Microsoft Word 文档,直接单击将创建 Word 文档类型的文件,也可直接应用 Microsoft Word 程序新建 Word 文档。

方法 2:首先选择目标位置,选择"主页"→"新建项目"选项,在弹出的下拉列表中选择所需的文件类型,然后命名文件。

（3）选定文件(文件夹)

在 Windows 中,对文件或文件夹进行操作前,必须先选定文件或文件夹。具体选定操作如表 4-4 所示。

表 4-4　文件(文件夹)的选定操作

选 定 对 象	操 　 作
单个文件(文件夹)	直接单击
连续的多个文件(文件夹)	鼠标拖曳选择或先单击第一个对象,按住 Shift 键的同时单击最后一个对象
选择不连续的多个文件(文件夹)	按住 Ctrl 键的同时逐个单击对象
全选	鼠标拖曳选择或单击"主页"→"全部选择"按钮,也可按 Ctrl＋A 组合键

取消选择全部对象:在空白处单击即可。

取消选择单个对象:在选择多个对象时,按住 Ctrl 键的同时单击要取消选择的对象。

（4）复制和移动

复制(移动)操作包括复制(移动)对象到剪贴板和从剪贴板粘贴对象到目的地这两个步骤。剪贴板是内存中的一块空间,Windows 剪贴板只保留最后一次存入的内容。以下为复制和移动的常用操作方法。

方法 1:右击源对象,在弹出的快捷菜单中选择"复制"或"剪切"命令,然后打开目标文件夹,右击右窗格空白处,在弹出的快捷菜单中选择"粘贴"命令。

方法 2:首先选择源对象,选择"主页"→"复制"或"剪切"命令,然后打开目标文件夹,选择"主页"→"粘贴"命令。

方法 3:首先选择源对象,选择"主页"→"复制到"或"移动到"命令菜单中的常用保存位置或单击"选择位置"按钮,选择目标文件夹。

方法 4:当源对象和目标文件夹均在同一个驱动器上时,按住 Ctrl 键(不按键)的同时直接把右窗格中的源对象拖动到左窗格的目标位置,即可实现复制(移动)操作。

方法 5:当源对象和目标文件夹在不同的驱动器上时,不按键(按住 Shift 键)直接把右窗格中的源对象拖动到左窗格的目标位置,即可实现复制(移动)操作,如图 4-28 所示。

方法 6:首先选择源对象,用鼠标右键拖动到目标文件夹,松开鼠标后在弹出的快捷菜单中选择"复制到当前位置"或"移动到当前位置"命令,即可实现复制(移动)操作。

复制文件或文件夹与移动文件或文件夹最大的区别是,复制操作保留了原文件或文件夹,即系统中存在两份相同的文件。移动最主要的特点是唯一性,即移动过后,原文件夹中不存在该文件了。

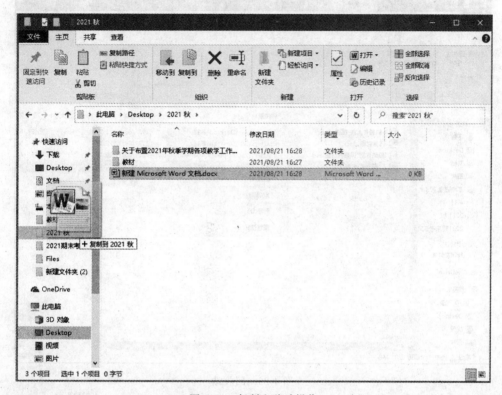

图 4-28　复制和移动操作

3. 删除

在整理文件或文件夹时,对于无用的文档或文件夹,可以进行删除操作。硬盘中的文件被删除后将被放入回收站,需要时可以从回收站还原文件。

(1) 删除文件或文件夹

方法 1:右击需删除的对象,在弹出的快捷菜单中选择"删除"命令,在弹出的提示对话框中单击"是"按钮。

方法 2:首先选择需删除的对象,再单击"主页"→"删除"命令。

方法 3:首先选择需删除的对象,按 Delete 键,在弹出的提示对话框中单击"是"按钮。

方法 4:直接把需删除的对象拖到回收站,在弹出的提示对话框中确认删除操作。

(2) 永久性删除文件

方法 1:首先选择对象,按 Shift+Delete 组合键。

方法 2:按住 Shift 键的同时右击需删除的对象,然后在弹出的快捷菜单中选择"文件"→"删除"命令,确认删除操作。永久性删除的文件将不会出现在回收站中,也不可恢复。

(3) 恢复文件或文件夹

对于常规删除的文件或文件夹米说,如果用户出现误删除,可以使用恢复功能撤销删除操作。还原文件的方法为：双击回收站图标，打开图 4-29 所示的回收站窗口，选择要还原的对象，单击"还原选定的项目"按钮或右击需还原的对象，选择"还原"命令。单击"还原所有项目"按钮则可还原回收站中的全部对象。

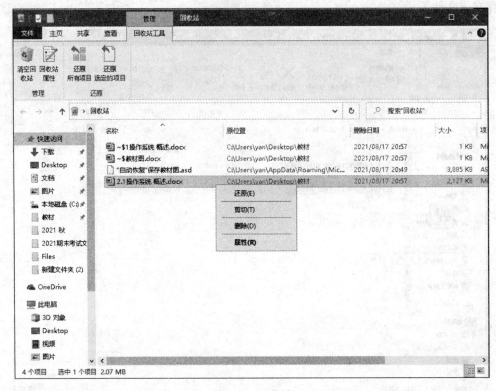

图 4-29　回收站

（4）清空回收站

打开回收站，单击"清空回收站"按钮，或者右击"回收站"图标，在弹出的快捷菜单中选择"清空回收站"命令可对回收站进行清空操作，将回收站中所有文件或文件夹真正删除。在回收站中右击对象，选择"删除"命令，则可永久删除该对象。

回收站是一个特殊的文件夹，默认在每个硬盘分区根目录下的 RECYCLER 文件夹中，而且是隐藏的。当用户将文件删除并移到回收站后，实质上就是把它放到了该文件夹中，仍然占用磁盘空间。只有在回收站里删除它或清空回收站才能使文件真正地删除，为计算机腾出更多的磁盘空间。对于可移动磁盘、网络磁盘或者以 MS-DOS 方式删除的文件，删除后不放入回收站，即不能还原，所以这些文件在删除前需慎重考虑。

4. 重命名

若有需要，用户可以给文件或文件夹重新命名。重命名的操作方法如下。

方法 1：右击需重命名的对象，在弹出的快捷菜单中选择"重命名"选项，输入新名称。

方法 2：选择需重命名的对象，再选择"主页"→"重命名"命令，输入新名称。

方法 3：选择需重命名的对象，再按 F2 键，输入新名称。

可对单个对象重命名，也可对多个对象重命名：首先选中多个文件或文件夹，按 F2 键，然后重命名其中的一个对象,所有被选择的对象将会被重命名为新的文件名(在末尾处加上递增的数字)。

5. 设置文件(文件夹)属性

文件(文件夹)属性是一些描述性的信息,可用来帮助用户查找和整理文件(文件夹)。

(1) 常见的文件属性

① 系统属性:系统文件具有系统属性,它将被隐藏起来。在一般情况下,系统文件不能被查看,也不能被删除,这样做是操作系统对重要文件的一种保护,防止这些文件被意外损坏。

② 只读属性:对于具有只读属性的文件或文件夹,可以被查看、被应用,也能被复制,但不能被修改。

③ 隐藏属性:默认情况下系统不显示隐藏文件(文件夹),若在系统中更改了显示参数设置让其显示,则隐藏文件(文件)以浅色调显示。

④ 存档属性:一个文件被创建之后,系统会自动将其设置成存档属性,这个属性常用于文件的备份。

(2) 设置文件(文件夹)属性

方法 1:在需设置属性的对象上右击,在弹出的快捷菜单中选择"属性"命令,将弹出图 4-30 或图 4-31 所示的对话框,选择需设置的属性,单击"确定"按钮完成设置。

方法 2:选中需设置属性的对象,再选择"主页"→"属性"选项,即可对其属性进行设置。

图 4-30　文件属性对话框

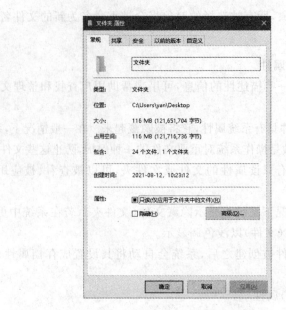

图 4-31　"文件夹属性"对话框

6. 更改查看方式和排序方式

Windows 10 提供了多种查看文件或文件夹的方式。通常查看文件或文件夹时,还要配合将各种文件进行相应的排列,来提高文件或文件夹的浏览速度。Windows 10 提供了多种排序方式供用户选择。

(1) 更改查看方式

方法 1:在"查看"选项卡的"布局"选项组中选择所需的查看方式,如图 4-32 所示。

方法 2:在右窗格空白处右击,在弹出的快捷菜单中选择"查看"子菜单,即可选择所需的查看方式,如图 4-33 所示。

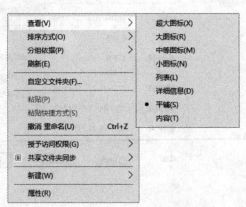

图 4-32　"布局"选项组　　　　　　　图 4-33　"查看"子菜单

(2) 更改排序方式

方法 1:选择"查看"选项卡中的"排序方式"选项,在弹出的下拉列表中选择所需的排序方式。

方法 2：在右窗格空白处右击，在弹出的快捷菜单中选择"排序方式"子菜单，即可选择所需的排序方式，如图 4-34 所示。

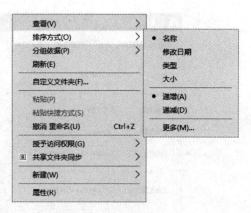

图 4-34　"排序方式"子菜单

7. 创建快捷方式

快捷方式是 Windows 提供的一种快速启动程序、打开文件或文件夹的方法。快捷方式实际上是一种特殊的文件，仅占用 4KB 的空间。双击快捷方式图标会触发某个程序的运行、打开文档或文件夹。快捷方式图标仅代表文件或文件夹的链接，删除该快捷方式图标不会影响实际的文件或文件夹，它不是这个对象本身，而是指向这个对象的指针。

（1）创建某文档的桌面快捷方式

方法 1：按住 Alt 键的同时将该文档的图标拖到桌面上。

方法 2：在该文档的图标上右击，在弹出的快捷菜单中选择"发送到"→"桌面快捷方式"命令。

方法 3：在桌面的空白处右击，在弹出的快捷菜单中选择"新建"→"快捷方式"命令，弹出"创建快捷方式"对话框，如图 4-35 所示，根据提示进行创建。

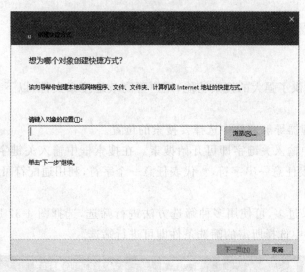

图 4-35　"创建快捷方式"对话框

（2）更改快捷方式图标

方法 1：在该图标上右击，在弹出的快捷菜单中选择"属性"命令，在弹出的对话框中切换到"快捷方式"选项卡，单击"更改图标"按钮，选择所需图标后单击"确定"按钮，如图 4-36 所示。

方法 2：对系统图标而言，可在桌面的空白处右击，在弹出的快捷菜单中选择"个性化"→"主题"→"桌面图标设置"→"更改图标"选项，在弹出的对话框中选择所需的图标，然后单击"确定"按钮。

图 4-36　更改图标

8. 文件搜索

Windows 10 提供了强大的搜索功能,用户可高效地搜索文件,以下为搜索文件的操作步骤。

(1) 在资源管理器导航窗格中选择要搜索的位置。

(2) 在搜索框中输入关键字即可开始搜索。在搜索框中输入关键字时,可使用文件名通配符 ＊ 和?。＊代表任意一串字符,? 代表任意一个字符,利用通配符可使文件名对应多个文件。

(3) 若搜索结果过多,可使用多种筛选方法进行筛选,选择图 4-37 所示的"搜索"选项卡,在"优化"选项组中选择所需的筛选条件即可进行筛选。

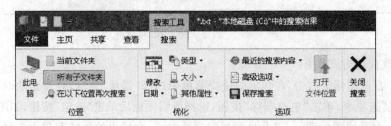

图 4-37　"搜索"选项卡

(4) 若要搜索文件内容,可在"搜索"选项卡的"高级选项"下拉菜单中选中"文件内容"

选项,这样就会搜索包含所输入的关键字的文件,如果也选中了"系统文件""压缩的文件夹"选项,那么会把包含关键字的系统文件和压缩文件也找出来。

假设要在 C:\Program Files 文件夹中搜索所有存储空间在 16KB～1MB 的文件,具体搜索步骤如下。

(1) 在资源管理器窗口中,打开 C:\Program Files 文件夹,在窗口上方的搜索框中直接输入＊.txt 进行搜索。

(2) 单击"搜索"选项卡中的"大小"选项,在弹出的下拉菜单中选择"小(16KB～1MB)"选项。此时资源管理器地址栏将会出现搜索进度条,搜索完毕后将在窗口下方显示出图 4-38 所示的搜索结果。

图 4-38　搜索文件

对于搜索结果,可以像普通文件一样进行复制、删除等操作。如果想保存搜索的条件参数,单击选项卡中的"保存搜索"按钮,保存为.search-ms 文件即可。

4.4.4　库

库是 Windows 10 操作系统的一种文件管理模式。库能够快速地组织、查看、管理存在于多个位置的内容,甚至可以像在本地一样管理远程的文件夹。例如,办公室中有五台计算机,则可通过库将它们联系起来。无论用户把文档、音乐、视频、图片存放在哪一台计算机,只要将这些资源添加到库中,用户就可以在一台计算机中搜索并浏览这些文件。

每个库都有自己的默认保存位置。例如,"文档"库的默认保存位置是 C:\Users\用户名,用户可以更改该默认位置。如果在库中新建文件夹,表示将在库的默认保存位置内创建该文件夹。用户也可创建新的库,将多个文件夹添加到这个库中。

在导航窗格中显示"库"的方法为:在"资源管理器"窗口中单击"查看"选项卡中的"选项"命令,打开"文件夹选项"对话框,切换到"查看"选项卡,选中"显示库"复选框,即可在导航窗格中显示"库",如图 4-39 所示。

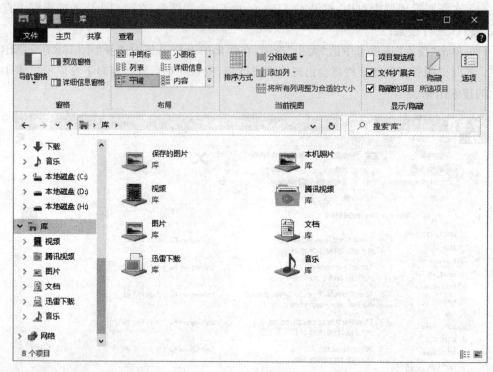

图 4-39　库

从图 4-39 中可以看到库与文件夹有许多相似之处。比如在库中也可以包含各种各样的子库与文件等。但是其本质与文件夹有很大的不同。在文件夹中保存的文件或子文件夹,都是实际存储的。而在库中存储的文件则可以来自机内、机外。其实库的管理方式更加接近于快捷方式。用户可以不用关心文件或者文件夹的具体存储位置,只需把它们都链接到一个库中进行管理。或者说,库中的对象就是各种文件夹与文件的一个快照,库中并不真正存储文件,而是提供一种更加快捷的管理方式。例如,用户有一些工作文档主要保存在本地 E 盘和移动硬盘中,为了以后工作的方便,用户可以将 E 盘与移动硬盘中的文件都放置到库中。在需要使用时,直接打开库即可(前提是移动硬盘已经连接到用户主机上),而不需要再去定位到移动硬盘上。

4.4.5　文件的压缩与解压缩

为了减小文件所占的存储空间,便于远程传输,我们通常把一个或多个文件(文件夹)压缩成一个文件包。常见的压缩软件有 WinRAR、好压和 WinZip 等。本小节以 WinRAR 为例介绍压缩与解压缩方法。

1. 文件压缩

(1) 打包压缩:在要压缩的对象上右击,在弹出的快捷菜单中选择"添加到 ＊.rar"命令,如图 4-40 所示,即可在当前目录中生成一个以.rar 为扩展名的压缩包。

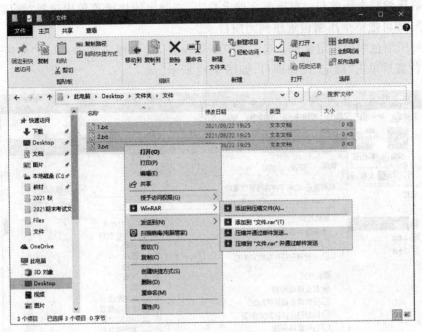

图 4-40　文件压缩

　　(2) 在压缩包中增加文件:双击打开压缩包,单击"添加"按钮,选择要添加的文件,单击"确定"按钮完成操作。

　　(3) 设置解压缩密码:在要压缩的对象上右击,在弹出的快捷菜单中选择"添加到压缩文件"命令,在弹出的如图 4-41 所示的对话框中单击"设置密码"按钮,即可设置解压缩密码。

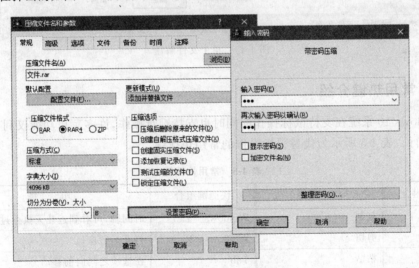

图 4-41　设置解压缩密码

2. 文件解压缩

用户通过网络下载的各种工具包,基本都是压缩文件,必须先解压缩才能够使用这些工具。

(1) 解压缩整个压缩包：在压缩文件上右击，在弹出的快捷菜单中选择"解压到当前文件夹"命令，即可把整个压缩包解压到当前目录。

(2) 解压缩包中的指定文件：双击打开压缩文件，选中指定文件，单击"解压到"按钮，选择解压位置后单击"确定"按钮即可，如图 4-42 所示。

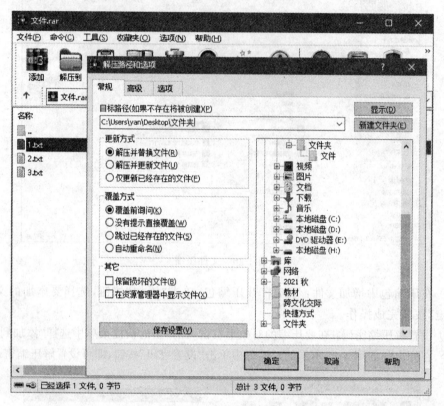

图 4-42　单个文件解压

4.4.6　常用热键介绍

Windows 10 系统在支持鼠标操作的同时也支持键盘操作，许多菜单功能仅利用键盘也能顺利执行。表 4-5 所示为代替鼠标操作的常用快捷键。

表 4-5　常用快捷键

快捷键组合	功　　能	快捷键组合	功　　能
Ctrl＋C	复制	Windows＋Tab	时间轴，可看到近几天执行过的任务
Ctrl＋X	剪切	Windows＋R	打开运行窗口
Ctrl＋V	粘贴	Tab	在选项之间向前移动
Ctrl＋Z	撤销	Shift＋Tab	在选项之间向后移动
Delete	删除	Enter	执行活动选项或按钮所对应的命令

续表

快捷键组合	功　能	快捷键组合	功　能
Shift+Delete	永久删除	Space	如果活动选项是复选框,则选中或取消选择复选框
Ctrl+A	全选	方向键	如果活动选项是一组单选按钮,则选中某个单选按钮
Alt+Enter	查看所选项目的属性	Print Screen	复制当前屏幕图像到剪贴板
Alt+F4	关闭或者退出当前程序	Alt+Print Screen	复制当前窗口图像到剪贴板
Alt+Enter	显示所选对象的属性	Windows+E	打开资源管理器
Alt+Tab	在打开的项目之间切换	Windows+I	打开 Windows 设置界面
Ctrl+Esc	显示"开始"菜单	Windows+A	打开操作中心
Alt+菜单名中带下划线的字母	显示相应的菜单	F1	显示当前程序或 Windows 的帮助功能
Esc	取消当前任务	F2	重命名当前选中的文件
Windows+M	最小化所有窗口	F10	激活当前程序的菜单栏

4.5　常用工具的使用

4.5.1　任务管理器

　　任务管理器提供了有关计算机性能的信息,并显示了计算机上所运行的程序和进程的详细信息。如果连接到网络,那么还可以查看网络状态并了解网络是如何工作的。在 Windows 10 中,任务管理器还提供了管理启动项的功能,其新颖的界面,方便的操作,是维护计算机的主要手段之一。如图 4-43 所示的任务管理器有两种显示方式:简略信息、详细信息,单击左下角的"详细信息/简略信息"选项则可切换显示方式。下面将介绍任务管理器的主要功能。

1. 启动任务管理器

　　方法 1:按 Ctrl+Alt+Delete 组合键,在弹出的界面中选择"任务管理器"选项。

　　方法 2:右击任务栏的空白处,在弹出的快捷菜单中选择"任务管理器"命令。

　　方法 3:按 Ctrl+Shift+Esc 组合键直接打开任务管理器。

2. 终止程序、进程或服务

　　(1) 终止正在运行的应用程序

　　用户要结束一个正在运行的程序或已经停止响应的程序,只需在图 4-43 所示的"进程"选项卡中选择该应用程序,单击"结束任务"按钮即可。

　　(2) 终止正在运行的进程

　　用户要结束某一个进程,只需在图 4-43 所示的"进程"选项卡中选择该进程,单击"结束任务"按钮即可。

　　(3) 停止或启动服务

　　用户要停止或启动服务,只需在图 4-44 所示的"服务"选项卡选中该服务,右击,在弹出的快捷菜单中选择开始、停止或打开服务即可。

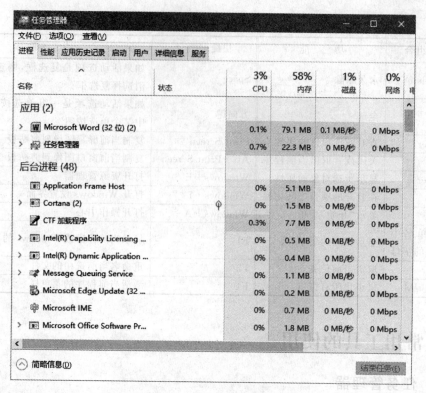

图 4-43　"任务管理器"窗口

图 4-44　任务管理器"服务"选项卡

3. 整理自启动程序

启动 Windows 10 时通常会自动启动一些应用程序。过多的自启动程序将会占用大量资源,影响开机运行速度,甚至有些病毒或木马也会在自启动行列,因此就要取消一些没有必要的自启动程序。

用户要禁用某一个自启动的项目,只需在图 4-45 所示的"启动"选项卡中选择该启动项,单击"禁用"按钮即可,下次启动计算机时就不再自动加载该启动项。

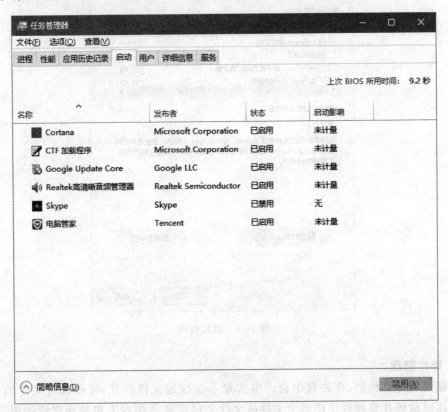

图 4-45　任务管理器"启动"选项卡

4.5.2　磁盘清理和碎片整理

1. 磁盘清理

在使用计算机的过程中会产生一些垃圾数据。比如,安装软件时带来的临时文件、上网时的网页缓存及回收站中的文件等,因此要定期进行磁盘管理,使计算机的运行速度不会因为存在太多无用文件、过多的磁盘碎片而导致缓慢。

清理磁盘的具体操作步骤如下。

(1) 打开资源管理器,在需要整理的磁盘图标上右击,在弹出的快捷菜单中选择"属性"命令。

(2) 在弹出的"属性"对话框中选择"常规"选项卡,单击"磁盘清理"按钮,系统开始计算释放多少空间,之后将自动打开如图 4-46 所示的磁盘清理对话框。

(3) 单击"清理系统文件"按钮,对系统垃圾文件进行清理。

(4)重新返回到清理界面后,选择需删除的垃圾文件,单击"确定"按钮,对垃圾文件进行清理。

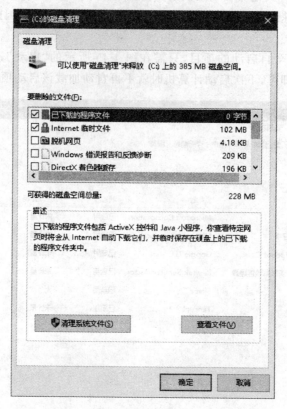

图 4-46　磁盘清理

2. 碎片整理

长期使用计算机后,在磁盘中会产生大量不连续的文件碎片,使得读写文件的速度变慢。利用磁盘碎片整理程序使每个文件或文件夹尽可能占用卷上单独而连续的磁盘空间,提高磁盘文件读写的速度。

碎片整理的具体操作步骤如下。

(1)打开资源管理器,在需要碎片整理的磁盘图标上右击,在弹出的快捷菜单中选择"属性"命令。

(2)在弹出的"属性"对话框中选择"工具"选项卡,单击"优化"按钮,弹出"优化驱动器"对话框,如图 4-47 所示。

(3)选择需进行碎片整理的磁盘,单击"分析"按钮,系统进行碎片分析,单击"优化"按钮,系统则自动对磁盘进行碎片整理优化。

4.5.3　Windows 10 常用的附件

1. 记事本

记事本位于"开始"菜单的"Windows 附件"中,其操作窗口如图 4-48 所示。利用记事本可创建 ＊.txt 格式的文本文件、编写网页或编辑程序。记事本的特点是只支持纯文本,

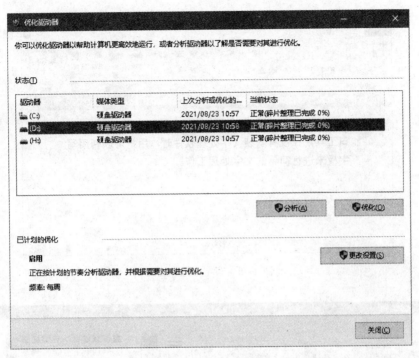

图 4-47 磁盘碎片整理

它所建立的文件只能用来保留文字的编码,不能记录字体、大小、颜色及段落等属性格式。

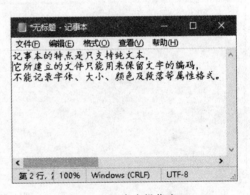

图 4-48 记事本操作窗口

2. 写字板

写字板是 Windows 10 自带的文字编辑和排版工具,在没有安装文字处理软件时,用户可以利用写字板来进行简单的文字处理工作。写字板可以处理 *.txt、*.odt、*.docx 和 *.rtf 等格式的文件,支持字体与段落的设置,而且能够插入图片。写字板采用了 Ribbon 菜单,如图 4-49 所示,其主要功能在界面上方一览无余,用户可便捷地进行编辑、排版。

3. 画图

Windows 10 自带的画图程序是一个简易图像处理程序,可在空白绘图区域或在现有图片上创建绘图,能进行简单绘画、着色、变形等操作。编辑完成后的绘画作品可保存为 PNG、GIF、BMP、JPEG 或 TIFF 等位图文件格式。选择"开始"→"Windows 附件"→"画图"命令,打开画图程序,如图 4-50 所示。画图工具主要分为两个功能区,分别是"主页"与"查看"功能区,功能区位于"画图"窗口的顶部,包括许多绘图工具的集合,很多工具都可以在功能区找到。利用这些工具可创建徒手画,也可向图片中添加各种形状。画图程序窗口下方是绘图区,用来绘制一些简单的图形或粘贴外来图像。

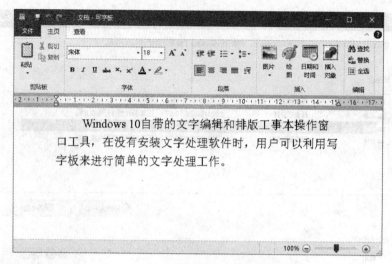

图 4-49 写字板操作窗口

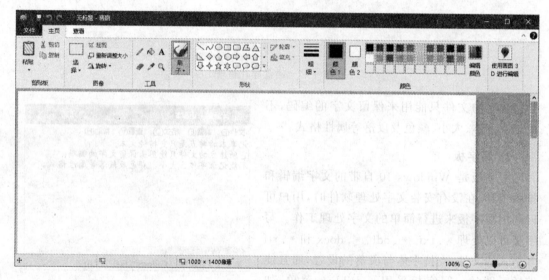

图 4-50 画图程序

部分工具使用说明如下。

(1) 直线工具：选择此工具,设置线条的颜色以及宽度后,在绘图区拖动鼠标即可绘制直线,在拖动的同时按住 Shift 键,可画出水平线、垂直线或 45°的线条。

(2) 曲线工具：先采用画直线的方法画出直线,然后在线上选择一点,移动鼠标,线条会随之变化,调整至合适的弧度即可。

(3) 文字工具：选择此工具后,在绘图区域单击后,即可显示出文字输入框和"文本"选项卡,如图 4-51 所示,供用户输入文字并设置文本格式。

(4) 选择工具：利用此工具围绕对象拖出一个矩形选区,即可对选区内的对象进行复制、移动、剪切等操作。

(5) 裁剪工具：先利用选择工具建立选区,然后单击"裁剪"按钮,此时画板只保留裁剪

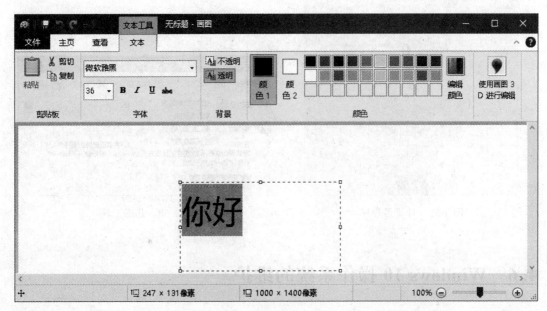

图 4-51　文字工具

的内容。

（6）橡皮工具：用于擦除绘图区中不需要的部分。

（7）铅笔工具、刷子工具：这两种工具用于不规则线条的绘制，区别只在于笔触形状和着色浓度，绘制线条的颜色依前景色而改变。

（8）填充工具：先在调色板中选定颜色，然后运用此工具可在一块连续区域或一个选区内进行颜色填充。

（9）取色工具：利用此工具在绘图区中单击，将吸取单击处像素点的颜色值，前景色随之改变。

（10）其他绘图工具：除了直线和曲线工具，其他绘图工具均用于绘制不同形状的封闭几何图形。

（11）放大镜工具：选择该工具后，绘图区会出现一个矩形选区，单击可放大，右击即可缩小。

4．计算器

在进行数据计算时，我们可以使用 Windows 10 操作系统自带的计算器。该功能不仅提供了常规运算，还可以进行更为强大的科学计算操作，可以满足不同用户的需求。选择"开始"→"计算器"命令，打开计算器程序，如图 4-52 所示。Windows 10 系统中的计算器提供了日常计算、科学计算、单位换算、统计计算、日期计算等功能。

5．截图工具

Windows 10 自带了截图工具，使用起来方便快捷，用户不必打开第三方截图软件即可进行截图操作。选择"开始"→"Windows 附件"→"截图工具"命令，打开图 4-53 所示的截图工具。截图工具包含四种截图方式：任意格式截图、矩形截图、窗口截图及全屏幕截图，用户可选择所需的截图方式进行截图。

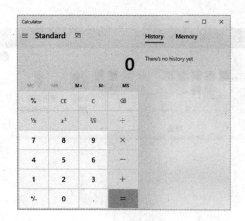

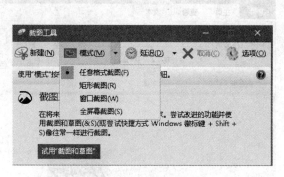

图 4-52　计算器程序　　　　　　　　　　　图 4-53　截图工具

4.6　Windows 10 操作系统的维护

Windows 10 使用不慎有时会导致系统受损或者瘫痪。当进行应用程序的安装与卸载时也可能会造成系统的运行速度降低、系统应用程序冲突明显增加等问题的出现。为了使 Windows 10 正常运行，有必要定期对操作系统进行日常维护。

1. 更新系统

对于新安装的系统或长时间不更新的系统，为了避免被病毒入侵或黑客通过新发现的安全漏洞进行攻击，应该连接 Internet 下载并更新补丁，修复系统漏洞及完善功能。 Windows 10 操作系统中提供了多种安装更新方式，用户选择"开始"→"设置"→"更新和安全"命令，进入图 4-54 所示的 Windows 更新界面，可对 Windows 系统进行更新设置。

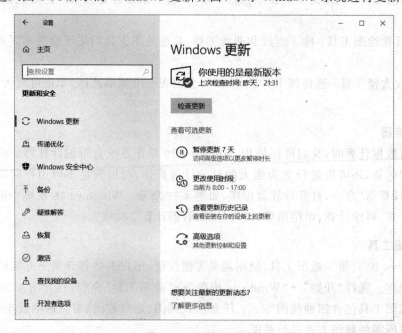

图 4-54　Windows 更新

有时在更新完成之后,系统会弹出重启界面,说明此次更新需要重启才能完成安装过程。用户需保存好工作的文档等内容后再进行重启操作。

2. 优化 Windows 10 系统

虽然 Windows 10 的自动化程度很高,但是还需适当做一些优化工作,这对于提高系统的运行速度是很有效的,一些优化方法如下。

(1) 定期删除不再使用的应用程序及不再使用的字体。

(2) 驱动程序是硬件和系统的接口,使系统正常管理硬件以及实现硬件功能。驱动的安装是否正确,直接影响到系统的稳定性,驱动的更新也会使整个软硬件稳定性更高。

(3) 关闭光盘或闪存盘等存储设备的自动播放功能。

3. 系统的备份和还原

为了防止系统崩溃或出现问题,Windows 10 内置了系统保护功能,它能定期创建还原点,保存注册表设置及一些 Windows 重要信息,选择"开始"→"控制面板"→"系统"→"系统保护"命令,选择"系统保护"选项卡,按照图 4-55 所示的步骤创建还原点,当系统出现故障时,将还原到某个时间之前能正常运行的版本。还原点功能只针对注册表及一些重要系统设置进行备份,并非对整个操作系统进行备份。

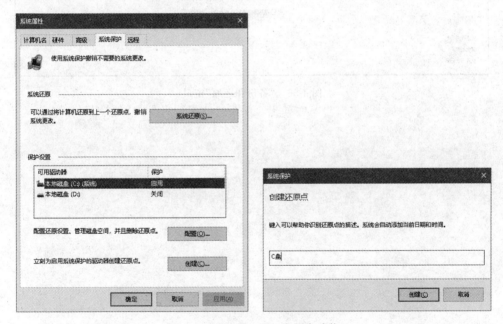

图 4-55　Windows 10 还原点功能

使用 Windows 10 自带的系统映像创建功能可以进行全面的备份及保护,方便以后系统彻底崩溃时快速还原。创建系统映像可选择"开始"→"控制面板"→"备份和还原(Windows 10)"→"创建系统映像"命令,按照图中的步骤创建系统映像即可,如图 4-56 所示。

另外,用户还应该对硬盘存储的重要数据进行定期备份。在图 4-56 所示的"备份和还原"窗口中,可以选择"设置备份"链接项,根据步骤向导提示对硬盘进行备份。利用 Windows 10 的备份还原功能,系统会自动跟踪上次的备份来添加或修改文件,然后更新现有备份,而不是将所有文件重新备份,这样可以节省大量的存储空间。

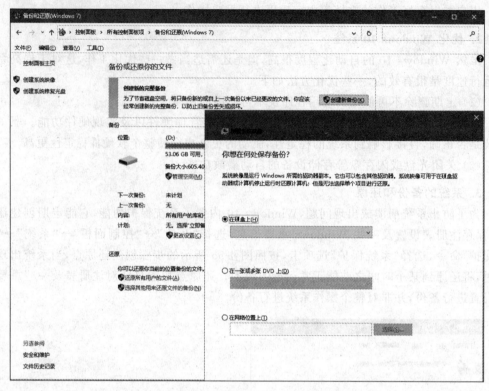

图 4-56 "备份和还原"窗口

第 5 章

文 字 处 理

Microsoft Office 2016 是 Microsoft 公司推出的全新的 Office 系列软件,它不但保留了熟悉和亲切的经典功能,还采用了更加美观实用的操作界面、更智能和多样的办公平台以及众多创新功能。Microsoft Office 2016 不仅可以帮助用户提高工作效率,美化文稿,甚至可以实现多个伙伴同时编辑同一份文档。其常用组件简介如下。

(1) Word 2016——创建和编辑具有专业外观的文档,如信函、论文、报告和小册子。

(2) Excel 2016——执行计算、分析信息以及可视化电子表格中的数据。

(3) PowerPoint 2016——创建和编辑用于幻灯片播放、会议和网页的演示文稿。

(4) Access 2016——创建数据库,进行信息管理。

(5) OneNote 2016——收集、组织、查找、共享笔记和信息。

(6) Publisher 2016——创建新闻稿和小册子等专业品质出版物及营销素材。

5.1 Word 2016 概述

5.1.1 Word 2016 的新特性

Word 2016 作为文字处理软件,与以前的版本相比,增加了以下新功能。

1. 新增的后台视图

新增的后台视图取代了传统的文件菜单,只需简单单击几下,即可轻松完成保存、打印和分享文档等文件管理及其相关数据操作,而且允许检查隐藏的个人信息。

2. 全新的导航面板

Word 2016 作为新版本文字处理软件,提供了全新导航面板,为用户提供了清晰的视图来处理 Word 文档,实现了快速的即时搜索,可以更加精细和准确地对各种文档内容进行定位。

3. 改进的翻译屏幕提示

在 Word 2016 中,只要将鼠标指针指向一个单词或选定的一个短语,就会在一个小窗口中显示翻译结果。屏幕提示还包括一个"播放"按钮,可以播放单词或短语的读音。

4. 动态的粘贴预览

在 Word 2016 中,用户可以根据所选择的粘贴模式,在编辑区中即时预览该模式的粘贴效果,可以避免不必要的重复操作,提高了文字处理的工作效率。

5. 灵巧的屏幕截图功能与强大的图像处理功能

Office 2016进一步增强了对图像的处理能力,可轻松捕获屏幕截图,并可以快速将其插入 Word 2016 文档中。另外,还可以调整亮度、重新着色、使用滤镜特效,甚至抠图。

6. 基于团队的协作平台

Word 2016 中完全实现了文档在线编辑和文档多人编辑等功能,提供了文档共享与实时协作,使用 SharePoint Workspace 还可以实现企业内容同步。

Word 2016 是 Microsoft 公司开发的 Office 2016 办公组件之一,是一种对文字、表格、图形、图像等进行编辑和处理的高级办公软件。Word 2016 继承了 Word 以前版本的优点,并在此基础上做了许多改进,使得操作界面更加友好,新增功能更加丰富。

Word 的主要功能有:文字编辑功能(文字的输入、修改、删除、移动、复制、查找、替换)、文字校对功能(拼写与检查、自动更正)、格式编辑功能(文字格式、段落格式及页面格式)、图文处理功能(图形、图片、艺术字、图文混排、三维效果)、表格制作功能(创建或修改表格、将文字转换为表格、将表格转换为文本)和帮助功能(系统提供 Office 助手,可以为用户提供帮助)等。

5.1.2　Word 2016 的启动与退出

常用的启动 Word 2016(以下称为 Word)的方法如下。

(1) 通过执行"开始"→"所有程序"→"Word 2016"命令。使用该方法启动 Word 后,将同时打开一个名称为"文档1"的空白文档。

(2) 双击已存在于计算机中的某 Word 文档,将启动 Word,并打开该文档。

Word 文档有多种类型,它们以文件扩展名标识,如".docx"".dotx"。常用的 Word 文档是以".docx"为扩展名的文件。

单击 Word 窗口右上角的"关闭"按钮可关闭 Word。关闭 Word 时,程序可能提示保存Word 文档。

5.1.3　Word 2016 的界面

了解 Word 2016 的界面对于初学者来说很重要,只有掌握了界面中各组成元素的名称、位置和功能,才能高效、灵活地利用 Word 2016 对文档进行处理。Word 2016 采用全新的用户界面,通过选项卡将各种命令呈现出来,用户所需的命令触手可及,使用方便。Word 2016 的工作界面如图 5-1 所示。

1. 标题栏

标题栏用来显示当前编辑的文档名和 Word 自己的应用程序名(Microsoft Word)。当用户新建一个文档且未命名时,Word 会自动以"文档1"(依次为"文档2""文档3"……)作为临时文件名显示在标题栏中间。在标题栏中从左至右依次显示了当前打开的文档名称、程序名称、功能区显示选项按钮(用于显示隐藏功能区、仅显示选项卡、显示选项卡和命令)、窗口操作按钮("最小化"按钮、"最大化/还原"按钮、"关闭"按钮)。

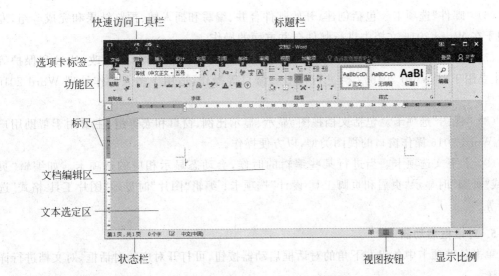

图 5-1　Word 2016 窗口及其组成

2. 快速访问工具栏

该工具栏上提供了最常用的"保存"按钮：保存当前文档；"撤销"按钮：撤销已做过的工作，如输入文字、设置图片格片等；"恢复"按钮：恢复被撤销的工作。

另外，在下拉列表中选择"在功能区下方显示"选项，可改变快速访问工具栏的位置。

3. 选项卡标签

单击相应的选项卡标签（"文件""开始""插入""设计""布局""引用""邮件""审阅"和"视图"），即可切换到对应的选项卡下，通过功能区呈现相应的命令。每个选项卡下有若干用于在文档中工作的命令，这些命令被组织成组。每个组中通常还提供一个对话框启动器，用于打开相应对话框，对文档进行更详细的设置。

单击"文件"选项卡，可打开 Backstage 视图，该视图包含对文档执行操作的命令，如创建文档、保存文档、发送文档、查看文档信息等。

4. 功能区

单击选项卡标签会切换到与之对应的功能区面板，每个功能区面板中包含多种功能。每个功能区根据功能的不同又分为若干个组，每个选项卡所拥有的功能如下。

（1）"开始"选项卡。包括剪贴板、字体、段落、样式和编辑等组，主要对 Word 2016 文档进行文字编辑和格式设置。

（2）"插入"选项卡。包括页面、表格、插图、加载项、媒体、链接、批注、页眉和页脚、文本和符号等组，主要用于在 Word 文档中插入各种元素。

（3）"设计"选项卡。包括主题、文档格式、页面背景等组，主要用于文档格式和背景设置。

（4）"布局"选项卡。包括页面设置、稿纸、段落、排列等组，主要用于设置 Word 2016 文档页面格式。

（5）"引用"选项卡。包括目录、脚注、引文与书目、题注、索引和引文目录等组，用于实现在 Word 2016 文档中插入目录等比较高级的功能。

（6）"邮件"选项卡。包括创建、开始邮件合并、编写和插入域、预览结果和完成等组，专门用于在 Word 2016 文档中进行邮件合并方面的操作。

（7）"审阅"选项卡。包括校对、语言、中文简繁转换、批注、修订、更改、比较和保护等组，主要用于对 Word 2016 文档进行校对和修订等操作，适用于多人协作处理 Word 2016 长文档。

（8）"视图"选项卡。包括文档视图、显示、显示比例、窗口和宏等组，主要用于帮助用户设置 Word 2016 操作窗口的视图类型，以方便操作。

（9）上下文选项卡。当进行某些编辑的时候，会动态显示相应的选项卡。如编辑"页眉"或"页脚"时显示"页眉和页脚工具-设计"选项卡；编辑"图片"时显示"图片工具-格式"选项卡等。

5. 对话框启动器

单击各选项卡中各组右下角的对话框启动器按钮，可打开对应的对话框，对文档进行详细设置。

6. 标尺

标尺包括水平标尺和垂直标尺，它可以调整光标当前所在段落的缩进和整个页面的边距，还可以调整表格的行高和列宽。

7. 文档编辑区

文档编辑区是用来输入、编辑、修改和查阅文档内容的区域，用户对文档的各种操作，都在该区域得到直接的反映。

当文档编辑区为当前工作对象时，其内闪烁的光标位置为新的文档内容插入点。可通过单击将插入点定位到需要插入对象的位置，然后插入相应对象，如文字、图片、表格等。

当将鼠标指针移动到文档编辑区时，有两种情况：位于该区域左侧相当于左页边距那片范围，属于文本选定区，当将鼠标指针变为右倾斜箭头形状时，单击即可方便地选定整行文本，按住鼠标左键不放并拖动则可方便地选定大段文本；而位于其他范围，鼠标指针为 I 形状，在某一位置可将文档插入点调整至该处，实现快速定位。

段落标记标明一个段落的结束位置。

8. 状态栏

状态栏用于显示当前文档的相关信息，如当前页面的页号/总页数，是否有校对错误，语言（国家/地区），文档的显示比例，等等，可通过鼠标拖动的方式快速设置文档的显示比例。

9. 视图按钮

视图是用户在进行文档编辑时查看文档内容和结构的屏幕显示。选择适当的视图便于用户查看文档的结构。通过单击窗口状态栏右边的视图按钮（从左至右分别为"阅读视图""页面视图""Web 版式视图"），可实现视图的切换。同时，单击"视图"选项卡下"视图"组中的各视图按钮，从左至右分别为"阅读视图""页面视图""Web 版式视图""大纲"和"草稿"五种视图模式（图 5-2），也可实现视图的切换。通常使用的视图是页面视图，它提供了与打印效果类似的文档外观。

（1）阅读视图。单击 Word 窗口状态栏上的"阅读视图"按钮，切换到阅读视图，它以图

图 5-2　"视图"选项卡中的各视图模式

书的分栏样式显示 Word 文档,各选项卡等窗口元素被隐藏起来。在阅读视图中,用户还可以单击"工具"按钮选择各种阅读工具。退出阅读视图可通过单击工具栏上的"关闭"按钮或按 Esc 键而返回之前的文档视图。

(2) 页面视图。单击 Word 窗口状态栏上的"页面视图"按钮,切换到页面视图,它是 Word 的默认视图,启动 Word 后将直接进入该视图模式。它可以显示 Word 文档的打印结果外观,主要包括页眉、页脚、图形对象、分栏设置、页面边距等元素,是最接近打印结果的视图。为了在视觉上拉近页与页之间文档内容间的距离,可以将鼠标指针移至两页之间的灰色区域,鼠标指针的形状变为形象的两页纸对接的小图形,且有浮动的文字提示"双击可隐藏空白",这时双击将隐藏两页文档内容之间的空白区域,再次在两页连接处双击,又会恢复显示空白。

(3) Web 版式视图。单击 Word 窗口状态栏上的"Web 版式视图"按钮,切换到 Web 版式视图,它以网页的形式显示 Word 文档,Web 版式视图适用于发送电子邮件和创建网页。

(4) 大纲视图。单击 Word"视图"选项卡下"视图"组中的"大纲"按钮,切换到大纲视图,它主要用于 Word 文档的设置和标题层级结构的显示,并可以方便地折叠和展开各种层级的文档。大纲视图广泛用于 Word 长文档的快速浏览和设置中。

(5) 草稿视图。单击 Word"视图"选项卡下"视图"组中的"草稿"按钮,切换到草稿视图,它取消了页面边距、分栏、页眉页脚和图片等元素,仅显示标题和正文,是最节省计算机系统硬件资源的视图方式。当然,现在计算机系统的硬件配置都比较高,基本上不存在由于硬件配置偏低而使 Word 运行遇到障碍的问题。

5.2　Word 2016 的基本操作

5.2.1　创建新文档

文档的制作、编辑从创建新文档开始,一般来说,有以下四种创建新文档的方法。

1. 使用快捷菜单创建空白文档

在桌面空白处右击,在弹出的快捷菜单中执行"新建"→"Microsoft Word 文档"命令,即可新建一个空白 Word 文档(内容为空)。新建 Word 文档后,可以对该文档重命名(注意不要修改文档扩展名)。双击该文档,可以启动 Word,并在 Word 中打开该文档。

2. 启动 Word 2016 的同时创建一个空白文档

执行"开始"→"所有程序"→"Word 2016"命令。使用该方法将启动 Word,同时打开一个名为"文档 1"的空白文档,用户可以直接在该窗口中输入内容并对其进行编辑和排版。

3. 在已打开的 Word 文档中创建空白文档

在已打开的 Word 文档中执行"文件"→"新建"命令,然后在"新建"窗格中单击"空白文档"图标,即可创建一个新的空白文档,如图 5-3 所示。

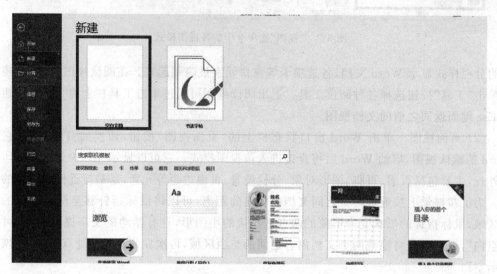

图 5-3　"新建"窗格

4. 使用模板建立文档

Word 2016 除了有空白文档模板外,还内置了新闻稿、书法字帖等多种模板,利用这些模板,可以创建具有一定专业格式的文档。

5.2.2　文档的打开

编辑或查看一个已经存在的文档,用户必须首先打开它。打开文档可选用以下方法。

1. 打开最近使用的文件

为了方便用户对前面工作的继续,系统会记住用户最近使用过的文件。执行"文件"→"打开"→"最近"命令,在展开的面板中会显示最近使用过的 25 个文档及最近位置,用户可以根据需要选择文档或文件位置打开相应的文档。

2. 打开以前的文件

如果在"最近"面板的列表中没有找到想要打开的 Word 文档,在弹出的"打开"对话框中,用户可以选择任何 Word 文档,单击"打开"按钮。

3. 打开 Word 2010 文档

在 Word 2016 中使用由以前版本创建的文档时,可以看到文档名称后面标识有"兼容模式"字样。为了使其能具有 Word 2016 文档的全部功能,用户需要把以前版本的文档转换成 Word 2016 文档。具体操作方法为:执行"文件"→"信息"命令,在打开的"信息"面板中单击"转换兼容模式"按钮,并在弹出的提示框中单击"确定"按钮完成转换操作。完成版本转换的 Word 文档名称将取消"兼容模式"字样。

5.2.3　文档的保存

在 Word 2016 中所做的各种编辑工作都是在内存工作区中进行的,如果不执行存盘操作,一旦切断电源或者发生其他故障,如意外断电、程序异常终止、死机等因素导致文档的损坏或丢失(这里的工作包括输入文字、插入图片、修改对象格式等)。为了保护既有的劳动成果,应及时将当前只是存在于内存中的文档保存为磁盘文件。在 Word 2016 中还可以直接将文档保存为 PDF、XPS、网页等多种类型。

保存文档的方法如下。

(1) 单击快速访问工具栏中的"保存"按钮或执行"文件"→"保存"命令。若是第一次保存,由于 Word 不知道该文档的名字和存储路径,将弹出"另存为"对话框,用户可设置文档名和存储路径。文档保存类型一般选择"Word 文档"。

(2) 执行"文件"→"另存为"命令,弹出"另存为"对话框,用户可选择存储路径,并在相应路径下以相应文档名存储该文档。这种方法可实现文档在资源管理器中的复制。保存完成后,Word 将返回文档编辑状态,并打开复制得到的文档。

对于已经保存过的文件,单击"保存"按钮,系统默认按原来的文件名保存在原来的存储位置。若需保存文件副本或改变存储位置,可执行"文件"→"另存为"命令,在弹出的"另存为"对话框中选择保存路径并保存文件。

对于一些包含机密内容的文档。用户可以在"另存为"对话框中单击"工具"下拉按钮,在弹出的下拉列表中选择"常规选项",在弹出的"常规选项"对话框中输入打开权限密码和修改权限密码。

若意外关闭了未保存的文件,系统会临时保留文件的某一版本,以便用户再次打开文件时进行恢复。打开 Word 2016,执行"文件"→"打开"→"最近"命令或执行"文件"→"信息"→"管理文档"命令,选择最近一次保存的文档,然后单击"另存为"按钮,将文件保存到磁盘中。

用户可以执行"文件"→"选项"命令,打开"Word 选项"对话框,在"保存"面板中对文档保存做详细的设置。

5.2.4　文档的输入和编辑

1. 输入文本

在 Word 中打开文档后,文档中至少存在一个段落标记。将插入点定位到段落标记前,通过键盘可以向文档中输入文字。通过按 Enter 键,可以插入一个段落标记,重新开始一个段落。输入文本时注意以下事项。

(1) 对齐文本时不要用空格键,应该使用制表符、缩进等方式。

(2) 当输入到行尾时,不要按 Enter 键,系统会自动换行。输入到段落末尾时,应按 Enter 键产生一个硬回车,表示段落结束。如果需要换行但不换段,可以按 Shift+Enter 组合键产生一个软回车。

(3) 如果需要强制换页,则可切换到"插入"选项卡,在"页面"组中单击"分页"按钮或切换到"布局"选项卡,在"页面设置"组中单击"分隔符"下拉按钮,然后在弹出的下拉列表中选择"分页符"选项。

（4）在输入的文本中插入内容时，应将当前状态设置为插入，设置"插入"和"改写"状态，按 Insert 键。

（5）插入空行：在"插入"状态下，将插入点移到需要插入空行的位置，按 Enter 键，如果要在文档的开始插入空行，则将光标定位到文首，按 Enter 键。

（6）删除空行：将光标移到空行处，按 Delete 键。

2. 修改文本

默认情况下，在文档中输入文本时是处于"插入"状态，在这种状态下，输入的文字出现在插入点所在位置，而该位置原有字符将依次向后移动。

在输入文档时还有一种状态为"改写"，在这种状态下，输入的文字会依次代替原有插入点所在位置的字符，可实现文档的修改。"改写"状态的优点是即时覆盖无用的文字，节省文本空间，对于一些格式已经固定的文档，在"改写"状态下不会破坏已有格式，修改效率较高。

"插入"与"改写"状态的切换可以通过按 Insert 键实现，或通过双击文档窗口中状态栏上的"改写"按钮来相互转换（默认情况下，Word 2016 状态栏不显示插入和改写状态，可以在状态栏上右击，选中"改写"命令，状态栏就显示了输入状态）。

当文本中出现错误或多余文字时，可以使用 Delete 键删除插入点后面的字符，或使用 Backspace 键删除插入点光标前面的字符。如果需要删除大段文字，则先选定需要删除的大段文字，然后按 Delete 键或 Backspace 键即可实现文字的删除。

3. 插入符号和特殊符号

在创建文本时，随时会遇到使用键盘无法输入的特殊字符，例如，专业的数学符号、汉语拼音等，这时就可以使用 Word 提供的插入符号功能。在"插入"选项卡的"符号"组中执行"符号"→"其他符号"命令，弹出"符号"对话框，从中选择需要的符号，然后单击"插入"按钮即可。如果需要插入特殊符号，可以在"符号"对话框中切换到"特殊字符"选项卡，在"字符"列表框中选择需要的特殊字符，然后单击"插入"按钮即可。

4. 插入公式

在制作论文文档或特殊文档时，往往需要输入数学公式，用户可以利用 Word 提供的二次公式、二项式定理、勾股定理等 9 种公式或 office.com 中提供的其他常用公式插入内置公式，也可以根据需要创建公式对象。操作方法为：将插入点移动到插入公式的位置，切换到"插入"选项卡，在"符号"组中单击"公式"下拉按钮，在弹出的下拉列表中选择公式类别即可插入内置公式，如图 5-4 所示。

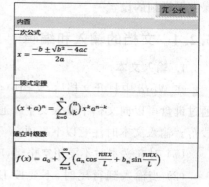

图 5-4　插入公式

用户也可以在"公式"下拉列表选择"插入新公式"选项，然后切换到"设计"选项卡，从中设置公式结构或公式符号来创建公式对象，如图 5-5所示。

图 5-5 "设计"选项卡

5. 插入屏幕截图

在 Word 中可以快速添加屏幕截图,切换到"插入"选项卡,在"插图"组中单击"屏幕截图"按钮,可以插入整个程序窗口,也可以使用"屏幕剪辑"工具选择窗口的一部分。需要注意的是,"屏幕截图"只能捕获没有最小化到任务栏的窗口。

6. 文本的选择

对文档中的对象进行编辑,一般首先要选中它。

(1) 鼠标选定

① 拖曳选定。将光标移动到要选择部分的第一个文字的左侧,拖曳至欲选择部分的最后一个文字右侧,此时被选中的文字呈现反白显示。

② 利用选定区。在文档窗口的左侧有一空白区域,称为选定区,当鼠标移动到此处时,光标变成右上箭头。这时就可以利用鼠标对行和段落进行选定操作。

单击鼠标左键:选中箭头所指向的一行。

双击鼠标左键:选中箭头所指向的一段。

三击鼠标左键:可选定整个文档。

(2) 键盘选定

将插入点定位到欲选定的文本起始位置,按住 Shift 键的同时,再按相应的光标移动键,便可将选定的范围扩展到相应的位置。

Shift + ↑:选定上一行。

Shift + ↓:选定下一行。

Shift + ←:选定光标左侧的一个字符。

Shift + →:选定光标右侧的一个字符。

Shift + Home:选定光标到当前行的开始位置。

Shift + End:选定光标到当前行的结束位置。

Shift + PgUp:选定上一屏。

Shift + PgDn:选定下一屏。

Ctrl + A:选定整个文档。

(3) 组合选定

选定一句:将光标移动到指向该句的任何位置,按住 Ctrl 键单击。

选定连续区域:将插入点定位到欲选定的文本起始位置,按住 Shift 键的同时单击结束位置,可选定连续区域。

选定矩形区域:按住 Alt 键,利用鼠标拖曳出欲选择矩形区域。

选定不连续区域:按住 Ctrl 键,再选择不同的区域。

选定整个文档:将光标移到文本选定区,按住 Ctrl 键单击。

7. 文本的剪切、复制、粘贴和删除操作

(1)移动文本

使用剪贴板:先选中欲移动的文本,切换到"开始"选项卡,在"剪贴板"组中单击"剪切"按钮,定位插入点到目标位置,切换到"开始"选项卡,在"剪贴板"组中单击"粘贴"按钮。

使用鼠标:先选中欲要移动的文本,将选中的文本拖曳到插入点位置。

(2)复制文本块

使用剪贴板:先选中要复制的文本块,切换到"开始"选项卡,在"剪贴板"组中单击"复制"按钮,定位插入点到目标位置,切换到"开始"选项卡,在"剪贴板"组中单击"粘贴"按钮。只要不修改剪贴板的内容,连续执行"粘贴"操作可以实现一段文本的多处复制。

使用鼠标:先选中要复制的文本块,按住 Ctrl 键的同时拖曳鼠标到插入点位置,释放鼠标左键和 Ctrl 键。

(3)删除文本块

选中要删除的文本块,然后按 Delete 键即可。

8. 撤销、恢复和重复操作

在文档编辑的过程中难免会出现误操作。例如,在删除某些内容时,可能由于操作不当删除了一些不该删除的内容。此时,可以利用 Word 提供的撤销功能,来取消上次的删除操作,恢复文本内容。撤销最近的一次误操作可以直接单击快速访问工具栏中的"撤销键入"按钮或按 Ctrl＋Z 组合键来恢复操作前的文本。撤销多次误操作则需要单击"撤销键入"按钮旁的下三角按钮,查看最近进行的可撤销操作列表,单击要撤销的操作,如图 5-6 所示。"恢复键入"按钮用于恢复被撤销的操作,所图 5-7 所示。

图 5-6　"撤销键入"按钮

图 5-7　"恢复键入"按钮

5.2.5　文档的查找与替换

对于篇幅比较长的文档,如果某处需要修改,而用户又忘记了位置,这时可以使用"查找"功能进行处理。此外,还可以使用"查找"功能在文档中查找特定的文本(甚至是带特定格式的特定文本),避免了人工查找的烦琐,特别是在查找范围较大时更是这样,甚至还可以将文档中特定的文本替换为其他文本。

单击"开始"选项卡"编辑"组中的"查找"按钮,弹出"查找和替换"对话框,在"查找内容"下拉列表文本框中输入要查找的内容,单击"查找下一处"按钮,Word 就会找到这个内容,并以淡黄色背景显示出来。

对于大批量需要替换的文本,我们可以使用"替换"功能进行处理,单击"开始"选项卡"编辑"组中的"替换"按钮,弹出"查找和替换"对话框并切换到"替换"选项卡,在"查找内容"下拉列表文本框中输入要被替换的内容,在"替换为"下拉列表文本框中输入替换的内容,单击"全部替换"按钮,即可完成文本的替换。

Word 除了可以查找和替换文字外,还可以查找和替换格式、段落标记和分页符等特殊符号。若要只搜索文字,而不考虑特定的格式,则在"查找内容"下拉列表文本框中仅输入文字;若要搜索有特定格式的文字,输入文字后再单击"更多"按钮,在展开的"搜索选项"中选择查找要求,并设置所需"格式"和"特殊格式",如图 5-8 所示。同样利用"替换"功能也可以方便地替换指定的格式、特殊字符等。

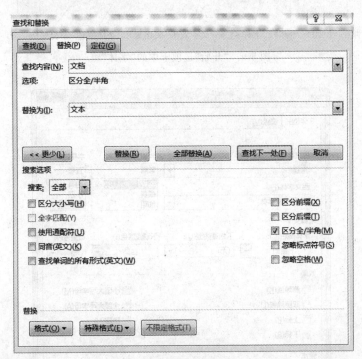

图 5-8 "查找和替换"对话框

5.3 文档的格式化

文本是 Word 文档的主要内容,Word 提供了丰富的关于文本格式的控制功能,其重点是字符格式设置、段落格式设置。另外,还包括项目符号、项目编号、边框、底纹等。

5.3.1 字符格式化

字符格式化用于设置文本的外观,可供设置的内容非常丰富,主要内容包括字体、大小、粗体、倾斜、下划线、上标、下标、颜色、边框、底纹等。

对字符格式的设置主要有如下两种方法。

方法一:"开始"选项卡的"字体"组中提供了常用字符格式设置命令,如图 5-9 所示,可完成一般的字符排版。要设置文本格式,首先选中文本,再使用相应命令。

方法二:在"开始"选项卡"字体"组中单击对话框启动器按钮,可打开"字体"对话框,通过该对话框可对格式要求较高的文档进行详细设置,如图 5-10 所示。

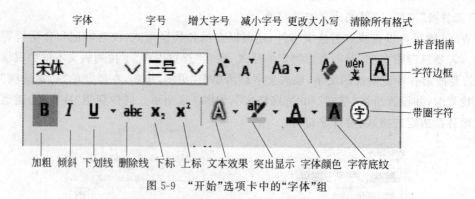

图 5-9 "开始"选项卡中的"字体"组

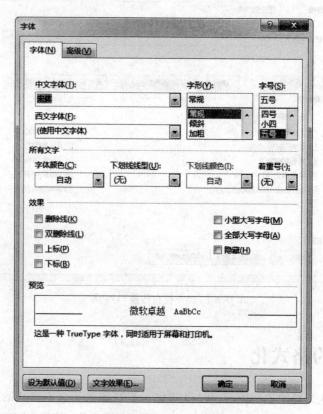

图 5-10 "字体"对话框

（1）"字体"选项卡

利用"字体"选项卡可以进行字体相关设置。

① 改变字体：在"中文字体"列表框中选择中文字体，在"西文字体"列表框中选择英文字体。

② 改变字形：在"字形"列表框中选定所要改变的字形，如倾斜、加粗等。

③ 改变字号：在"字号"列表框中选择字号。

④ 改变字体颜色：单击"字体颜色"下拉列表框，设置字体颜色。

如果想使用更多的颜色可以单击"其他颜色…"，打开"颜色"对话框，在"标准"选项卡中可以选择标准颜色，在"自定义"选项卡中可以自定义颜色。

⑤ 设置下划线："下划线线型"和"下划线颜色"下拉列表框配合使用设置下划线。

⑥ 设置着重号：在"着重号"下拉列表框中选定着重号标记。

⑦ 设置其他效果：在"效果"选项区中，可以设置删除线、双删除线、上标、下标、阴影、空心、阳文、阴文、小型大写字母等字符效果。

(2)"高级"选项卡

利用"高级"选项卡可以进行字符间距设置，如图 5-11 所示。

① 位置：在"位置"下拉列表框中可以选择"标准""提升"和"降低"三个选项。选择"提升"或"降低"时，可以在右侧的"磅值"数值框中输入所要"提升"或"降低"的磅值。

② 为字体调整字间距：选中"为字体调整字间距"复选框，从"磅或更大"数值框中选择字体大小，Word 会自动设置选定字体的字符间距。

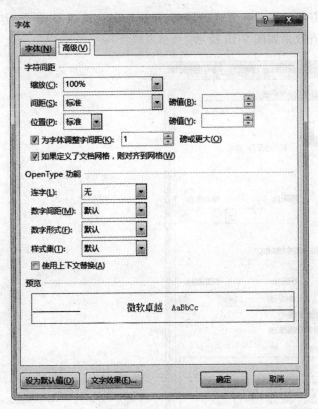

图 5-11　"高级"选项卡

5.3.2　段落格式化

段落格式化用于设置段落的外观，可供设置的内容非常丰富，主要内容包括段落中文本的对齐方式（左对齐、居中、右对齐、两端对齐、分散对齐）、段前间距（设置段与上一段的距离）、段后间距（设置段与下一段的距离）、行距（设置段中行与行的距离）、段落底纹、段落边框、项目符号、项目编号、段落缩进等。

1. 设置对齐方式

Word 段落的对齐方式有"两端对齐""左对齐""居中""右对齐"和"分散对齐"五种。

Word 默认的对齐格式是两端对齐。

(1) 两端对齐：使文本按左、右边距对齐，并自动调整每一行的空格。

(2) 左对齐：使文本向左对齐。

(3) 居中：段落各行居中，一般用于标题或表格中的内容。

(4) 右对齐：使文本向右对齐。

(5) 分散对齐：使文本按左、右边距在一行中均匀分布。

设置对齐方式有以下两种方法。

方法一：选定需要设置对齐的段落，打开"段落"对话框，切换到"缩进和间距"选项卡，在"常规"选项区的"对齐方式"下拉列表框中选定用户所需的对齐方式，单击"确定"按钮，如图 5-12 所示。

方法二：选定需要设置对齐方式的段落，单击"开始"选项卡"段落"组中的相应对齐方式按钮。段落的对齐效果如图 5-13 所示。

图 5-12　"段落"对话框

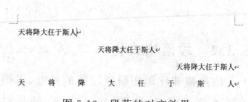

图 5-13　段落的对齐效果

2. 设置缩进方式

(1) 缩进方式。段落缩进是指段落文字的边界相对于左、右页边距的距离。段落缩进有以下四种格式。

① 左缩进：段落左侧边界与左页边距之间的距离。

② 右缩进：段落右侧边界与右页边距之间的距离。

③ 首行缩进：段落首行第一个字符与左侧边界之间的距离。

④ 悬挂缩进：段落中除首行以外的其他行与左侧边界之间的距离。

设置效果如图 5-14 所示。

课程要聚焦技术前沿、国际比较、责任担当，围绕增强为国家信息产业自主可控战略服
务的责任感、使命感和紧迫感，建立正确的工程观、系统观、价值观，树立科学精神、
工匠精神和奉献精神。（左缩进 2 字符）↵
课程要聚焦技术前沿、国际比较、责任担当，围绕增强为国家信息产业自主可控战略服
务的责任感、使命感和紧迫感，建立正确的工程观、系统观、价值观，树立科学精神、
工匠精神和奉献精神。（右缩进 2 字符）↵
课程要聚焦技术前沿、国际比较、责任担当，围绕增强为国家信息产业自主可控战略服
务的责任感、使命感和紧迫感，建立正确的工程观、系统观、价值观，树立科学精神、工匠
精神和奉献精神。（首行缩进 2 字符）↵
课程要聚焦技术前沿、国际比较、责任担当，围绕增强为国家信息产业自主可控战略服务的
责任感、使命感和紧迫感，建立正确的工程观、系统观、价值观，树立科学精神、工匠
精神和奉献精神。（悬挂缩进 2 字符）↵

图 5-14　段落的缩进效果

（2）设置缩进方式的操作方法如下。

① 通过标尺进行缩进。选定需要设置缩进方式的段落后，拖动水平标尺（横排文本时）或垂直标尺（纵排文本时）上的相应滑块到合适的位置；在拖动滑块的过程中，如果按住 Alt 键，可同时看到拖动的数值。

在水平标尺上有 3 个缩进标记（其中悬挂缩进和左缩进为一个缩进标记），但可进行 4 种缩进设置，即悬挂缩进、首行缩进、左缩进和右缩进。用鼠标拖动首行缩进标记，可以控制段落的第一行第一个字的起始位置；用鼠标拖动左缩进标记，可以控制段落左缩进的位置；用鼠标拖动悬挂缩进标记，可以控制第一行以外其他行的起始位置；用鼠标拖动右缩进标记，可以控制段落右缩进的位置。

② 通过"段落"对话框进行缩进。选定需要设置缩进方式的段落，打开"段落"对话框，切换到"缩进和间距"选项卡，在"缩进"组中，设置相关的缩进值后，单击"确定"按钮。

③ 选定需要设置缩进方式的段落后，通过单击"减少缩进量"按钮或"增加缩进量"按钮进行缩进操作。

注意："段落"对话框中可供使用的距离单位有多种，如"字符""磅""行"等。若要切换单位，可直接修改，如要将"字符"切换为"厘米"，可在设置框中通过键盘将"字符"修改为"厘米"。

5.3.3　项目符号与编号

项目符号是放在文本前以添加强调效果的点或其他符号，能方便地以符号的方式表示具有并列关系的若干段；项目编号能方便地以数字的方式表示具有顺序关系的若干段。Word 可以在输入的同时自动创建项目符号和编号列表，或者在文本的原有行中添加项目符号和编号。

在"开始"选项卡"段落"组中，单击"项目符号"下拉按钮或"编号"下拉按钮，可显示不同的项目符号样式和编号格式。

1. 添加项目符号

（1）选择要添加项目符号或编号的文本。

（2）在"开始"选项卡"段落"组中单击"项目符号"按钮，就可将最近使用的项目符号添加到文本中。

（3）单击"项目符号"右侧的下三角按钮，在弹出的下拉列表中选择项目符号的样式，如图 5-15 所示。如果没有所需要的项目符号，可以选择下面的"定义新项目符号"命令，即可打开相应的对话框，如图 5-16 所示。单击"符号"按钮，在打开的"符号"对话框中选择自己喜欢的新项目符号，单击"确定"按钮即可。

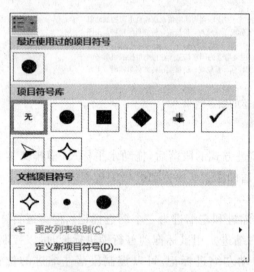

图 5-15 "项目符号"下拉列表

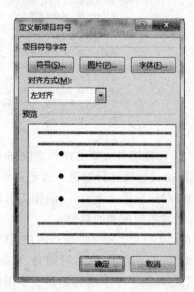

图 5-16 "定义新项目符号"对话框

2. 添加项目编号

添加项目编号与添加项目符号方法类似，单击"编号"右侧的下三角按钮，在弹出的下拉列表中选择编号种类和格式，如没有需要的编号，可以选择"定义新编号格式"命令，做进一步的设置。

5.3.4 边框和底纹

为起到强调作用或美化文档，可以为指定的段落、图形或表格等添加边框和底纹效果，如图 5-17 所示。

1. 利用选项卡中的按钮设置

（1）选定要添加边框和底纹的文档内容。

（2）单击"开始"选项卡，单击"段落"组中"底纹"右侧的下三角按钮，在展开的下拉菜单中设置底纹颜色。

（3）单击"开始"选项卡，单击"段落"组中"边框"右侧的下三角按钮，在展开的下拉菜单中选择所需要的框线进行边框设置。

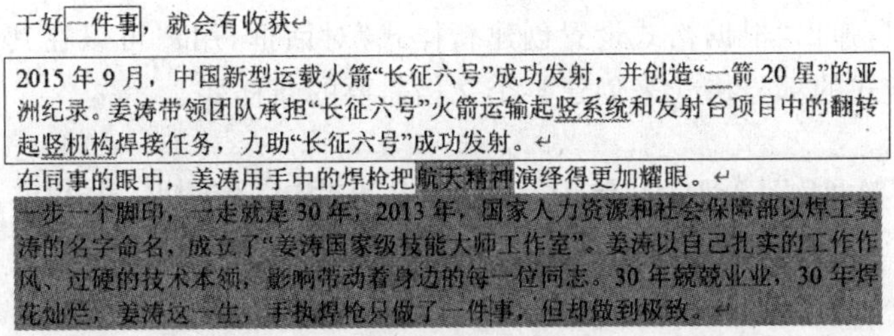

干好 一件事，就会有收获

2015 年 9 月，中国新型运载火箭"长征六号"成功发射，并创造"一箭20星"的亚洲纪录。姜涛带领团队承担"长征六号"火箭运输起竖系统和发射台项目中的翻转起竖机构焊接任务，力助"长征六号"成功发射。

在同事的眼中，姜涛用手中的焊枪把航天精神演绎得更加耀眼。

一步一个脚印，一走就是30年，2013年，国家人力资源和社会保障部以焊工姜涛的名字命名，成立了"姜涛国家级技能大师工作室"。姜涛以自己扎实的工作作风、过硬的技术本领，影响带动着身边的每一位同志。30年兢兢业业，30年焊花灿烂，姜涛这一生，手执焊枪只做了一件事，但却做到极致。

图 5-17 文字边框、段落边框及文字底纹、段落底纹

2. 利用对话框设置

（1）选定要添加边框和底纹的文档内容。

（2）单击"开始"选项卡，单击"段落"组中"边框"按钮右侧的下三角按钮，在展开的下拉菜单中选择"边框和底纹"命令（或者在"设计"选项卡的"页面背景"组中单击"页面边框"按钮，系统也将弹出"边框和底纹"对话框），在弹出的对话框中进行设置。

对边框和底纹可以进行如下设置。

① 边框：可以为编辑对象设置边框的形式、线型、颜色、宽度等框线的外观效果。

② 页面边框：可以为页面添加边框，设置"页面边框"选项卡与"边框"选项卡相似。

③ 底纹：在"填充"选项区选择底纹的颜色（背景色），在"格式"列表框设置底纹的样式，在"颜色"列表框选择底纹内填充的颜色（前景色）。

（3）设置完后，单击"确定"按钮。

5.3.5 格式刷和样式

1. 格式刷

"格式刷"是一种复制格式的方法，利用它可以方便地把某些文本、段落的格式（包括文字颜色、文字大小、段落行间距等）复制到文档中的其他地方。用"格式刷"去"刷"目标位置的对象，使得目标位置的对象使用源位置对象的格式，从而避免大量重复性工作。具体操作步骤如下。

（1）选定已设置好格式的文本。

（2）切换到"开始"选项卡，在"剪贴板"组中单击或双击"格式刷"按钮，单击"格式刷"按钮只能进行一次格式复制，双击"格式刷"按钮可进行多次格式复制，直到再次单击"格式刷"按钮使之复原为止。

（3）按住鼠标左键用格式刷"刷"想要设置格式的文本，被"刷"过的文本就会被设置为选定文本的格式。

2. 样式

在编辑文档的过程中，经常会遇到多个段落或多处文本具有相同格式的情况。例如，一篇论文中每一小节的标题都采用同样的字体、字形、大小以及段落的前后间距等，如果一次又一次地对它们进行重复的格式化操作，既会增加工作量，又不易保证格式的一致性。使用Word 提供的"样式"功能，可以很好地解决这一问题。

Word 提供了许多现成的样式供用户选用。除此以外，也可以创建自定义样式。在"开始"选项卡"样式"组（图 5-18）中单击对话框启动器按钮，显示"样式"任务窗格，单击下方的

"新建样式"按钮,弹出"根据格式设置创建新样式"对话框,用户可以在其中设置新样式,也可以修改已有样式的部分格式来创建某个文档需要的新样式。

图 5-18　"样式"组

5.3.6　题注、脚注和尾注

题注就是给图片、表格、图表、公式等对象添加的名称和编号。

使用题注功能可以保证文档中的图片、表格、图表、公式等对象能够按顺序自动编号。当移动、插入或删除带题注的对象时,会自动更新题注的编号。而且一旦某一对象带有题注,还可以在正文中对其进行交叉引用。

切换到"引用"选项卡,在"题注"组中单击"插入题注"按钮,弹出"题注"对话框,在该对话框中用户可以对题注进行设置。

脚注和尾注是对文本的补充说明。脚注一般位于页面的底部,可以作为文档某处内容的注释;尾注一般位于文档的末尾,列出引文的出处等。

要插入脚注和尾注,在"引用"选项卡"脚注"组中单击"插入脚注"或"插入尾注"按钮。

5.4　表格操作

5.4.1　创建表格

表格由若干行和列组成,行列的交叉区域称为"单元格"。单元格中可以填写数值、文字和插入图片等。

在 Word 中,可以手工绘制表格,也可以自动插入表格。

1. 手工绘制表格

手工绘制表格的操作步骤如下。

(1) 将插入点定位在欲插入表格处。

(2) 选择"插入"选项卡"表格"组,单击"表格"按钮,从弹出的下拉列表中选择"绘制表格"命令,此时,光标变成笔形。

(3) 绘制表格。可拖曳鼠标在文档中画出一个矩形的区域,到达所需要设置表格大小的位置,即可形成整个表格的外部轮廓。同时在标签上添加了一个"表格工具"选项卡。拖曳鼠标在表格中形成一条从左到右,或者是从上到下的虚线,释放鼠标,一条表格中的分隔线就形成了。在单元格内绘制斜线,以便需要时分隔不同的项目,绘制方法同绘制直线一样。

2. 自动插入表格

在 Word 中,可以通过两种常用方法来插入表格。

(1) 拖拉法:在"插入"选项卡选择"表格"组中,单击"表格"按钮,从弹出的下拉列表中拖拉鼠标设置表格的行、列数目,如图 5-19 所示。单击鼠标就会在编辑区插入一个 4 列 3 行的空白表格。

(2) 对话框法:在"插入"选项卡中选择"表格"组,单击"表格"按钮,从弹出的下拉列表中选择"插入表格"命令,在弹出的对话框中设定列数为 4,行数为 3,如图 5-20 所示。

另外,也可以通过已有的表格模板快速创建表格。Word 中包含有各种各样已有表格的模板,用户可以使用这些已有的模板快速创建表格。操作步骤为:单击"插入"选项卡"表格"组中的"表格"按钮,在弹出的下拉列表中选择"快速表格"命令,此时弹出"内置"下拉列表框,选择其中的某一个模板,单击鼠标即可快速在文本中插入表格。

图 5-19　"表格"下拉列表

图 5-20　"插入表格"对话框

3. 绘制斜线表头

在制作表格过程中,经常用到斜线表头。绘制斜线表头的操作步骤如下。

(1) 单击表头位置(第一行第一列)的单元格。

(2) 单击"表格工具—设计"选项卡"边框"组中的"边框"下拉按钮,在弹出的下拉列表中选择"斜下框线"或"斜上框线"。

4. 文本与表格的相互转换

(1) 文本转换为表格。可以将用逗号、制表符、句号或其他指定字符分隔的文本转换为表格。具体操作过程如下:选中要转换成表格的文本,在"插入"选项卡"表格"组中单击"表格"下拉按钮,在弹出的下拉列表中选择"文本转换成表格"命令,在"文字分隔位置"选项区中选择所用的文字分隔符号,单击"确定"按钮,则自动生成表格。

例如,将以下四行文字转换成表格(分隔符为空格)。

学号	姓名	数学	语文
20150305	张三	87	80
20150306	李四	90	84
20150307	王二	76	78

转换后的表格如图 5-21 所示。

(2) 表格转换为文本。可以将表格转换为文本,具体操作过程如下:单击要转换为文

学号	姓名	数学	语文	
20150305	张三	87	80	
20150306	李四	90	84	
20150307	王二	76	78	

图 5-21　转换后的表格

本的表格的任意位置,在"布局"选项卡"数据"组中单击"转换为文本"按钮,在弹出的对话框中选择一种"文字分隔符",单击"确定"按钮即可。

5. 重复标题行

插入表格时,表格往往在一页显示不完全,需要在下一页继续,为了阅读方便,我们会希望表格能够在续页的时候自动重复标题行。选中原表格的标题行,在"布局"选项卡"数据"组中单击"重复标题行"按钮,在以后表格出现分页的时候,会自动在换页后的第一行重复标题行。

5.4.2　表格的布局

表格的基本操作有很多,如行或列的增加、删除,单元格的合并与拆分,单元格大小的调整,再如单元格中内容的对齐方式,等等。实现这些操作的命令位于"表格工具-布局"选项卡中。

1. 表格、单元格、行和列的选择

表格中的每一个小方格称为单元格。

(1)选择表格:将鼠标指针移动到表格的左上角的图标处,单击即可选择整个表格。

(2)选择单元格:三击单元格,或将鼠标指针移动到要选中的单元格左侧,鼠标指针变成黑色的实心箭头,单击即可选中单元格。

(3)选择连续的多个单元格:直接拖动鼠标选中连续的单元格。

(4)选择不连续的多个单元格:按住 Ctrl 键单击不同的单元格。

(5)选择行或列:单击该行的左边界或该列的上边界,拖动鼠标可选择连续的多行或多列。

(6)选择不连续的多行或列:按住 Ctrl 键选中行或列。

2. 合并、拆分单元格

利用"表格工具-布局"选项卡(图 5-22)"合并"组可以实现单元格的合并、拆分和拆分表格。

图 5-22　"表格工具-布局"选项卡

3. 插入行、列和单元格

在"表格工具-布局"选项卡"行和列"组中,选择合适的插入方法,或单击"行和列"组右下角的对话框启动器按钮,在弹出的对话框中选择合适的选项。

4. 删除行、列和单元格

选中要删除的单元格,在"表格工具-布局"选项卡"行和列"组中,单击"删除"下拉按钮,在弹出的下拉列表中选择合适的选项。

5. 调整行高和列宽

如果不需要精确设定单元格的长度,只需按住鼠标左键不放,然后根据需要上下左右拖动单元格边框,就可以改变其大小。如果要根据数据来精确调整,则在"表格工具-布局"选项卡的"单元格大小"组中设定数据,单元格的长度会随着输入的数据而改变。

6. 单元格的对齐方式与文字方向

单元格的对齐方式是指单元格中的内容相对于本单元格的对齐方式。在"表格工具-布局"选项卡"对齐方式"组中提供了 9 种对齐方式(分别为靠上两端对齐、靠上居中对齐、靠上右对齐、中部两端对齐、水平居中、中部右对齐、靠下两端对齐、靠下居中对齐、靠下右对齐),根据需要选择其中的一种即可,如图 5-23 所示。"文字方向"用来更改所选单元格内文字的方向。"单元格边距"用来定义单元格与单元格之间的距离和单元格与单元格内容之间的距离。

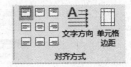

图 5-23　单元格的对齐方式

7. 表格属性设置

在"表格工具-布局"选项卡"单元格大小"组中,单击对话框启动器按钮,弹出图 5-24 所示的"表格属性"对话框。在该对话框中的"表格"选项卡中可以指定表格的大小、对齐方式、文字环绕方式;在"行"选项卡中可以指定行高;在"列"选项卡中可以指定列宽;在"单元格"选项卡中可以指定单元格宽度、垂直对齐方式。

图 5-24　"表格属性"对话框

5.4.3　表格的编辑与格式化

1. 自动套用表格样式

用户可以将已经定义的表格样式应用到表格中,用于定义表格的外观。在"表格工具-设计"选项卡"表格样式"组中单击"表格样式"下拉按钮,会弹出已有的表格样式,选择其中需要的一种即可,如图 5-25 所示。

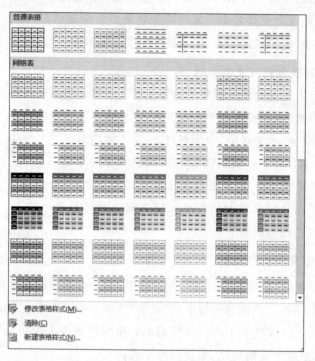

图 5-25　自动套用表格样式

2. 边框和底纹

用户可为表格添加漂亮的颜色、边框类型等外观效果。选择要进行边框设置的单元格,先在"表格工具-设计"选项卡"边框"组中选择边框的线型、粗细、笔颜色,然后选择合适的框线,如图 5-26 所示。单击"底纹"下拉按钮可以设置底纹,如图 5-27 所示。

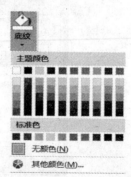

图 5-26　"边框"组　　　　　　　　图 5-27　"底纹"下拉按钮

也可以在"边框"组中单击对话框启动器按钮,弹出"边框和底纹"对话框,在"边框"选项卡中可以设置边框,在"底纹"选项卡中可以设置底纹,如图 5-28 所示。

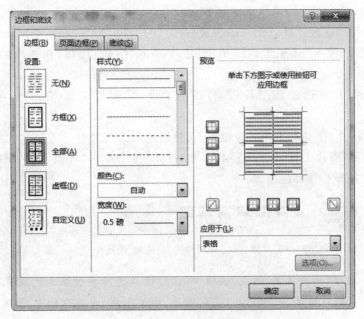

图 5-28　"边框和底纹"对话框

5.4.4　表格的排序与计算

对于数据清单来说,排序和计算是经常用到的操作。

"排序"是指根据条件更改行的次序(标题行除外),"计算"可向单元格中填入根据其他单元格内的内容计算得到的结果。

表格是由行和列组成的,Word 规定了表格的行和列的编号方式,行的编号由上到下为 1、2、3……,列的编号由左到右为 A、B、C……,每个单元格的地址由列标和行号组成,如 A1、C3,表格区域由"左上角列行号:右下角列行号"组成,如 A1:C3。

1. 排序

将插入点定位到表格中,在"表格工具-布局"选项卡"数据"组中,单击"排序"按钮,在弹出的对话框中设置"主要关键字""类型""排序方式"等相关选项,单击"确定"按钮。

2. 公式的使用

将插入点定位于显示计算结果的单元格中,在"表格工具-布局"选项卡"数据"组中单击"公式"按钮,弹出对话框,在"粘贴函数"下拉列表框中选择需要的函数,如 SUM,然后在"公式"文本框中输入参数,如 B2:B4,表示求和的区域为 B2～B4 单元格。

5.5　对象的插入与设置

除文本外,Word 文档中还经常用到图形元素,包括图片、联机图片、艺术字、各种形状等。

5.5.1　插入图片、联机图片

插入图片、联机图片的操作步骤如下。

(1) 在文档中定位欲插入图片的位置。

(2) 切换到"插入"选项卡,在"插图"组中单击"图片"按钮,在弹出的对话框中选择图片。

(3) 插入图片并选中此图片后,将激活上下文"图片工具-格式"选项卡,如图 5-29 所示。

(4) 选中图片,拖动右下角的控制点,调整图片至适当大小。

(5) 切换到"图片工具-格式"选项卡,在"排列"组中单击"环绕文字"下拉按钮,在弹出的下拉列表中选择一种环绕方式。

图 5-29　"图片工具-格式"选项卡

注意:① 通过"图片工具-格式"选项卡,可对图片进行多种格式的设置操作,如删除背景、调整亮度、调整对比度、锐化图片、柔化图片、调整色调、调整饱和度、压缩图片、应用图片样式、裁剪图片等。

② "联机图片"是 Office 内置的一些图片,切换到"插入"选项卡,在"插图"组中单击"联机图片"按钮,可打开"联机图片"窗格,可使用此窗格插入联机图片。

5.5.2　绘制形状

Word 提供了一套很强大的绘图工具,可以使用它插入现成的形状,如圆形、矩形、箭头、线条等,还可以对图形进行编辑修改。

1. 绘制自选图形

绘制自选图形的操作步骤如下。

(1) 选择"插入"选项卡中的"插图"组,单击"形状"按钮,如图 5-30 所示。在下拉列表中选择所需的图形。

(2) 在工作区拖曳,可以绘制出相应的图形。

对绘制的自选图形也可以进行格式设置和编辑等操作,通过"绘图工具-格式"选项卡(图 5-31)中相应按钮可对图形进行填充、设置阴影等。

2. 在自选图形中添加文字

具体操作步骤如下。

(1) 右击欲添加文字的图形,在弹出的快捷菜单中选择"添加文字"命令,在图形对象上显示文本框。

(2) 输入文字。

图 5-30　"形状"下拉列表

图 5-31　"绘图工具-格式"选项卡

3．图形的组合

在文档中，绘制的多个图形可以根据需要进行组合，以防止它们之间的相对位置发生改变，操作方法如下。

（1）按住 Shift（或 Ctrl）键的同时选定欲组合的图形，将鼠标移动到欲组合的某一个图形处，右击，在弹出的快捷菜单中选择"组合"级联菜单的"组合"命令。

（2）在文档中按住 Ctrl 键，单击选中各个要组合的图形后，直接单击"排列"组中的"组合"按钮。

4．图形的叠放次序

在文档中，有时会绘制多个重叠的图形。设置图形叠放次序的操作方法如下。

（1）选定欲设置叠放次序的图形，右击，在弹出的快捷菜单中，选择"置于顶层"或"置于底层"的级联子菜单中的相应命令即可。

（2）选定欲设置叠放次序的图形，单击"排列"组中的"上移一层"或"下移一层"按钮，在下拉列表中选择某一种叠放次序。

5．图形的旋转

在文档中，绘制的图形可以进行任意角度的旋转。操作方法如下。

（1）选定欲旋转的图形，单击"绘图工具-格式"选项卡"排列"组中的"旋转"按钮。

（2）选定图形时，四周会出现句柄，上面有一个旋转点，拖曳旋转到需要的角度，释放鼠标即可完成旋转操作。

（3）选定图形后，右击，在弹出的快捷菜单中选择"其他布局选项"命令，弹出"布局"对话框，选择"大小"选项卡，可以精确设置旋转的角度。

5.5.3　插入艺术字

艺术字也是一种图形（图 5-32），在文档中插入"艺术字"的操作步骤如下。

（1）打开需要插入艺术字的文档，选定插入点位置。

（2）单击"插入"选项卡"文本"组中的"艺术字"按钮，在弹出的艺术字列表中选择其中某个艺术字样式，然后输入文本。

（3）在"绘图工具-格式"选项卡"艺术字样式"组中，单击相应按钮来设置修改艺术字。

自信人生二百年，会当水击三千里

图 5-32　艺术字

5.5.4　插入 SmartArt

SmartArt 是 Word 中的一种图片格式。应用 SmartArt，用户可以将信息转换为图形，从而更加直观地传递信息。创建此类图片很简单,只需切换到"插入"选项卡,在"插图"组中单击 SmartArt 按钮,然后在弹出的"选择 SmartArt 图形"对话框中选择所需的图片布局,单击"确定"按钮,最后在插入的 SmartArt 图形中单击文本占位符并输入合适的文字即可。

SmartArt 以图形的形式表现信息和观点,更有助于读者理解和接受。虽然 Word 提供了很多形状供用户进行绘图,以实现信息或观点的图形化,但快速绘制具有设计师水准的图形,对普通人来说仍然很困难。

SmartArt 图形(简称 SmartArt)可以解决上述问题,SmartArt 提供了多种类型,用户可根据信息或观点的表达需要(通常是逻辑)选择合适的 SmartArt。

1. SmartArt 图形类型及功能

(1) 列表:显示非有序信息或分组信息,主要用于强调信息的重要性。

(2) 流程:表示任务流程的顺序或步骤。

(3) 循环:表示阶段、任务或事件的连续序列,主要用于强调重复过程。

(4) 层次结构:用于显示组织中的分层信息或上下级关系,广泛地应用于组织结构图。

(5) 关系:用于表示两个或多个项目之间的关系,或者多个信息集合之间的关系。

(6) 矩阵:显示各部分如何与整体关联。

(7) 棱锥图:显示与顶部或底部最大部分的比例关系。

(8) 图片:显示图片。

2. 使用 SmartArt 描述软件工程的简要流程

使用 SmartArt 描述软件工程的简要流程如图 5-33 所示,具体实现方法如下。

(1) 切换到"插入"选项卡,在"插图"组中单击 SmartArt 按钮。

(2) 在弹出的对话框中选择"流程"类的"基本流程"样式选项(选择某种样式后,可看到关于该种样式的简要说明)。

(3) 此时在文档中出现"在此键入文字"占位符,在其中输入相关文本。

图 5-33　使用 SmartArt 描述软件工程的简要流程

注意:单击 SmartArt 图形,将激活"SmartArt 工具"上下文选项卡,它包含两个子选项卡,分别是"设计"选项卡和"格式"选项卡。在"设计"选项卡中可修改文本级别、修改 SmartArt 布局、应用 SmartArt 样式等。在"格式"选项卡中可应用形状样式、修改文本外观等。

5.5.5　插入图表

图表能以图形的方式展现表格(通常是数据清单)中的数据(通常是部分),达到简洁、直观、美观的效果。

Word 提供了丰富的图表类型,在应用中,应根据实际问题选用适当的图表类型,否则很可能导致制作的图表无意义,或很难看懂。

图表是 Excel(专门制作表格,尤其是数据清单的 Office 组件)的重要功能,在 Excel 中根据表格制作图表是比较方便的。因此,通常情况下,都使用 Excel 来制作图表。

在 Word 中制作图表,实际上是调用了 Excel 的功能。在此,仅简要介绍在 Word 中制作图表的方法。如图 5-34 所示,在 Word 中制作了一个带数据标记的折线图,反映了一年中各个月的销售额。

具体实现方法如下。

(1) 切换到"插入"选项卡,在"插图"组中单击"图表"按钮。

(2) 在弹出的"插入图表"对话框中,选择"折线图"类别的"带数据标记的折线图"样式选项,单击"确定"按钮。

(3) 在弹出的 Excel 界面中修改数据,并选中这些数据,如图 5-35 所示。

(4) 关闭 Excel 界面,返回 Word 界面。

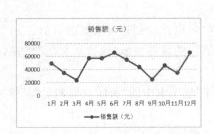

图 5-34　图表

图 5-35　编辑图表数据

5.6　页面排版

5.6.1　页眉、页脚、页码设置

页眉和页脚是指在文档每一页的顶部和底部加入信息。这些信息可以是文字和图形等,内容可以是文件名、标题名、日期、页码、单位名等。

页眉和页脚的内容还可以用来生成各种文本的"域代码"(如页码、日期等)。域代码与普通文本不同的是,它随时可以被当前的最新内容所代替。例如,生成日期的域代码是根据打印时系统时钟生成当前的日期。

1. 创建页眉和页脚

(1) 在"插入"选项卡中选择"页眉和页脚"组,如图 5-36 所示。单击"页眉"按钮,从弹出的下拉列表中选择页眉的格式。

(2) 选择所需的格式后,即可在页眉区添加相应的格式,同时标签中增加了一个"页眉和页脚工具-设计"选项卡,如图 5-37 所示。

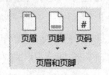

图 5-36　"页眉和页脚"组

图 5-37　"页眉和页脚工具-设计"选项卡

（3）输入页眉的内容或者单击"页眉和页脚工具-设计"选项卡上的按钮来插入一些特殊的信息。例如，要插入当前的日期，可以单击"日期和时间"按钮；要插入图片，可以单击"图片"按钮，从弹出的"插入图片"对话框中选择所需的图片。

（4）单击"页眉和页脚工具-设计"选项卡"导航"组中的"转至页脚"按钮，切换到页脚区中，页脚的设置方法与页眉相同。

（5）单击"页眉和页脚工具-设计"选项卡中的"关闭页眉和页脚"按钮，返回到正文编辑状态。

2. 设置奇偶页不同的页眉和页脚

（1）双击页眉或页脚区，进入页眉或页脚编辑状态，并显示"页眉和页脚工具-设计"选项卡。

（2）选中"选项"组中的"奇偶页不同"复选框。

（3）在页眉区的顶部显示"奇数页页眉"字样，可以在此创建奇数页的页眉。

（4）单击"导航"组中的"下一条"按钮，在页眉区的顶部显示"偶数页页眉"字样，在此创建偶数页的页眉。

（5）设置完成后，单击"页眉和页脚工具-设计"选项卡中的"关闭页眉和页脚"按钮。

5.6.2　分隔符

Word 中的分隔符包括分页符、分栏符、分节符。分页符用于分隔页面，分节符用于章节之间的分隔。分页符是标记一页的终止，开始下一页的起点，即将其之后的内容强行分到下一页。分栏符指其后的文字从下一栏开始，分栏符适用于已进行分栏后的文档。

分节符是为了对同一个文档中的不同部分可采用不同的版面而设置的。例如，设置不同的页眉和页脚；设置不同的页面方向、纸张大小、页边距等。

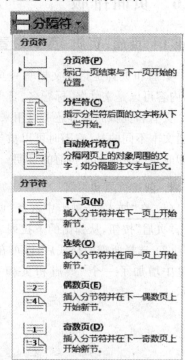

图 5-38　分隔符

1. 分页符

Word 自动在当前页已满时插入分页符，开始新的一页。这些分页符被称为自动分页符或软分页符。但有时也需要在一页未写完时希望重新开始新的一页，这时就需要通过手工插入分页符来强制分页，这种分页符称为硬分页符。

插入分页符的操作步骤如下。

（1）将插入点定位到需要分页的位置。

（2）切换到"布局"选项卡，在"页面设置"组中单击"分隔符"下拉按钮，如图 5-38 所示。

（3）在弹出的下拉列表中选择"分页符"选项，即可完成对文档的分页。

分页的最简单方法是将插入点移动到需要分页的位置，然后按 Ctrl＋Enter 组合键。

2．分节符

为了便于对文档进行格式化,可以将文档分隔成任意数量的节,然后根据需要分别为每节设置不同的样式。一般在建立新文档时 Word 将整篇文档默认为一个节,分节的具体操作步骤如下。

(1)将光标定位到需要分节的位置,然后切换到"布局"选项卡,在"页面设置"组中单击"分隔符"下拉按钮,如图 5-38 所示。

(2)在弹出的下拉列表中列出了四种不同类型的分节符。①下一页:插入分节符并在下一页开始新节。②连续:插入分节符并在同一页上开始新节。③偶数页:插入分节符并在下一个偶数页上开始新节。④奇数页:插入分节符并在下一个奇数页上开始新节。

选择文档所需的分节符即可完成相应的设置。

5.6.3　设置页面背景和页面水印

1．设置页面背景

页面背景是指 Word 文档最底层的颜色或图案,用于丰富显示效果。设置页面背景的操作步骤如下。

(1)打开 Word 文档,切换到"设计"选项卡。

(2)在"页面背景"组中单击"页面颜色"下拉按钮,并在弹出的"页面颜色"下拉列表中选择需要的颜色,如图 5-39 所示。

2．设置页面水印

在文档中可以对文档的背景设置一些隐约的文字或图案,称为"水印"。在 Word 中添加水印的操作步骤如下。

(1)打开 Word 文档,切换到"设计"选项卡。

(2)在"页面背景"组中单击"水印"下拉按钮,在弹出的下拉列表中选择合适的水印效果。

(3)也可以在"水印"下拉列表中选择"自定义水印"选项,在弹出的"水印"对话框中设置图片水印或文字水印,如图 5-40 所示。

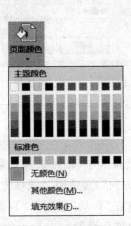

图 5-39　"页面颜色"下拉列表

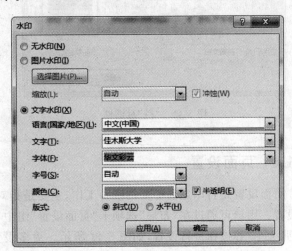

图 5-40　"水印"对话框

5.6.4　分栏

利用 Word 中的分栏功能可以将文档分为几个独立的部分,可以根据需要指定分栏数量,调整栏宽,添加分隔线。

在"布局"选项卡"页面设置"组中单击"栏"下拉按钮,在弹出的下拉列表中可以选择各种效果的分栏形式,选择"更多栏"选项,弹出图 5-41 所示的对话框,从中进行设置。如果对分栏后的文档效果不满意,在"栏"对话框的"预设"选项区中选择"一栏"选项,多栏文档就可恢复成单栏版式。

5.6.5　首字下沉

首字下沉就是把文档中某段的第一个字放大,以引起注意。

首字下沉分为下沉和悬挂两种方式,设置段落首字下沉的操作步骤如下。

(1) 将插入点定位在要设置"首字下沉"的段落中。

(2) 切换到"插入"选项卡,在"文本"组中单击"首字下沉"下拉按钮,在弹出的下拉列表中选择"首字下沉"选项,弹出"首字下沉"对话框,如图 5-42 所示。在"位置"选项区中选择需要下沉的方式,还可以为首字设置字体、下沉的行数以及与正文的距离,首字下沉的效果如图 5-43 所示。

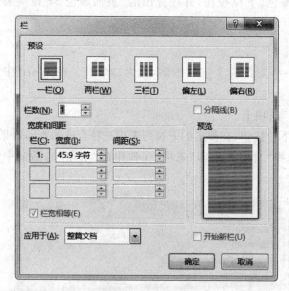

图 5-41　"栏"对话框

图 5-42　"首字下沉"对话框

5.6.6　页面设置

页面设置是打印之前必要的准备工作,主要是指对页边距、纸张大小、纸张来源和版面的设置。用户可通过在"布局"选项卡"页面设置"组中单击"文字方向""页边距""纸张方向""纸张大小"等按钮进行设置,如图 5-44 所示。更多设置可以通过在"布局"选项卡"页面设置"组中单击对话框启动器按钮,打开"页面设置"对话框(图 5-45)进行设置。

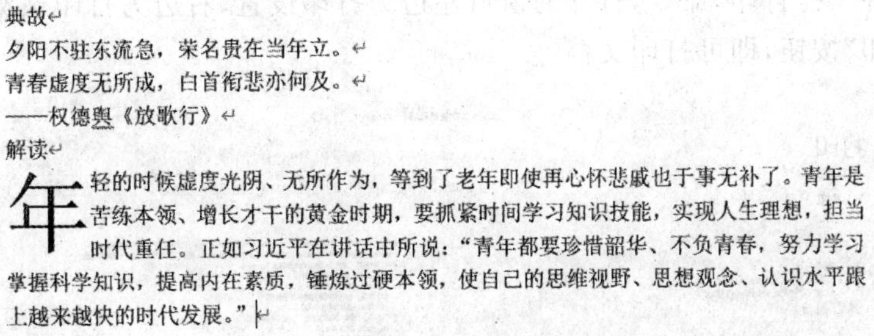

典故

夕阳不驻东流急，荣名贵在当年立。

青春虚度无所成，白首衔悲亦何及。

——权德舆《放歌行》

解读

年 轻的时候虚度光阴、无所作为，等到了老年即使再心怀悲戚也于事无补了。青年是苦练本领、增长才干的黄金时期，要抓紧时间学习知识技能，实现人生理想，担当时代重任。正如习近平在讲话中所说："青年都要珍惜韶华、不负青春，努力学习掌握科学知识，提高内在素质，锤炼过硬本领，使自己的思维视野、思想观念、认识水平跟上越来越快的时代发展。"

图 5-43　设置首字下沉的效果

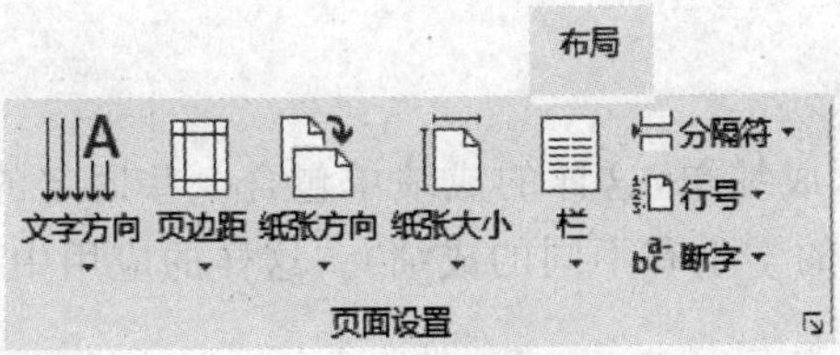

图 5-44　"页面设置"组　　　　　　图 5-45　"页面设置"对话框

"页面设置"对话框中四个选项卡的功能介绍如下。

(1) 页边距：指正文与纸张边缘的距离，主要对纸张边距、纸张方向进行设置。

(2) 纸张：主要对纸张大小、用纸方向及应用范围进行设置。

(3) 布局：主要对页眉和页脚进行设置。

(4) 文档网格：实现在文档中每行固定字符数或每页固定行数的设置。

5.6.7　打印预览

打印设置的内容包括打印份数、打印机设置、文档打印范围、单面或双面打印、纸张方向、纸张大小、页边距等(部分内容属于页面设置部分)。

在正式打印之前，可以通过打印预览功能先查看打印效果，以便确定页面格式是否令人满意。

执行"文件"→"打印"命令,打开的窗口左边为打印设置,右边为打印预览,如图 5-46 所示。单击"打印"按钮,即可打印文档。

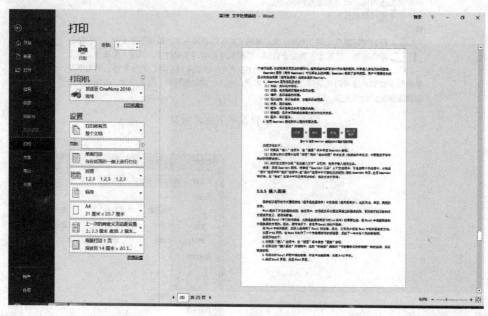

图 5-46　"打印"设置窗口

5.7　高级应用

5.7.1　邮件合并

假设需要为每个学生邮寄各自的期末考试成绩单,这样的成绩单包含一些固定的内容(如"成绩单"3 个字),也包含可变内容(如不同的学生有不同的成绩)。这样的应用中,可使用"邮件合并"功能快速实现大量成绩单的制作。

同样地,邮件合并也可实现商业信函、信封、请柬等的批量制作。

"邮件合并"最初是在批量处理邮件文档时提出的,也就是在邮件文档(称为主文档,为Word 文档)的固定内容中,合并与发送信息相关的一组通信资料(称为数据源,存在于Excel 表、Access 表等中),从而批量生产需要的邮件文档,提高工作效率。

需要注意的是,邮件合并和发送电子邮件并无直接关系。

下面介绍批量制作成绩单的具体步骤。

(1) 新建空白 Word 文档并命名为"成绩单.docx",然后输入内容,如图 5-47 所示。

(2) 新建空 Excel 工作簿(常用的 Excel 文档),命名为"成绩清单.xlsx"并在 Sheet1 中输入如图 5-48 所示的内容。

(3) 关闭"成绩清单.xlsx",返回至"成绩单.docx"。

(4) 切换到"邮件"选项卡,在"开始邮件合并"组中单击"开始邮件合并"下拉按钮,在弹出的下拉列表中选择"信函"选项。

成绩单

同学（学号:）

2021 秋季学期期末考试，你的成绩如下：

数学

语文

平均分

祝假期愉快。

第一小学

图 5-47 成绩单主文档内容

	A	B	C	D	E
1	学号	姓名	数学	语文	平均分
2	20150305	张三	87	80	83.5
3	20150306	李四	90	84	87
4	20150307	王二	76	78	77

图 5-48 数据源

(5) 在“邮件”选项卡“开始邮件合并”组中单击“选择收件人”下拉按钮，在弹出的下拉列表中选择“使用现有列表”选项，弹出“选取数据源”对话框，从中选择“成绩清单. xlsx”作为数据源(学生的成绩信息存储于“成绩清单. xlsx”的 Sheet1 工作表中)。

(6) 将插入点置于称呼前(“同学”前)，切换到“邮件”选项卡，在“编写和插入域”组中单击“插入合并域”下拉按钮，然后在弹出的下拉列表中选择“姓名”选项，此操作将插入域“《姓名》”。使用类似的方法，插入学号、各科成绩、平均分至适当位置，结果如图 5-49 所示。

成绩单

«姓名»同学（学号：«学号»）

2021 秋季学期期末考试，你的成绩如下：

数学	«数学»
语文	«语文»
平均分	«平均分»

祝假期愉快。

第一小学

图 5-49 插入合并域

(7) 切换到“邮件”选项卡，在“完成”组中单击“完成并合并”下拉按钮，在弹出的下拉列表中选择“编辑单个文档”选项，然后在弹出的对话框中选择“全部”选项，完成邮件的合并，如图 5-50 所示，可打印该文档，将各个学生的成绩单邮寄出去。

成绩单

张三同学（学号：20150305）

2021 秋季学期期末考试，你的成绩如下：

数学	87
语文	80
平均分	83.5

祝假期愉快。

第一小学

成绩单

李四同学（学号：20150306）

2021 秋季学期期末考试，你的成绩如下：

数学	90
语文	84
平均分	87

祝假期愉快。

第一小学

成绩单

王二同学（学号：20150307）

2021 秋季学期期末考试，你的成绩如下：

数学	76
语文	78
平均分	77

祝假期愉快。

第一小学

图 5-50 完成邮件合并

5.7.2　样式、目录

1. 样式

样式是格式的集合,通过样式用户可对文档的某部分进行快速的格式化设置(本部分所说的"样式",指的是"开始"选项卡"样式"组中的"样式")。Word 已内置了若干样式,可以直接使用,也可在内置样式的基础上修改样式,并使用修改后的样式。

样式对于含层次(如章、节、节一级标题、节二级标题)的长文档非常有用。通常,在编写长文档时,应先编辑内置的可能用到的样式,然后才正式开始长文档的编写,并在编写过程中应用适当的样式。下面创建一个含层次内容的文档,并对其中的标题内容应用样式,具体操作步骤如下。

(1) 创建空白文档 Word 2003. docx。

(2) 切换到"开始"选项卡,在"样式"组的列表框中右击"正文"样式,然后在弹出的快捷菜单中选择"修改"选项。在弹出的对话框中单击"格式"下拉按钮,在弹出的下拉列表中选择"字体"选项,弹出"字体"对话框,从中设置中文字体为"宋体"、西文字体为"Times New Roman",文字大小为"五号"。按照相同的方式,通过"段落"对话框,设置段落的特殊格式为"首行缩进 2 字符"。

(3) 切换到"开始"选项卡,在"样式"组的列表框中右击"标题 1"样式,在弹出的快捷菜单中选择"修改"选项,在弹出的对话框中将"样式基准"设置为"无样式",并设置对齐方式为"居中"。单击"格式"下拉按钮,在弹出的下拉列表中选择"字体"选项,弹出"字体"对话框,从中设置中文字体为"宋体"、西文字体为"Times New Roman",文字大小为"小二"。

(4) 切换到"开始"选项卡,在"样式"组的列表框中右击"标题 2"样式,在弹出的快捷菜单中选择"修改"选项,在弹出的对话框中将"样式基准"设置为"无样式",并设置对齐方式为"左对齐"。单击"格式"下拉按钮,在弹出的下拉列表中选择"字体"选项,弹出"字体"对话框,从中设置中文字体为"宋体"、西文字体为"Times New Roman",文字大小为"三号"。

(5) 输入"目录",并设置本段落格式为:居中、宋体、小二、加粗、段落特殊格式为"无"。将插入点定位于文档末尾,切换到"布局"选项卡,在"页面设置"组中单击"分隔符"下拉按钮,在弹出的下拉列表中执行"分节符"→"下一页"命令,此操作将插入新的一页,并在页与页之间用分节符隔开。在新页中(第 2 页),对段落标记应用"正文"样式。从第 2 页开始,输入文本。其中包括教材的标题和正文,其中标题间具有层次关系,如图 5-51 所示。

(6) 对章标题"第 3 章文字处理软件 Word 2003"应用"标题 1"样式。

(7) 对所有节标题(如"3.1 Word 2003 概述")应用"标题 2"样式。

(8) 切换到"开始"选项卡,在"样式"组的列表框中右击"标题 3"样式,在弹出的快捷菜单中选择"修改"选项,在弹出的对话框中将"样式基准"设置为"无样式",并设置对齐方式为"左对齐"。单击"格式"下拉按钮,在弹出的下拉列表中选择"字体"选项,弹出"字体"对话框,从中设置中文字体为"宋体"、西文字体为"Times New Roman",文字大小为"四号"。

(9) 对所有节一级标题(如"3.1.1 Word 2003 启动和退出")应用"标题 3"样式。

(10) 切换到"视图"选项卡,在"显示"组中选中"导航窗格"复选框。在打开的"导航窗格"中切换到"标题"选项卡,可浏览文档结构,并能快速定位到文档的相应部分,如图 5-52 所示。

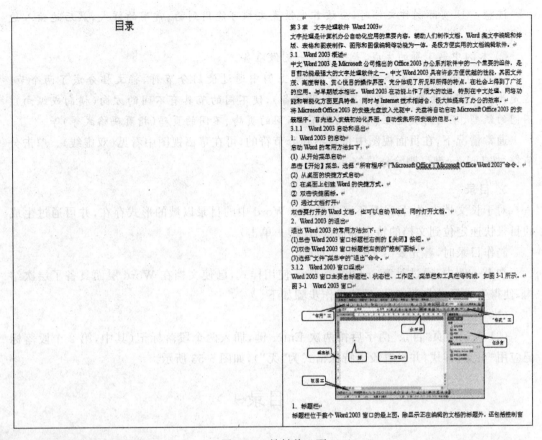

图 5-51　教材前 2 页

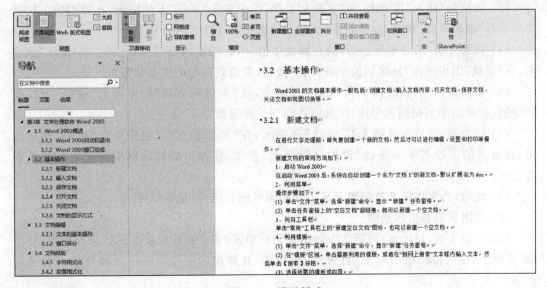

图 5-52　设置样式

（11）保存文档。

注意：① 实际制作文档时，应该首先设置文档可能用到的、常用的样式，然后边输入边应用样式。

② 本例中第 1 页的生成，是为了下一例做准备。

③ 分节符用于将文档分成多个节（如上例中通过使用分节符，将文档分成了两个节。这是为下一例中为教材正文设置页码做准备），使不同的节具有不同的方向（横向或纵向）、不同的纸型、不同的页边距、不同的页眉、不同的页脚、不同的页码（指页码格式等）等。

通常情况下，在页面视图中是看不到分节符的，可在草稿视图中看见（双虚线）。单击分节符，按 Delete 键可删除分节符。

2. 目录

对于长文档来说，目录是不可或缺的。Word 中的目录以域的形式存在，并可通过生成的目录快速定位到文档的特定部位（Ctrl 键＋单击）。

制作目录时，首先要给文档插入页码。

在上一例中，通过对 Word 2003.docx 使用样式，已使文档在 Word 层面具备了层次结构，使得生成目录非常容易，具体操作步骤如下。

（1）打开 Word 2003.docx。

（2）在第 1 页"目录"两字后按两次 Enter 键，插入两个段落标记（其中，第 2 个段落标记应用"正文"样式，并设置段落特殊格式为"无"），如图 5-53 所示。

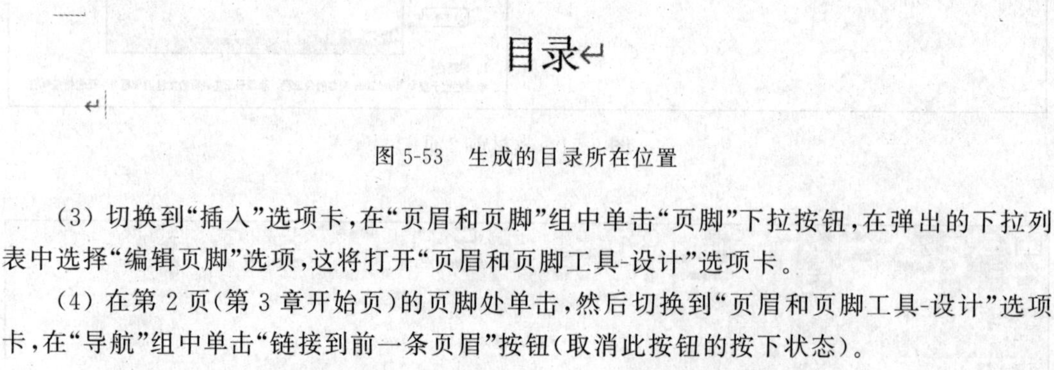

目录↵

图 5-53　生成的目录所在位置

（3）切换到"插入"选项卡，在"页眉和页脚"组中单击"页脚"下拉按钮，在弹出的下拉列表中选择"编辑页脚"选项，这将打开"页眉和页脚工具-设计"选项卡。

（4）在第 2 页（第 3 章开始页）的页脚处单击，然后切换到"页眉和页脚工具-设计"选项卡，在"导航"组中单击"链接到前一条页眉"按钮（取消此按钮的按下状态）。

（5）切换到"页眉和页脚工具-设计"选项卡，在"页眉和页脚"组中单击"页码"下拉按钮，然后在弹出的下拉列表中执行"页面底端"→"普通数字 2"命令。

（6）切换到"页眉和页脚工具-设计"选项卡，在"页眉和页脚"组中单击"页码"下拉按钮，在弹出的下拉列表中选择"设置页码格式"选项，在弹出的对话框中将起始页码设置为 1。

（7）此时，为文档第 2 节设置了从 1 开始编号的页码（目录页除外）。

（8）关闭页眉和页脚视图。

（9）在第 1 页（目录页）的第 2 个段落标记前单击（表示在此位置生成目录），切换到"引用"选项卡，在"目录"组中单击"目录"下拉按钮，在弹出的下拉列表中选择要插入目录的类型。

（10）至此，插入目录完毕，保存文档，结果如图 5-54 所示。

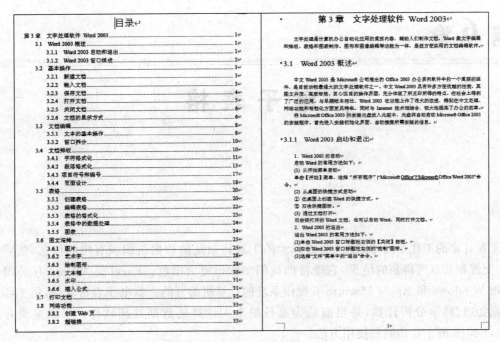

图 5-54 插入目录

注意：所有章节的内容可参照这个方法进行，每章都应在一个单独的页中，并对标题应用适当的样式。

第 6 章

电 子 表 格

在日常的工作学习中,通过功能强大的工具将杂乱的数据组织成有用的信息,然后分析、交流和共享所得到的结果,它能帮助我们工作得更为出色。Excel 是 Microsoft 公司为使用 Windows 和 Apple Macintosh 操作系统的计算机编写的一款电子表格软件,用于各种数据处理、科学分析计算,是当前最为流行的个人计算机数据处理软件。本章主要介绍 Excel 2016 的主要功能和使用方法。

6.1 Excel 2016 简介

6.1.1 Excel 2016 的工作界面

利用不同的方法启动 Excel 2016 后,即可打开 Excel 2016 的工作界面,如图 6-1 所示。Excel 2016 的工作界面主要由标题栏、"文件"选项卡、快速启动工具栏、命令选项卡、功能区、名称框、编辑框、数据编辑工作区、工作表标签区、视图切换区、缩放比例区等组成。

(1) 标题栏。标题栏位于窗口最上方中间长条区域,在标题栏中从左至右依次显示了当前工作簿的名称、程序名称、功能区显示选项按钮、窗口控制按钮(最小化、最大化/还原、关闭)。

(2) "文件"选项卡。打开"文件"选项卡,用户能够获得与文件有关的操作选项,如打开、新建、保存、另存为、打印等功能。"文件"选项卡实际上是一个类似于多级菜单的分级结构,共分为三个区域,左侧区域为命令选项区,该区域列出了与文档有关的操作命令选项,在这个区域选择某个选项后,右侧区域将显示其下级命令或操作选项。另外,右侧区域也可以显示与文档有关的信息,如文档属性信息、打印预览、预览模板文档内容等。

(3) 快速启动工具栏。该部分为快速访问频繁使用的命令,如保存、撤销、重复等。在快速访问工具栏的右侧,通过单击下拉按钮,可在弹出的菜单中执行 Excel 已经定义好的命令。命令以按钮的形式添加到快速启动工具栏中。

(4) 命令选项卡。默认状态下,Excel 2016 只显示开始、插入、页面布局、公式、数据、审阅、视图、特色功能八个基本功能选项卡。

(5) 功能区。功能区旨在帮助用户快速找到完成某一功能所需的命令。命令被组织在工具组上。用户可以切换到相应的选项卡,然后单击相应组中的命令按钮即可完成具体功

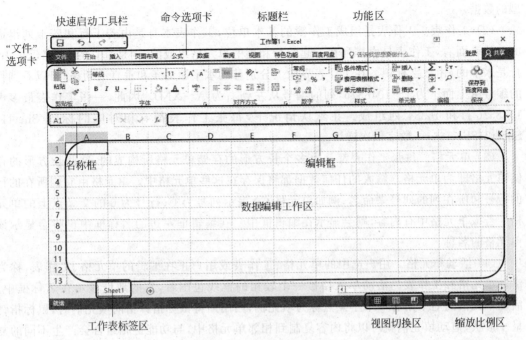

图 6-1   Excel 2016 工作界面

能操作。

（6）名称框。名称框用于显示选择单元格的名称。当用户选择某一单元格后，即可在名称框中显示出该单元格的列标和行号，一般是字符与数字的组合。

（7）编辑框。编辑框用来显示或编辑当前活动单元格的数据和公式。用户可以在编辑框中输入或编辑数据及运算公式，编辑完成后按 Enter 键或者单击输入按钮（对号显示的按钮）接收所做的输入或编辑。

（8）数据编辑工作区。该部分是窗口中最大的一块区域，是用来编辑或显示工作表内容的区域，这也是我们工作的最主要的区域。

（9）工作表标签区。工作表标签区用来显示工作表名称。工作表可以添加、删除、移动，还可以重命名和设置工作表标签的颜色。单击工作表标签将激活相应的工作表。当工作簿中含较多工作表时，可单击标签左侧的滚动按钮进行选择，默认第一个工作表标签名称为 Sheet1。

（10）视图切换区。视图切换区位于状态栏右侧，用来切换工作簿的视图显示方式。

（11）缩放比例区。缩放比例区位于视图切换区右侧，以滑块的方式设置数据区的显示比例。

6.1.2 Excel 2016 的基本概念

（1）工作簿。工作簿是工作表的集合，一个 Excel 文件就是一个工作簿。工作簿处理和存储数据文件的默认的扩展名为 .xlsx。在 Excel 2016 中，每个工作簿默认只有 1 个工作表，用 Sheet1 来命名，可以根据需要随时插入或删除工作表，一个工作簿最多可以容纳 255 张工作表。每张工作表可以存储不同类型的数据，因此可以在一个工作簿文件中管理多种类型的数据。

（2）工作表。工作表是组成工作簿的基本单位，工作表本身是由若干行和若干列组成的。从表面看，工作表是由排列在一起的行和列的单元格组成的，列是垂直的，由字母标识；行是水平的，由数字标识。在工作表界面上分别移动水平滚动条和垂直滚动条，可以看到行的编号由上而下为 1～1048576，列的编号从左到右为 A～XFD。因此，一张工作表最多由1048576 行和 16384 列组成。在默认情况下，每张工作表都有相对应的标签 Sheet1、Sheet2、Sheet3……数字依次递增。

（3）单元格。每张工作表都是由多个长方形的存储单元格所构成的，这些长方形的存储单元格即为单元格。输入的任何数据都将保存在这些单元格中。单元格由它们所在的行的行号和所在列的列号来命名，例如单元格 C6 表示列号为 C、行号为 6 的交叉点上的单元格。若该单元格中有内容，则会显示在编辑框中。在编辑框左边的名称框中也将会显示该单元格的名称。

（4）活动单元格。用户选中的单元格、工作表或用户正在编辑的单元格、工作表，称为活动单元格和工作表。活动单元格被一个较粗的框线包围着，它的地址显示在名称框中。活动单元格的右下角有一个小黑点称为填充柄，当用户将鼠标指针指向填充柄时，鼠标指针呈＋形状，拖动填充柄就可以将内容复制到相邻单元格中，与功能键相组合会产生不同的复制内容。

6.2　Excel 2016 基本操作

6.2.1　工作簿的创建与保存

1. 工作簿的创建

启动 Excel 2016 后，单击右边模板区域中的空白工作簿选项，程序会自动创建一个空白工作簿。Excel 2016 默认情况下为每个新建的工作簿创建了 1 个工作表，其工作表标签名称为 Sheet1。再新建工作表时 Excel 将会按 Sheet2、Sheet3、Sheet4 等的默认顺序命名新工作表。除了在启动 Excel 时可新建工作簿之外，用户还可以使用以下方法来创建工作簿。

（1）执行"文件"→"新建"命令或按 Ctrl＋N 组合键，进入图 6-2 所示的"新建"界面，单击右侧模板列表中的"空白工作簿"选项，即可快速新建一个工作簿。

（2）执行"文件"→"新建"命令，进入"新建"界面，在右侧模板列表中选择与需要创建工作簿类型对应的模板，即可生成带有相关文字和格式的工作簿。使用这种方法可大大简化创建专业 Excel 工作簿的过程。

2. 打开已经存在的工作簿

使用以下三种方法均可调出"打开"对话框。

① 执行"文件"→"打开"命令。

② 单击快速访问工具栏中的"打开"按钮。

③ 按 Ctrl＋O 组合键。

在"打开"对话框中选择所需打开的工作簿，然后单击"打开"按钮即可。如果要打开最近打开过的工作簿，可以执行"文件"→"打开"→"最近"命令，在列表中选择需要打开的工作

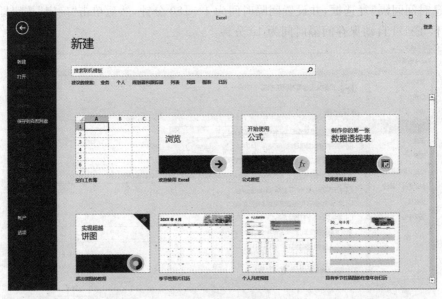

图 6-2　"新建"界面

簿,并且可以选择文件所在磁盘位置。

3. 保存工作簿

(1)手动保存工作簿。执行"文件"→"保存"命令或单击快速访问工具栏中的"保存"按钮,即可保存工作簿。如果是首次保存则会弹出"另存为"对话框,从中设置要保存的路径,然后输入要保存的工作簿的名称,单击"保存"按钮即可,如图 6-3 所示。

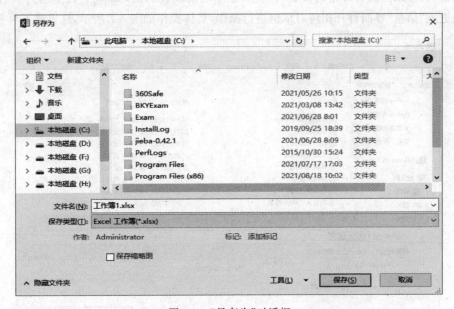

图 6-3　"另存为"对话框

(2)自动保存工作簿。执行"文件"→"选项"命令,弹出"Excel 选项"对话框,如图 6-4所示。在左侧窗格中选择"保存"选项,在右侧窗格的"保存工作簿"选项区中选中"保存自动恢复信息时间间隔"复选框,并设置间隔时间为1~120分钟,然后单击"确定"按钮即可。默认情况下,Excel自动保存间隔时间为10分钟。

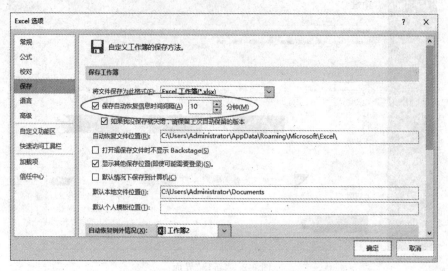

图6-4　"Excel选项"对话框

(3) 带密码保存工作簿。如果不想让其他人打开工作簿,可为工作簿加密。按照前面的方法打开"另存为"对话框,从中找到合适的存储路径,然后单击"工具"下拉按钮,在弹出的下拉列表中选择"常规选项"选项,如图6-5所示。接着在弹出的"常规选项"对话框中设置"打开权限密码"和"修改权限密码",设置完成后单击"确定"按钮即可,如图6-6所示。若要取消密码,可以再次打开密码设置对话框,删除之前设置的密码即可。还有另外一种方法,那就是进入"信息"界面打开相应对话框进行操作,具体操作如图6-7所示,这里就不再赘述。

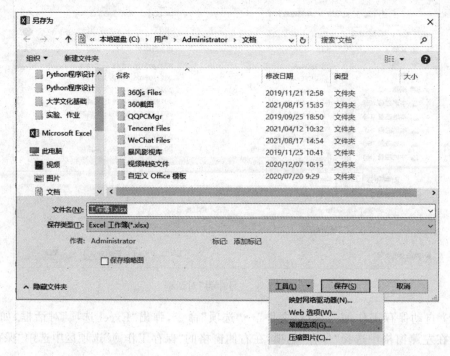

图6-5　选择"常规选项"

图 6-6　"常规选项"对话框

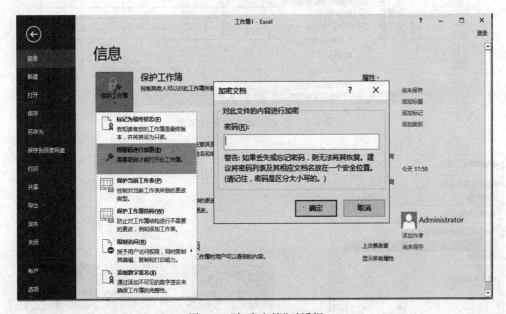

图 6-7　"加密文档"对话框

6.2.2　工作表的基本操作方法

1. 工作表的选择方法

每个工作簿都由若干个工作表组成。单击工作表标签就可以选中该工作表,按住 Shift 键不放单击工作表标签可以选定连续的多个工作表,按住 Ctrl 键不放单击多个间隔的工作表标签可以选定不连续的多个工作表。

2. 工作表的复制、移动、插入、删除、隐藏、重命名

(1) 复制、移动工作表。右击要复制的工作表标签,在弹出的菜单中选择"移动或复制"命令,弹出"移动或复制工作表"对话框,如图 6-8 所示。在"移动或复制工作表"对话框中选择目标工作簿和位置,如需复制工作表需要选中"建立副本"复选框,如图 6-9 所示。

另外,可以利用拖动的方式移动和复制工作表。拖动工作表标签到目标位置并松开鼠标,可以快速移动工作表;按住 Ctrl 键拖动工作表标签到目标位置,可以快速复制工作表。

（2）插入、删除工作表。右击目标工作表标签,在弹出的快捷菜单中单击"插入"或"删除"选项;或者选定工作表后切换到"开始"选项卡,在"单元格"组中单击"插入"或"删除"下拉按钮,在弹出的下拉列表中选择相应选项,如图 6-10 和图 6-11 所示,即可在当前工作表之前插入或删除工作表,新工作表的名字以 Sheet 开头。

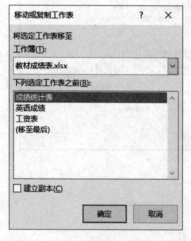

图 6-8　移动与复制的快捷菜单

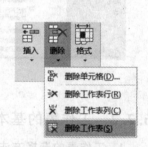

图 6-9　"移动或复制工作表"对话框　　图 6-10　"插入工作表"选项　　图 6-11　"删除工作表"选项

（3）隐藏工作表。右击目标工作表标签,在弹出的快捷菜单中选择"隐藏"选项,可以将当前工作表隐藏。相反,右击任意一个工作表标签,在弹出的快捷菜单中选择"取消隐藏"选项,弹出"取消隐藏"对话框,选中需要取消隐藏的工作表,可以取消隐藏全部或部分工作表。

（4）重命名工作表。右击目标工作表标签,在弹出的快捷菜单中选择"重命名"选项或者双击工作表标签,都可以重命名工作表。

6.2.3　单元格的操作方法

1. 单元格的选择

在对单元格进行编辑前,必须首先选择单元格。选择单元格包括选择一个单元格、选择多个单元格、选择表格。

（1）选择一个单元格有以下几种方法。

① 单击工作表中任意一个单元格，即可将其选中。

② 在名称框中输入单元格名称，如输入 B18，按 Enter 键，即可将 B18 单元格选中。

③ 切换到"开始"选项卡，在"编辑"组中单击"查找和选择"下拉按钮，在弹出的下拉列表中选择"转到"选项，如图 6-12 所示。弹出"定位"对话框，在"引用位置"文本框中输入单元格名称后，再单击"确定"按钮，如图 6-13 所示。

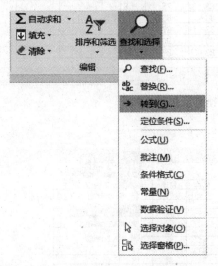

图 6-12　选择"转到"选项　　　　　图 6-13　"定位"对话框

（2）选择多个单元格。选择多个单元格也称为选择单元格区域，选择多个单元格又可分为选择连续多个单元格、选择不连续多个单元格和选择全部单元格。具体操作方法如下。

① 选择连续的多个单元格。单击要选择单元格区域左上角的单元格，按住鼠标左键不放并拖动至单元格区域右下角的单元格，释放鼠标即可。

② 选择不连续的多个单元格。先单击第一个要选择的单元格，再按住 Ctrl 键，依次单击其他要选择的单元格，完成后松开 Ctrl 键即可，如图 6-14 所示。

③ 选择全部单元格。选择工作表中的全部单元格，可以单击工作表左上角行号和列标交叉处的"全选"按钮；也可单击编辑区域中的任意非数据区的一个空白单元格，然后按 Ctrl＋A 组合键来完成选择。

2. 行、列、单元格的插入

（1）插入行的操作。要在工作表的某单元格上方插入一行，可选中该单元格，切换到"开始"选项卡，在"单元格"组中单击"插入"下拉按钮，在弹出的下拉列表中选择"插入工作表行"选项，即可在当前位置上方插入一个空行，原有的行自动下移，如图 6-15（a）所示。也可以右击单元格，在弹出的快捷菜单中选择插入项，弹出"插入"对话框，完成插入操作，如图 6-15（b）所示。

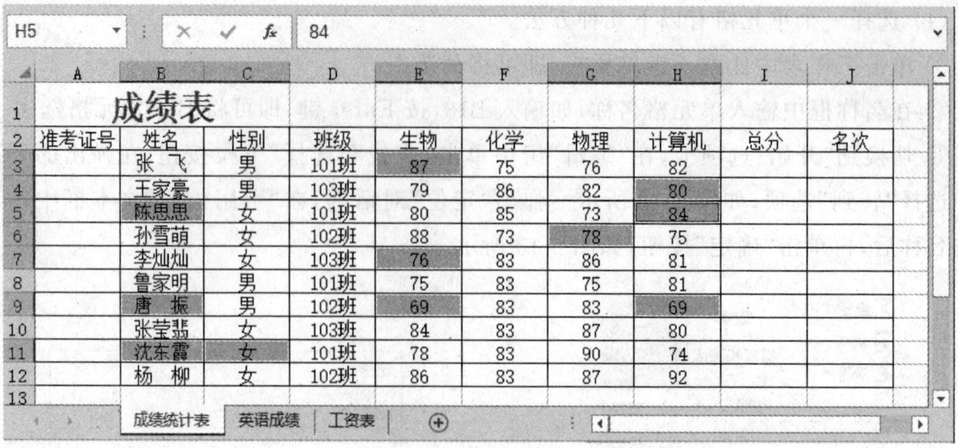

图 6-14　选择不连续的多个单元格

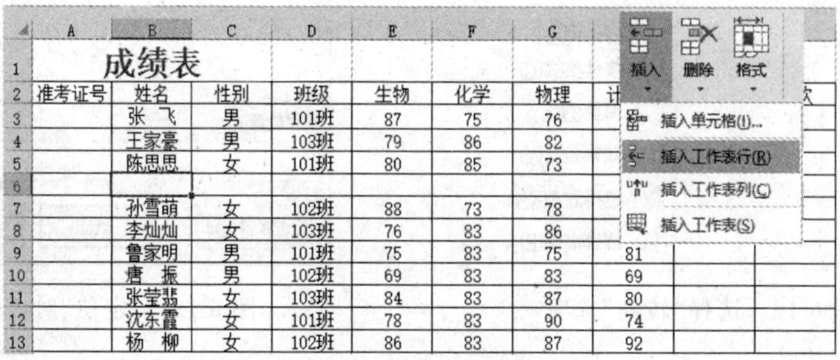

(a) 插入行操作

(b) 插入行操作

图 6-15　插入行操作

（2）插入列的操作。同样，要在工作表的某个单元格左侧插入一列，只需选中该单元格，切换到"开始"选项卡，在"单元格"组中单击"插入"下拉按钮，在弹出的下拉列表中选择"插入工作表列"选项，此时原有的列自动右移。也可以右击单元格，在弹出的快捷菜单中选择插入项，弹出"插入"对话框，完成插入操作。

3. 单元格、行、列的删除

（1）选中要删除的单元格或单元格区域，然后切换到"开始"选项卡，在"单元格"组中单击"删除"下拉按钮，在弹出的下拉列表中选择"删除单元格"选项，如图 6-16 所示。在打开的"删除"对话框中可选择由哪个方向的单元格补充空出来的位置，单击"确定"按钮，如图 6-17 所示。

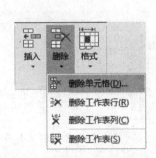

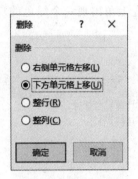

图 6-16　选择"删除单元格"选项　　　　图 6-17　删除单元格

（2）删除整行或整列，只需选中要删除的行或列所包含的任意单元格，然后在"开始"选项卡"单元格"组中单击"删除"下拉按钮，在弹出的下拉列表中选择"删除工作表行"或"删除工作表列"选项即可。操作与删除单元格操作类似，这里不再赘述。如果同时选中多个单元格，则可同时删除多行或多列。

6.3　Excel 2016 工作表数据的编辑

Excel 2016 处理数据的第一步，就是将原始数据输入工作簿的工作表中，也称为对工作表数据的编辑。

6.3.1　数据的输入

在 Excel 2016 中可以输入多种类型的数据，包括数字、文本、公式、函数、日期与时间等。向单元格中输入数据可以通过以下三种方法。

（1）单击要输入数据的单元格，然后直接输入数据。

（2）双击单元格，当单元格内出现光标闪烁时，可以输入或修改数据。

（3）单击单元格，在编辑框中输入或修改数据。

1. 数字的输入

如果输入的数字整数部分长度超过 11 位，将自动转换成科学计数法表示，如 1234567891011112，在单元格中显示 1.23457E+14。当单元格宽度不足以显示所有数值时，系统自动将数值转换为科学计数法表示。如果单元格宽度仍然不足,系统会将单元格区域填满"♯",此时需改变单元格的数字格式或列宽来显示完整数值数据。

单元格的数字格式类型有数值、货币、会计专用、分数等。所有数值都自动右对齐。

2. 文本输入

单元格中的文本可以由数字、字母、汉字及其他特殊符号组成。当输入的字符串长度超过单元格的列宽时,如果右侧单元格的内容为空,则字符串超宽的部分将覆盖右侧单元格,成为宽单元格。如果右侧单元中有内容,则字符串超宽部分将自动隐藏,如图 6-18 所示。有些数字是无须计算的,如电话号码、邮政编码、学号等,系统往往把它们处理为由数字组成的字符文本。为了和数值区别,在这些数字之前加上半角的单引号,则系统会自动在数字所在单元格的左上角出现一个绿色的三角标识,如图 6-19 所示。

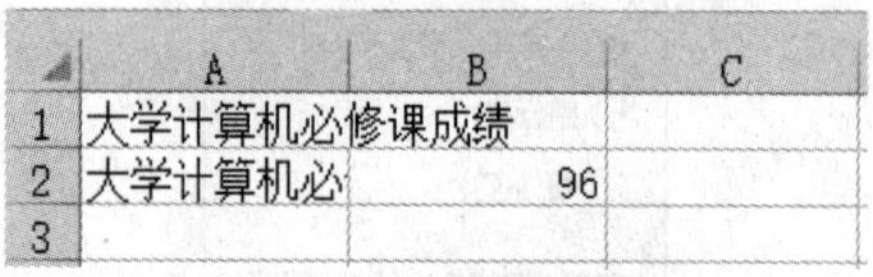

图 6-18　长文本显示

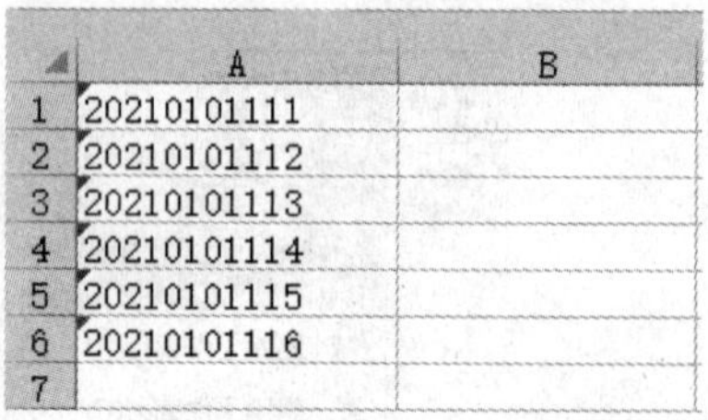

图 6-19　数字的文本显示

3. 日期与时间的输入

日期的格式是以斜线/或-来分隔年、月、日的,如 2021-8-19 或者 2021/8/19。输入时间后,可在单位的后面加上 am 或 pm 表示 12 小时制时间,如 8:00am,否则时间将以 24 小时制显示。另外,还可以通过组合键来输入日期和时间。例如,按 Ctrl＋;组合键输入当前日期;按 Ctrl＋Shift＋;组合键输入当前时间;按 Ctrl＋♯组合键可以使用默认的日期格式格式化单元格;按 Ctrl＋@组合键可使用默认的时间格式格式化单元格。

4. 其他数据输入技巧

(1) 在选中区域的每个单元格中输入相同的数据。选中需要输入相同数据的若干连续或不连续单元格区域,在选中状态下输入一个数据,然后按 Ctrl＋Enter 组合键。

(2) 在多张工作表中的同一位置输入相同内容。按住 Ctrl 键,选中多张工作表,在任意单元格中输入数据,这样数据会自动填写到选中的各个工作表中。

(3) 输入分数。要输入五分之三,如果直接输入 3/5,系统会将其变为"3 月 5 日"。解决办法是先输入 0,然后输入空格,最后输入 3/5 即可。

6.3.2　数据的填充

在表格中经常会出现一组重复的数字、文本或者规律的序列,逐个输入非常烦琐。此时可以发挥 Excel 的优势,使用数据的填充功能提高数据输入的效率。

1. 填充相同的一组数据

在需要填充一组重复的数字或文本时,首先选中被复制的单元格,将鼠标指针指在该单元外框的右下角处,当鼠标指针变成黑色十字形(称为填充柄)时,拖动鼠标指针滑过要填充的区域,则该区域的单元格与被复制的单元格内容相同,如图 6-20 中所示的"班级"列。

	A	B	C	D	E	F	G
1		成绩表					
2	准考证号	姓名	性别	班级	生物	化学	物理
3		张 飞	男	101	87	75	76
4		王家豪	男	101	79	86	82
5		陈思思	女	101	80	85	73
6		孙雪萌	女	101	88	73	78
7		李灿灿	女	101	76	83	86
8		鲁家明	男	101	75	83	75
9		唐 振	男	101	69	83	83
10		张莹翡	女	101	84	83	87
11		沈东霞	女	101	78	83	90
12		杨 柳	女	101	86	83	87
13							

图 6-20　相同数据填充

2. 填充一个序列

对于数字序列,先选中起始数字所在的单元格,按住 Ctrl 键不放,此时拖动填充柄滑过要填充的区域,则该区域的单元格形成一个步长值为 1 的等差数列,如图 6-21 中的 A 列所示。也可以先输入数字序列中的两个数字,选中这两个数字所在的单元格后拖动填充柄即可,如图 6-21 中的 B 列所示。

对于系统中已经定义好的其他序列,只要在第一个单元格中输入该序列中的任意一个元素,拖动该单元格右下角的填充柄,向任意方向拖动鼠标即可循环填充序列,如图 6-22 中的 A、B 列所示。

	A	B
1	1	1
2	2	3
3	3	5
4	4	7
5	5	9
6	6	11
7	7	13
8	8	15

图 6-21　等差数列填充

	A	B
1	甲	星期一
2	乙	星期二
3	丙	星期三
4	丁	星期四
5	戊	星期五
6	己	星期六
7	庚	星期日
8	辛	星期一

图 6-22　系统定义序列填充

3. 自动产生一个序列

使用自动填充功能可以在一个单元格区域内自动产生一个数字或日期序列。操作步骤如下。

(1) 在 A1 单元格中输入序列的第一个数字,然后选定连续单元格区域 A1:A10。

(2) 切换到"开始"选项卡,在"编辑"组中单击"填充"下拉按钮,在弹出的下拉列表中选择"序列"选项,弹出"序列"对话框,在"序列"对话框中设置填充类型为"等比数列",步长值为 3,如图 6-23 所示。

(3) 单击"确定"按钮,系统将产生图 6-24 所示的等比数列。

4. 自定义系统序列

Excel 系统内部已经定义过一些基本的常用序列,用户也可添加新的序列。可按如下方法操作：执行"文件"→"选项"命令，弹出" Excel 选项"对话框，在左侧窗格中选择"高级"选项，然后在右侧窗格中向下拖动滚动条，找到"编辑自定义列表"按钮，弹出"自定义序列"对话框，在"输入序列"文本框中输入自定义的序列，如图 6-25 所示，单击"添加"按钮，新序列即可自动添加到 Excel 的自定义序列中。然后便可以用上面讲到的方法使用系统定义的序列。

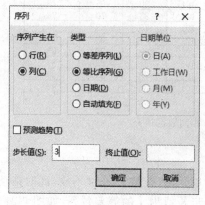

图 6-23　"序列"对话框

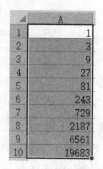

图 6-24　等比数列

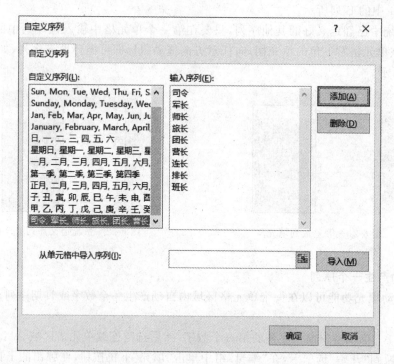

图 6-25　自定义序列

6.3.3　数据的修改

在对当前单元格中的数据进行修改时，如果遇到原数据与新数据完全不同的情况，则可以重新输入数据；当原数据中只有个别数据与新数据不同时，则可以使用以下两种方法来修改单元格中的数据。

方法 1：在单元格中修改。双击要修改数据的单元格,或者选择单元格后,按 F2 键将光标定位到该单元格中,再按 Backspace 键或 Delete 键将字符删除,然后输入新数据,按 Enter 键确认。

方法 2：在编辑框中修改。单击要修改数据的单元格,然后单击编辑框,并对其中的内容进行修改即可。当单元格中的数据较多时,利用编辑框来修改数据更方便。

6.3.4 数据的清除与删除

对于一个单元格或者一个单元格区域,删除与清除操作的结果是不完全一致的。清除可以只清除单元格的格式、内容、批注等中的一项,而删除则将单元格或单元格区域中的所有内容和格式全部清除。

选定单元格或单元格区域后,使用右键快捷菜单中的"删除"命令可以顺利地完成单元格的删除操作。"清除"功能在"开始"选项卡"编辑"组中。选中要清除数据的单元格,按 Delete 键完成对单元格内容的删除,此时出现一个空白的单元格。此外,还可以对单元格进行如下清除操作。

(1) 全部清除：清除选定单元格中的所有内容和格式。

(2) 清除格式：只清除选定单元格格式设置,如字体、颜色、边框、底纹等,不清除内容批注。

(3) 清除批注：只清除选定单元格的批注。

(4) 清除超链接：只清除选定单元格的超链接。

6.3.5 数据的查找与替换

创建完表格后,如果发现有些单元格的格式有误,可以通过查找和替换数据方式来对其进行修改,具体操作步骤如下。

(1) 切换到"开始"选项卡,在"编辑"组中单击"查找和选择"下拉按钮,在弹出的下拉列表中选择"替换"选项,如图 6-26 所示。

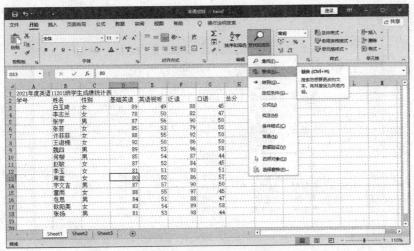

图 6-26 选择"替换"选项

(2) 弹出"查找和替换"对话框,如图 6-27 所示。单击"选项"按钮,以显示更多的参数项。

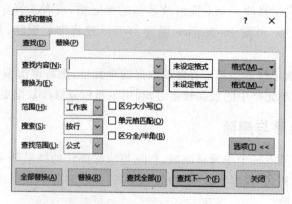

图 6-27 "查找和替换"对话框

(3) 单击"格式"下拉按钮,在弹出的下拉列表中选择"从单元格选择格式"选项,如图 6-28 所示。

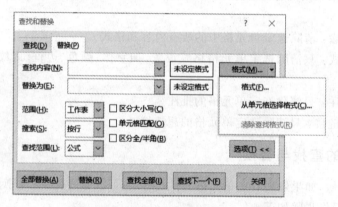

图 6-28 选择"从单元格选择格式"选项

(4) 此时光标变成 ✛✒ 形状,如图 6-29 所示,然后单击一个数据格式有误的单元格。

	A	B	C	D	E	F	G	H
1	工资表				✛✒			
2	工号	姓名	职位	基本工资	扣除金额	提成现金	实发工资	排名
3	100	张丽丽	业务员	1200	10	0		
4	101	李 炜	业务员	1200	5	8		
5	102	王 安	会计	1100	0	10		
6	103	赵薇薇	业务员	1200	25	18		
7	104	周 桑	业务员	1200	0	5		
8	105	史 金	技术员	1300	15	4		
9	106	胡 磊	技术员	1300	5	12		
10	107	李 月	会计	1200	0	20		
11	108	唐慧慧	技术员	1100	5	12		
12	109	曹 磊	会计	1200	10	10		
13	110	王东东	技术员	1200	0	15		
14								
15								

图 6-29 单击格式有误的单元格

（5）单击完毕后，将自动弹出"查找和替换"对话框，单击"格式"下拉按钮，在弹出的下拉列表中选择第二个"格式"选项。随即弹出"替换格式"对话框，然后选择一种正确的格式，这里选择货币，如图 6-30 所示。

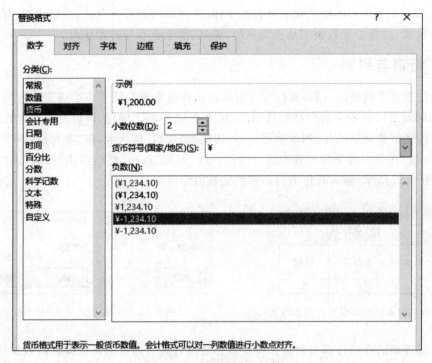

图 6-30　"替换格式"对话框

（6）单击"确定"按钮，返回"查找和替换"对话框，再单击"全部替换"按钮，即可完成替换单元格中数据格式的操作，如图 6-31 所示。

	A	B	C	D	E	F	G	H
1	工资表							
2	工号	姓名	职位	基本工资	扣除金额	提成现金	实发工资	排名
3	100	张丽丽	业务员	¥1,200.00	¥10.00	¥0.00		
4	101	李炜	业务员	¥1,200.00	¥5.00	¥8.00		
5	102	王安	会计	¥1,100.00	¥0.00	¥10.00		
6	103	赵薇薇	业务员	¥1,200.00	¥25.00	¥18.00		
7	104	周桑	业务员	¥1,200.00	¥0.00	¥5.00		
8	105	史金	技术员	¥1,300.00	¥15.00	¥4.00		
9	106	胡磊	技术员	¥1,300.00	¥5.00	¥12.00		
10	107	李月	会计	¥1,200.00	¥0.00	¥20.00		
11	108	唐慧慧	技术员	¥1,100.00	¥5.00	¥12.00		
12	109	曹磊	会计	¥1,200.00	¥10.00	¥10.00		
13	110	王东东	技术员	¥1,200.00	¥0.00	¥15.00		
14								
15								

图 6-31　替换后的格式效果

6.4　Excel 2016 工作表的格式化

Excel 2016 工作表的格式化主要包括字体、单元格内容对齐方式、表格边框、背景、行高和列宽等设置,这将会使数据表达更加清晰、美观,便于查看与打印输出。

6.4.1　行高与列宽

(1) 在选定要调整的行后,在行号位置处用鼠标拖动调整任意一个选定的行的高度,拖动鼠标的同时可以显示当前行高的具体值,如图 6-32 所示。同理,可以完成列宽的调整。

(2) 在选定要调整的行、列或单元格后,切换到"开始"选项卡,在"单元格"组中单击"格式"下拉按钮,在弹出的下拉列表中选择"行高"或"列宽"选项,然后弹出"行高"或"列宽"对话框,如图 6-33 所示,输入具体的行高和列宽数值即可。

图 6-32　用鼠标拖动设置行高和列宽　　　　图 6-33　"行高"和"列宽"对话框

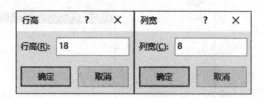

(3) 设置最适合的行高与列宽。设置最合适的行高与列宽是指根据行内数据的宽度或高度自动调整行的高度或列的宽度。选中要调整的行或列后,切换到"开始"选项卡,在"单元格"组中单击"格式"下拉按钮,在弹出的下拉列表中选择"自动调整行高"或"自动调整列宽"选项。另外,也可以将鼠标指针停放在行号或列标中两行或两列的边界处,当鼠标指针变成上下方向或左右的黑箭头时双击,即可将行高或列宽设置为最适合的。

6.4.2　数字格式的单元格设置

由于数据的用途不同,对于单元格内数字的类型与显示格式的要求也不同。Excel 中的数字类型有常规、数值、货币、会计专用、日期、时间、百分比、分数、科学记数、文本、自定义等。单元格默认的数字格式为"常规"格式,系统根据输入数据的具体特点自动设置为适当的格式。选定单元格或单元格区域后,右击该单元格或单元格区域,在弹出的快捷菜单中选择"设置单元格格式"命令,也可以用"开始"选项卡"单元格"组中的"格式"选项打开,弹出如图 6-34 所示的对话框。在"数字"选项卡中设置数字类型为"数值",便可以设置小数位数以及相应的显示方式了。

6.4.3　单元格内容的对齐方式设置

选定单元格或单元格区域后,切换到"开始"选项卡,在"单元格"组中单击"格式"下拉按钮,在弹出的下拉列表中选择"设置单元格格式"选项,弹出"设置单元格格式"对话框,切换到"对齐"选项卡,从中对单元格的对齐方式进行设置,如图 6-35 所示。其中常用的设置有以下几种。

图 6-34　"设置单元格格式"对话框

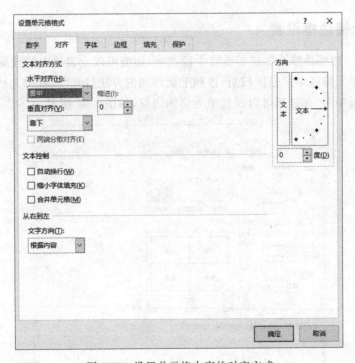

图 6-35　设置单元格内容的对齐方式

(1)"水平对齐"下拉列表框:从中可以选择"常规""靠左""靠右""填充""两端对齐"
"跨列居中"等。其中"填充"的对齐方式是指单元格内容不足以填满单元格宽度时,将其中
的内容循环显示直到填满为止。

（2）"垂直对齐"下拉列表框：从中可以选择"靠上""居中""靠下""两端对齐""分散对齐"等。

（3）"方向"选项区：从中可以设置文字在单元格中的倾斜方向与角度。

（4）"文本控制"选项区：当单元格内文字长度超过单元格宽度时，系统默认的显示方式是浮动于右侧单元格上方或将超长部分隐藏。如果设置为"自动换行"，文本将多行正常显示；"合并单元格"复选框的功能是将选定的单元格合并并居中，常用于表头设置，如果撤销选中"合并单元格"复选框，则已合并的单元格将被自动拆分。

此外，通过"开始"选项卡"对齐方式"组中的"左对齐"按钮、"右对齐"按钮和"居中"按钮，也可以快速设置水平对齐方式。在"对齐方式"组中单击"合并并居中"按钮和"自动换行"按钮可以快速完成单元格的合并与拆分和自动换行操作。

6.4.4　单元格内字体设置

Excel 电子表格中也可设置字体、字形、字号颜色、线条等，可以通过"开始"选项卡"字体"组中的相关按钮和"设置单元格格式"对话框中的"字体"选项卡设置字体格式。基本设置方法与 Word 字体设置类似，这里不再赘述。

此外，右击某一单元格或单元格区域时，会弹出"字体"组相关的快捷按钮，通过快捷按钮可以方便地设置字体的格式，如图 6-36 所示。

图 6-36　"字体"快捷按钮

6.4.5　单元格边框设置

在 Excel 中，边框是修饰数据的重要手段之一，边框可以令表格中的数据呈现得更加清晰醒目。选中单元格或单元格区域后，按照上面讲到的方法打开"设置单元格格式"对话框，切换到"边框"选项卡，在这里可以设置单元格的边框，如图 6-37 所示。

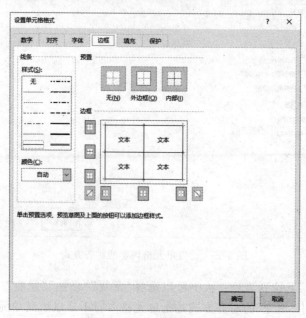

图 6-37　设置单元格的边框

使用"边框"选项卡设置表格边框,可以非常灵活地设置有特色的表格边框。操作时要遵循的原则是:先在"线条"选项区中选择线条类型或颜色,再在"预置"选项区或"边框"选项区中选择要显示的边框,在"边框"选项区中可以随时预览边框效果。如果需要设置某种特殊的边框显示方式,可在"边框"选项区中利用鼠标单击相应的边,这样就可以自由地取舍,形成不同的边框显示样式,使边框设置更加丰富。

6.4.6　单元格底纹设置

选中格式化后的单元格或单元格区域后,打开"设置单元格格式"对话框,切换到"填充"选项卡,便可以轻松设置背景了。填充颜色可以为单元格填充纯色或渐变色,而填充图案可以为单元格填充一些条纹样式图案,并设置图案线条的颜色,如图 6-38 所示。

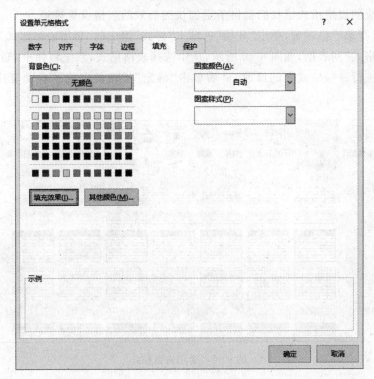

图 6-38　"填充"选项卡

6.4.7　单元格的批注

在 Excel 中给单元格添加批注,其目的是让使用者能够更好地了解单元格的数据缘由、特征和表示等信息。也可以随时查看和打印批注,当鼠标移动到添加批注的单元格时,系统便会弹出单元格的批注信息,如图 6-39 所示。

添加批注的方法很简单,只需右击要添加批注的单元格,在弹出的快捷菜单中选择"插入批注"命令,系统就会弹出批注的编辑框,删除系统的默认信息就可以输入批注内容了。另外,对于有批注信息的单元格,可以随时用鼠标的右键快捷菜单对批注进行编辑、删除和显示/隐藏操作,并且在编辑状态下可以对批注信息进行文字格式设置。

▲	A	B	C	D	E	F
1	成绩表			这是2101班的同学期末成绩。		
2	准考证号	姓名	性别			化学
3		张 飞	男	101班	87	75
4		王家豪	男	103班	79	86
5		陈思思	女	101班	80	85

图 6-39　批注信息

6.4.8　自动套用格式

Excel 2016 内置了多种表格的格式,不用去设置和调整,直接单击就能应用在当前的表格上,这些现成的表格格式给我们提供了更加快捷高效的表格设置途径。

可以先选择单元格区域,单击"开始"选项卡"样式"组中的"套用表格格式"下拉按钮,弹出"套用表格格式"列表框,如图 6-40 所示,从中选择表格格式,系统将弹出"套用表格"对话框,允许用户进行一些格式上的修改,最后单击"确定"按钮就完成了自动套用表格格式的操作。

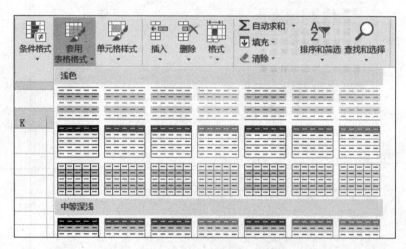

图 6-40　套用表格格式

6.5　Excel 2016 公式与函数

公式与函数是 Excel 数据管理的两大重要功能,提供了灵活方便、功能强大的计算能力。在 Excel 中,可利用公式与函数对工作表中的数据进行各种计算与分析。公式是函数的基础,与直接使用公式相比,使用函数计算的速度更快,同时减少了错误的发生。

6.5.1　公式的应用

1. 单元格的地址引用

单元格的地址有相对引用地址、绝对引用地址和混合引用地址三种。

(1) 相对引用地址。直接用单元格名或区域名的引用,这种地址引用方式会因为公式所在位置的变化而发生对应的变化。例如 E6 中的公式：＝B4＋D5，即相对引用了 B4 和 D5。若将此公式复制到 F6 单元格中，则公式变为：＝C4＋E5。也就是说，将该公式复制到其他单元格时，该公式的相对地址也会随之发生变化。

（2）绝对引用地址。在行号或列标前加上标记 ＄ 的地址引用，这种地址引用方式，地址不会因为公式所在位置的变化而发生变化，当将该公式复制到其他单元格时，该公式的地址不会发生变化。例如，某公式中绝对引用了 B3 单元格，公式中引用的地址应该写成 ＄B＄3。

（3）混合引用地址。如果需要固定某列而变化某行，或是固定某行而变化某列的引用时，可以采用混合引用地址，其表达方式为 ＄A3 或 A＄3。

2. 运算符

（1）运算符的类型。Excel 中运算符包括算术运算符、比较运算符、文本运算符和引用运算符四种，如表 6-1 所示。

表 6-1　运算符

算术运算符		比较运算符		文本运算符		引用运算符	
＋	加	＞	大于	＆	文本连接	:	区域
－	减	＜	小于			,	联合
*	乘	＞＝	大于或等于			空格	交叉
/	除	＜＝	小于或等于				
％	百分号	＝	等于				
^	乘方	＜＞	不等于				

① 算术运算符可以完成基本的算术运算，如加、减、乘、除等，用于连接数字并产生数字结果。例如，公式＝1＋3＊3^2＝28。

② 比较运算符用于比较两个数值或数值表达式的大小，并返回逻辑值 TRUE 或 FALSE。例如，2＋4＜8 的运算结果是 TRUE。

③ 文本运算符可以将一个或多个文本连接为一个组合文本。例如，"佳木斯大学"＆"信息电子技术学院"＝"佳木斯大学信息电子技术学院"。

④ 引用运算符可以将单元格区域合并计算。引用运算符包括冒号(:)、逗号(,)和空格。

- 冒号(:)：区域运算符，对两个引用在内的所有单元格进行引用。例如 A2:A7，引用了 A2 到 A7 的所有单元格。
- 逗号(,)：联合运算符，将多个引用合并为一个引用。例如 SUM(A2:C5,D3:G3)，表示对单元格区域 A2:C5 和 D3:G3 中的所有数值统一求和。
- 空格：交叉运算符，将两个单元格区域共同引用，与集合运算中的"交运算"相似。例如 A1＝1，B1＝2，C1＝3，D1＝4，计算 SUM(A1:C1 B1:D1) 的值应该是 2 和 3 的和，即 5。因为 A1:C1 和 B1:D1 这两个区域的交集是 B1 和 C1，即 2 和 3。

（2）运算符的优先级顺序。由于公式中使用的运算符不同，公式运算结果的类型也不同。Excel 运算符也有优先级，其优先级由高到低为冒号(:)＞逗号(,)＞空格＞负号(－)＞百分号(％)＞乘方(^)＞乘(＊)和除(/)＞加(＋)和减(－)＞文本连接符(＆)＞比较运算符(＝、＜、＞、＞＝、＜＝、＜＞)。使用括号可以强制改变运算符的优先顺序,因为表达式中括号的优先级最高。如果公式中包含多个优先级相同的运算符,则 Excel 将从左向右计算。

3. 公式的使用

(1) 公式输入。在 Excel 中,如果在某个单元格中输入公式,那么必须在编辑框中输入,公式必须以等号(＝)开始,此时在单元格中输入便是公式了。公式书写完毕后按 Enter 键或者单击编辑框前面的"输入"按钮 ✓ 表示确认。如果不保存对公式的书写或者修改,则单击编辑框前面的"取消"按钮 ✕ 即可。

公式可以包含常量、变量、数值、运算符和单元格地址等。在单元格中输入公式后,单元格中显示的是公式计算的结果,而在编辑框中显示的是输入的公式。如果在一个单元格中输入的是 5 * 3,那么就表示该单元格中的数据的类型是文本,该单元格显示 5 * 3 三个符号;如果在一个单元格中输入＝5 * 3,则表示该单元格中的内容是一个数值公式,该公式的运算结果为 15,所以该单元格显示 15。

(2) 显示公式。切换到"公式"选项卡,在"公式审核"组中单击"显示公式"按钮,就可以在单元格中显示输入的公式。

(3) 复制和移动公式。在 Excel 中可以复制和移动公式。移动公式时,公式内的单元格引用不会更改;复制公式时,单元格引用将根据引用类型而变化。复制公式是将计算出结果的单元格选中,拖动此单元格右下角的填充柄可将公式复制到其他单元格区域中,可以看到这些相邻的单元格中将会显示相应的值,也可以用"复制"和"粘贴"的方法复制到其他不相邻的单元格中。

6.5.2 函数的应用

1. 函数的输入方法

(1) 直接在单元格中输入。对于一些常用的比较熟悉的简单函数,在表达式不是很复杂的情况下可以在单元格中直接输入,如求和、平均值、计数函数等。例如 SUM()函数,可以在编辑框中直接输入:＝SUM(A1:E1),表示对 A1 到 E1 区域的数值求和计算。

(2) 使用"插入函数"对话框输入公式。选中单元格后,切换到"公式"选项卡,在"函数库"组中单击"插入函数"按钮,弹出"插入函数"对话框。另外,也可以利用编辑框左侧的"插入函数"按钮 *fx* 打开对话框,如图 6-41 所示。

在"插入函数"对话框中选取需要的函数类别和函数名称后,单击"确定"按钮,弹出"函数参数"对话框,如图 6-42 所示,在"函数参数"对话框相应的输入框中输入单元格名称或单元格区域,也可以单击输入框右侧的按钮,折叠对话框后用鼠标拖动来选择单元格区域,完成参数的输入。

2. Excel 2016 中的常用函数

Excel 为用户提供了大量的函数,其中包括财务函数、日期与时间函数、数学与三角函数、统计函数、查找与引用函数、数据库函数和逻辑函数等。下面仅介绍一些常用函数。

(1) SUM 函数

函数格式:SUM(参数 1,参数 2…)。

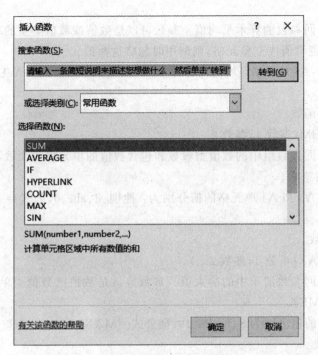

图 6-41　"插入函数"对话框

图 6-42　输入插入函数

函数功能：返回参数列表中所有参数的和。参数可以是数值或数值类型的单元格的引用。

例如，单元格 A1、A2 的值分别为 6 和 2，公式＝SUM(A1,A2)的返回值为 8。

（2）AVERAGE 函数

函数格式：AVERAGE(参数 1,参数 2…)

函数功能：返回参数的算术平均值。参数可以是数值或数值类型的单元格的引用。如果参数包含文字、逻辑值或空单元格，则调用时忽略这些值。

例如，如果 A1：A6 单元格区域的内容为 12、3、1、6、0、8，则公式＝AVERAGE(A1：A6)的返回值为 5。

（3）COUNT 函数

函数格式：SUM(参数 1，参数 2…)。

函数功能：返回参数组中的数值型参数和包含数值的单元格的个数，参数的类型不限，非数值型参数将被忽略。

例如，AI、A2、A3 和 A4 单元格的值分别为：性别、8、abc、0，公式＝COUNT(A1：A4)的返回值为 2。

（4）MAX 函数

函数格式：MAX(参数 1，参数 2…)。

函数功能：返回参数清单中的最大值。参数应该是数值或数值类单元格的引用，否则返回错误值♯NAME?。

例如，A1：A4 的值分别为 8、17、28、19，则公式＝MAX(A1：A4)＝28。

（5）MIN 函数

此函数与 MAX 函数类似，求的是参数范围内的最小值，这里不再赘述。

（6）ROUND 函数

函数格式：ROUND(参数 1，参数 2)。

函数功能：按照参数 2 指定的位数将参数 1 按四舍五入的原则进行取舍。参数 2 为负数时，对参数 1 的整数部分进行四舍五入。

例如，公式＝ROUND(2.7182818,2)的返回值为 2.72，ROUND(123.14159,－1)的返回值为 120。

（7）AND 函数

函数格式：AND(logicall,logical2…)。

函数功能：所有条件参数 logical1,logical2…(最多为 30 个)的逻辑值均为真时返回TRUE，否则只要一个参数的逻辑值为假时就返回 FALSE。该操作称为逻辑"与"操作。其中参数必须为逻辑值，或者包含逻辑值的引用。

例如，公式＝AND(4＞6,9＞1,5＝4＋1)，其值为 FALSE，因为 4＞6 的值为假。

（8）OR 函数

此函数要求与格式与 AND 函数相同，参数中只要有一个逻辑值为真，函数结果为真，此函数也称逻辑"或"操作。

（9）COUNTIF 函数

函数格式：COUNTIF(参数 1，参数 2)。

函数功能：统计给定区域内满足特定条件的单元格的数目。参数 1 为需要统计的单元格区域，参数 2 为条件，可以是数字、表达式或文本。例如，参数 2 可以表示为 100、"＞100""计算机"。

例如，公式＝COUNTIF(D3：D13,"＞＝1200")，其功能是统计工作表中 D3：D13 单元格区域中值大于或等于 1200 的个数。

（10）IF 函数

函数格式：IF(logical_test，value if true，value if false)。

函数功能：根据条件 logical_test 的真假值返回不同的结果。若 logical_ test 的值为真，则返回 value if true；否则返回 value if false。

例如，公式＝IF(8＞9,8,9)的返回值为9。

（11）RANK 函数

函数格式：RANK(number，ref，[order])。

函数功能：返回一列数字的数字排位。数字的排位是相对于列表中其他值的大小。number 为需要求排名的那个数值或者单元格名称；ref 为排名的参照数值区域；order 的值为 0 和 1，默认不用输入，得到的就是从大到小的排名，若是想求倒数第几，order 的值为 1。

例如，如图 6-43 所示。单元格 J3 是成绩表中的总分排名，操作方法是：首先选择 J3，插入公式 RANK，number 参数输入 I3，ref 参数输入 ＄I＄3：＄I＄12 的绝对地址区域，order 省略，完成函数输入。这时 J3 就是此行的排位，然后用自动填充功能便可以完成整个表的名次输入了。

J3		× ✓ fx		=RANK(I3,$I$3:$I$12)						
	A	B	C	D	E	F	G	H	I	J
1				**成绩表**						
2	准考证号	姓名	性别	班级	生物	化学	物理	计算机	总分	名次
3		张 飞	男	101班	87	75	76	82	320	7
4		王家豪	男	103班	79	86	82	80	327	3
5		陈思思	女	101班	80	85	73	84	322	6
6		孙雪萌	女	102班	88	73	78	75	314	8
7		李灿灿	女	103班	76	83	86	81	326	4
8		鲁家明	男	101班	75	83	75	81	314	8
9		唐 振	男	102班	69	83	83	69	304	10
10		张莹翡	女	103班	84	83	87	80	334	2
11		沈东霞	女	101班	78	83	90	74	325	5
12		杨 柳	女	102班	86	83	87	92	348	1

图 6-43　RANK 函数排名结果

其他函数如查找与引用函数、财务函数、数据库函数、信息函数等，可以根据实际需要选择学习和使用。

6.6　Excel 2016 图表处理

图表具有良好的视觉效果，能使人们直观地查看数据的差异、最值和预测趋势。另外，图表与生成它的工作表数据相链接，当工作表数据发生变化时，图表也将自动更新，使我们的工作更加快捷方便。Excel 2016 提供了丰富的图表，下面详细介绍。

6.6.1　图表的组成

在创建图表之前，先来了解一下图表的组成元素。图表由许多部分组成，每一部分就是一个图表项，如图例、绘图区、标题、坐标轴、数据系列等，如图 6-44 所示。

图 6-44   图表组成

6.6.2   图表的类型(格式)

利用 Excel 2016 可以创建各种类型的图表,帮助用户以多种方式表示工作表中的数据。

(1)柱形图:用于显示一段时间内的数据变化或显示各项之间的比较情况。在柱形图中,通常沿水平轴组织类别,而沿垂直轴组织数值。

(2)折线图:可显示随时间而变化的连续数据,特别适用于显示具有相等时间间隔的数据的变化趋势。在折线图中,类别数据沿水平轴均匀分布,所有值数据沿垂直轴均匀分布。

(3)饼图:显示一个数据系列中各项的大小与各项总和的比例。饼图中的数据点显示为整个饼图的百分比。

(4)条形图:显示各个项目之间的比较情况。

(5)面积图:强调数量随时间而变化的程度,也可用于引起人们对总值趋势的注意。

(6)散点图:显示若干数据系列中各个数值之间的关系,或者将两组数绘制为 X、Y 坐标的一个系列。

(7)股价图:经常用来显示股价的波动。

(8)曲面图:显示两组数据之间的最佳组合。

(9)圆环图:像饼图一样,圆环图显示各个部分与整体之间的关系,但是它可以包含多个数据系列。

6.6.3   图表的创建与编辑

Excel 2016 提供了强大的创建图表功能,能快速方便地根据已有数据制作多种类型的图表。所创建的图表作为嵌入对象,呈现在工作表中。

创建图表的一般流程为:选中图表的数据来源并插入某种类型的图表→设置图表的标题、坐标轴和网格线等图表布局→根据需要分别对图表的图表区、绘图区、分类(X)轴、数值(Y)轴和图例等组成元素进行格式化,从而美化图表。例如,绘制所给数据工作表的相关图表,如图 6-45 所示。

具体操作步骤如下。

(1)选择要创建图表的数据单元格 A2:K5。

近10年我国各产业增加值（单位：亿元）										
产　业	2020年	2019年	2018年	2017年	2016年	2015年	2014年	2013年	2012年	2011年
第一产业	77754.1	70473.6	64745.2	62099.5	60139.2	57774.6	55626.3	53028.1	49084.6	44781.5
第二产业	384255.3	380670.6	364835.2	331580.5	295427.8	281338.9	277282.8	261951.6	244639.1	227035.1
第三产业	553976.8	535371	489700.8	438355.9	390828.1	349744.7	310654	277983.5	244856.2	216123.6

图 6-45　近 10 年我国各产业增加值

（2）在"插入"选项卡"图表"组中单击要插入的图表类型，这里选择第一个类型"柱形图或条形图"的第一款"簇状柱形图"。这时工作表的相应位置就会出现相应的图表了。

（3）观察图表，发现图表不是我们想要的显示方式，这时可以单击图表任何位置，此时功能区就会出现与图表相关的两个选项卡"设计"和"格式"，选择"设计"选项卡，在"数据"组中单击"切换行/列"功能，此时便是我们想要的图表了，如图 6-46 所示。

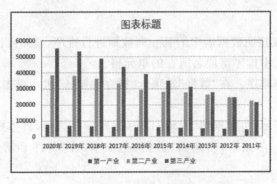

图 6-46　生成新图表

（4）对图表进行进一步编辑，我们可以利用"设计"选项卡中所提供的功能完成，也可以用单击的方式更改图表中的某一元素，例如两次单击"图表标题"就可以编辑图表的标题内容，右击可以弹出快捷菜单，以便对此项进行进一步的设计。

在对图表进行快速编辑时，当选中某个图表时，在图表的右侧就会弹出三个快捷按钮，它们可以快速地对图表的"图表元素""样式与颜色""数值与名称"进行修改，如图 6-47 所示。

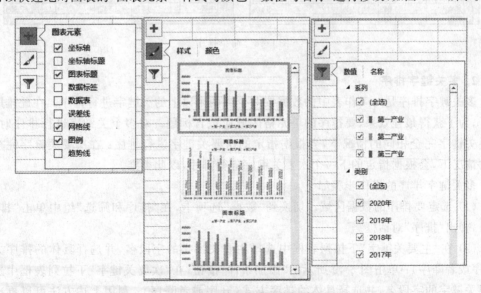

图 6-47　图表快捷功能按钮

6.7 Excel 2016 数据分析与管理

Excel 2016 在数据分析与管理方面功能更加强大，利用所提供的数据排序、筛选、汇总功能可以方便地整理数据，从而根据需要从不同的角度观察和分析数据，管理工作簿。

6.7.1 数据的排序

数据排序是指按照一定的规则整理并排列数据，这样可以为进一步分析和管理数据做好准备。对于数据表，可以按照一个或多个字段进行升序或降序排列。排序的依据和排序方式的选择比较灵活。

1. 简单排序

简单排序是指仅仅按照数据表中的某一列数据进行排序，具体操作步骤如下。

(1) 在数据表中选中排序字段名所在的单元格。

(2) 根据需要整体排序。在“数据”选项卡“排序和筛选”组中单击“升序”按钮和“降序”按钮。

例如，如图 6-48 所示，将数据按“人均 GDP(万)”降序排列，具体操作方法为：单击“人均 GDP(万)”列的任一单元格，切换到“数据”选项卡，在“排序和筛选”组中单击“降序”按钮。

	A	B	C	D	E
1	2020年世界主要经济体GDP排名				
2	国家	GDP（万亿）	全球占比	人均GDP（万）	增速
3	美国	20.933	24.77%	6.3	-3.50%
4	中国	14.73	17.42%	1.11	2.30%
5	日本	5.05	5.97%	3.9	-4.80%
6	德国	3.803	4.50%	4.5	-4.90%
7	英国	2.711	3.21%	4	-9.90%
8	印度	2.709	3.20%	0.19	-8.90%
9	法国	2.599	3.07%	3.9	-8.30%
10	意大利	1.885	2.23%	3.55	-8.90%
11	加拿大	1.643	1.94%	4.2	-5.10%
12	韩国	1.631	1.93%	3	-1.00%

	A	B	C	D	E
1	2020年世界主要经济体GDP排名				
2	国家	GDP（万亿）	全球占比	人均GDP（万）	增速
3	美国	20.933	24.77%	6.3	-3.50%
4	德国	3.803	4.50%	4.5	-4.90%
5	加拿大	1.643	1.94%	4.2	-5.10%
6	英国	2.711	3.21%	4	-9.90%
7	日本	5.05	5.97%	3.9	-4.80%
8	法国	2.599	3.07%	3.9	-8.30%
9	意大利	1.885	2.23%	3.55	-8.90%
10	韩国	1.631	1.93%	3	-1.00%
11	中国	14.73	17.42%	1.11	2.30%
12	印度	2.709	3.20%	0.19	-8.90%

图 6-48 简单排序

2. 多关键字排序

多关键字排序是对工作表中的数据按两个或两个以上的关键字进行排序。在此排序方式下，为了获得最佳效果，要排序的单元格区域应包含标题。对多个关键字进行排序时，在主要关键字完全相同的情况下，会根据指定的次要关键字进行排序；在次要关键字完全相同的情况下，会根据指定的下一个次要关键字进行排序，以此类推。

多关键字排序的操作步骤如下。

(1) 选定要排序的数据区域。切换到“数据”选项卡，在“排序和筛选”组中单击“排序”按钮，弹出“排序”对话框。

(2) 在“主要关键字”下拉列表框中选择主要关键字的字段名，并选择具体的排序方式(升序或者降序)；单击图 6-49 所示的“添加条件”按钮，在“次要关键字”下拉列表框中选择次要关键字的字段名，并选择具体的排序方式(升序或者降序)；利用上述方法可以再次添加第三个排序关键字,以此类推。

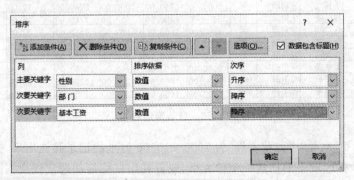

图 6-49   简单排序

(3) 根据情况选中或撤销选中"数据包含标题"复选框后,单击"确定"按钮。

如图 6-50 所示的"某公司 2021 年 8 月份的工资表",按第一关键字为"性别",第二关键字为"部门",第三关键字为"基本工资"进行多关键字排序。

某公司2021年8月份的工资表									
编号	姓　名	部　门	性别	基本工资	岗位津贴	奖励工资	应发工资	应扣工资	实发工资
001	王　敏	保卫部	男	7200.00	1800.00	1288.00	10288.00	25.00	10263.00
002	丁伟光	企划部	男	6000.00	1740.00	1000.00	8740.00	12.00	8728.00
003	吴兰兰	质检部	女	9000.00	1920.00	1020.00	11940.00	0.00	11940.00
004	许光明	财务部	男	4800.00	1860.00	900.00	7560.00	0.00	7560.00
005	程坚强	企划部	男	5400.00	1350.00	960.00	7710.00	15.00	7695.00
006	姜玲燕	质检部	女	4500.00	1440.00	960.00	6900.00	58.00	6842.00
007	周兆平	质检部	女	7200.00	1860.00	1160.00	10220.00	20.00	10200.00
008	赵永敏	企划部	女	6300.00	1680.00	892.00	8872.00	0.00	8872.00
009	黄永良	财务部	男	10800.00	2550.00	1700.00	15050.00	125.00	14925.00
010	梁泉涌	保卫部	男	9000.00	2100.00	960.00	12060.00	64.00	11996.00
011	任广明	企划部	男	4800.00	1650.00	1160.00	7610.00	32.00	7578.00
012	郝海平	保卫部	男	5400.00	1050.00	1300.00	7750.00	0.00	7750.00

图 6-50   简单排序工资表

具体操作步骤如下。

(1) 单击工作表中的任意单元格,切换到"数据"选项卡,在"排序和筛选"组中单击"排序"按钮。

(2) 弹出"排序"对话框,在"主要关键字"下拉列表框中选择"性别",次序为"升序"。

(3) 单击"添加条件"按钮,添加一个次要条件,设置次要关键字为"部门",次序为"降序";再次单击"添加条件"按钮,添加一个次要条件,设置次要关键字为"基本工资",次序为"降序",此时的"排序"对话框如图 6-51 所示。

图 6-51   多关键字"排序"对话框

(4) 单击"确定"按钮,完成多关键字排序,结果如图 6-52 所示。

某公司2021年8月份的工资表								
编号	姓 名	部门	性别	基本工资	岗位津贴	奖励工资	应发工资	应扣工资	实发工资
002	丁伟光	企划部	男	6000.00	1740.00	1000.00	8740.00	12.00	8728.00
005	程坚强	企划部	男	5400.00	1350.00	960.00	7710.00	15.00	7695.00
011	任广明	企划部	男	4800.00	1650.00	1160.00	7610.00	32.00	7578.00
009	黄永良	财务部	男	10800.00	2550.00	1700.00	15050.00	125.00	14925.00
004	许光明	财务部	男	4800.00	1860.00	900.00	7560.00	0.00	7560.00
010	梁泉涌	保卫部	男	9000.00	2100.00	960.00	12060.00	64.00	11996.00
001	王 敏	保卫部	男	7200.00	1800.00	1288.00	10288.00	25.00	10263.00
012	郝海平	保卫部	男	5400.00	1050.00	1300.00	7750.00	0.00	7750.00
003	吴兰兰	质检部	女	9000.00	1920.00	1020.00	11940.00	0.00	11940.00
007	周兆平	质检部	女	7200.00	1860.00	1160.00	10220.00	20.00	10200.00
006	姜玲燕	质检部	女	4500.00	1440.00	960.00	6900.00	58.00	6842.00
008	赵永敏	企划部	女	6300.00	1680.00	892.00	8872.00	0.00	8872.00

图 6-52　多关键字排序对话框

3. 特殊排序

在"排序"对话框中,单击"选项"按钮,弹出"排序选项"对话框,其中提供了一些特殊的排序功能,如按行排序、按笔画排序和按自定义序列排序。

6.7.2　数据的筛选

在对工资表中的数据进行日常管理和使用时,常常会对数据表中的一部分数据进行查看和统计,把那些与操作无关的记录隐藏起来,使之不参与操作,这种操作称为数据筛选。数据筛选的方法有两种:自动筛选和高级筛选。

1. 自动筛选

自动筛选为用户提供了快速获取所需数据的方法,筛选后仅显示需要看到的数据。具体操作步骤如下。

(1) 单击数据区域的任意一个单元格,或者选定整个数据区域。

(2) 切换到"数据"选项卡,在"排序和筛选"组中单击"筛选"按钮,数据表每列的标题部分出现下拉箭头,即筛选器,单击下拉箭头可弹出下拉列表,如图 6-53 所示。

(3) 通过单击筛选条件列的标题右侧的下拉箭头中的具体选项可以设置筛选条件。

	A	B	C	D	E	F	G	H	I	J
1	某公司2021年8月份的工资表									
2	编号▼	姓 名▼	部 门▼	性▼	基本工资▼	岗位津贴▼	奖励工资▼	应发工资▼	应扣工资▼	实发工资▼
3	002	丁伟光	企划部	男	6000.00	1740.00	1000.00	8740.00	12.00	8728.00
4	005	程坚强	企划部	男	5400.00	1350.00	960.00	7710.00	15.00	7695.00
5	011	任广明	企划部	男	4800.00	1650.00	1160.00	7610.00	32.00	7578.00
6	009	黄永良	财务部	男	10800.00	2550.00	1700.00	15050.00	125.00	14925.00
7	004	许光明	财务部	男	4800.00	1860.00	900.00	7560.00	0.00	7560.00
8	010	梁泉涌	保卫部	男	9000.00	2100.00	960.00	12060.00	64.00	11996.00
9	001	王 敏	保卫部	男	7200.00	1800.00	1288.00	10288.00	25.00	10263.00
10	012	郝海平	保卫部	男	5400.00	1050.00	1300.00	7750.00	0.00	7750.00

图 6-53　自动筛选数据

例如,将图 6-53 表中"实发工资"为 7000～10000 男生的记录筛选出来,操作方法如下。

(1) 单击数据区域中的任意一个单元格,或者利用鼠标拖动选定该数据区域。

（2）切换到"数据"选项卡，在"排序和筛选"组中单击"筛选"按钮。

（3）单击标题列"性别"后的下拉箭头，在弹出的下拉列表中选择"男"选项。

（4）单击标题列"实发工资"后的下拉箭头，在弹出的下拉列表中执行"数字筛选"→"介于"命令，如图 6-54 所示，弹出"自定义自动筛选方式"对话框，按照图 6-55 所示设置条件，设置完成后单击"确定"按钮，满足指定条件的记录会自动被筛选出来，如图 6-56 所示。

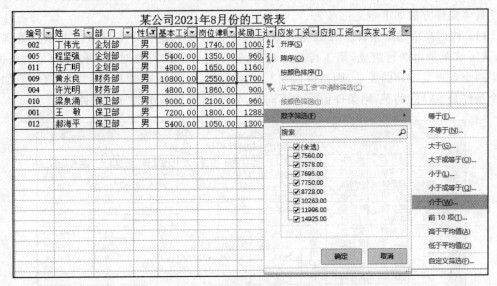

图 6-54 "数字筛选"选项

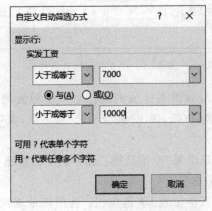

图 6-55 "自定义自动筛选方式"对话框

编号	姓　名	部　门	性别	基本工资	岗位津贴	奖励工资	应发工资	应扣工资	实发工资
002	丁伟光	企划部	男	6000.00	1740.00	1000.00	8740.00	12.00	8728.00
005	程坚强	企划部	男	5400.00	1350.00	960.00	7710.00	15.00	7695.00
011	任广明	企划部	男	4800.00	1650.00	1160.00	7610.00	32.00	7578.00
004	许光明	财务部	男	4800.00	1860.00	900.00	7560.00	0.00	7560.00
012	郝海平	保卫部	男	5400.00	1050.00	1300.00	7750.00	0.00	7750.00

某公司2021年8月份的工资表

图 6-56 筛选后的结果

2. 高级筛选

当筛选涉及多个字段时，使用高级筛选更方便。为此，必须首先建立一个条件区域，用来指定筛选数据需要满足的条件。条件区域至少包含两行，第1行是作为筛选条件的字段名，这些字段名必须与数据表区域中的字段名完全相同，条件区域的其他行用来输入筛选条件。需要注意的是，条件区域与数据区域不能连接，而必须用空行或空列隔开。

具体操作方法如下。

（1）构造高级筛选条件。在数据区域所在工作表中选定一个条件区域并输入筛选条件，该区域至少由两行组成，第1行为标题行，第2行及后续行为对应字段应满足的条件。如果两个条件是"与"的关系，则条件值要写在同一行，如图 6-55 中所示的"与"条件；如果两个条件是"或"的关系，则条件值写在不同行，如图 6-57 中所示的"或"条件。

	A	B	C	D	E	F	G	H	I	J
1					某公司2021年8月份的工资表					
2	编号	姓　名	部　门	性别	基本工资	岗位津贴	奖励工资	应发工资	应扣工资	实发工资
3	002	丁伟光	企划部	男	6000.00	1740.00	1000.00	8740.00	12.00	8728.00
4	005	程坚强	企划部	男	5400.00	1350.00	960.00	7710.00	15.00	7695.00
5	011	任广明	企划部	男	4800.00	1650.00	1160.00	7610.00	32.00	7578.00
6	009	黄永良	财务部	男	10800.00	2550.00	1700.00	15050.00	125.00	14925.00
7	004	许光明	财务部	男	4800.00	1860.00	900.00	7560.00	0.00	7560.00
8	010	梁泉涌	保卫部	男	9000.00	2100.00	960.00	12060.00	64.00	11996.00
9	001	王　敏	保卫部	男	7200.00	1800.00	1288.00	10288.00	25.00	10263.00
10	012	郝海平	保卫部	男	5400.00	1050.00	1300.00	7750.00	0.00	7750.00
11	003	吴兰兰	质检部	女	9000.00	1920.00	1020.00	11940.00	0.00	11940.00
12	007	周兆平	质检部	女	7200.00	1860.00	1160.00	10220.00	20.00	10200.00
13	006	姜玲燕	质检部	女	4500.00	1440.00	960.00	6900.00	58.00	6842.00
14	008	赵永敏	企划部	女	6300.00	1680.00	892.00	8872.00	0.00	8872.00
15										
16		性别	基本工资		"与"条件		性别	基本工资	"或"条件	
17		女	>10000				女			
18								>10000		
19										

图 6-57　建立高级筛选条件

（2）执行高级筛选。单击数据表区域内的任意一个单元格，切换到"数据"选项卡，在"排序和筛选"组中单击"高级"按钮，弹出"高级筛选"对话框，该对话框中各部分的功能与操作方法如下。

① "在原有区域显示筛选结果"单选按钮：选中该单选按钮，筛选后将不符合条件的数据隐藏，只显示符合条件的数据。

② "将筛选结果复制到其他位置"单选按钮：选中该单选按钮，不改变原有数据，将符合条件的数据复制到"复制到"文本框中指定的位置。

③ "列表区域"文本框：用于选定被选择的数据区域，可以单击其右侧的按钮，然后选择数据区域即可。

④ "条件区域"文本框：用于选择已经建立好的条件，可以单击其右侧的按钮，然后选择数据区域即可。

单击"高级筛选"对话框中的"确定"按钮即可完成数据的高级筛选。

6.7.3　分类汇总

数据的分类汇总是建立在排序的基础上的，它是指将相同类别的数据进行统计汇总。

分类汇总可以针对数据表中的任意一列,汇总方式包括:求和、计数、求平均值、求最大值、求最小值。数据分类汇总的操作方法举例介绍如下。

将图 6-50 所示的"某公司 2021 年 8 月份的工资表"数据按照部门分类统计"实发工资"的平均值。

(1) 单击数据单元格区域中的任意一个单元格,切换到"数据"选项卡,在"排序和筛选"组中单击"排序"按钮,将数据区域按照"部门"字段排序,如图 6-58 所示。

某公司2021年8月份的工资表									
编号	姓　名	部　门	性别	基本工资	岗位津贴	奖励工资	应发工资	应扣工资	实发工资
010	梁泉涌	保卫部	男	9000.00	2100.00	960.00	12060.00	64.00	11996.00
001	王　敏	保卫部	男	7200.00	1800.00	1288.00	10288.00	25.00	10263.00
012	郝海平	保卫部	男	5400.00	1050.00	1300.00	7750.00	0.00	7750.00
009	黄永良	财务部	男	10800.00	2550.00	1700.00	15050.00	125.00	14925.00
004	许光明	财务部	男	4800.00	1860.00	900.00	7560.00	0.00	7560.00
002	丁伟光	企划部	男	6000.00	1740.00	1000.00	8740.00	12.00	8728.00
005	程坚强	企划部	男	5400.00	1350.00	960.00	7710.00	15.00	7695.00
011	任广明	企划部	男	4800.00	1650.00	1160.00	7610.00	32.00	7578.00
008	赵永敏	企划部	女	6300.00	1680.00	892.00	8872.00	0.00	8872.00
003	吴兰兰	质检部	女	9000.00	1920.00	1020.00	11940.00	0.00	11940.00
007	周兆平	质检部	女	7200.00	1860.00	1160.00	10220.00	20.00	10200.00
006	姜玲燕	质检部	女	4500.00	1440.00	960.00	6900.00	58.00	6842.00

图 6-58　按"部门"排序

(2) 在"数据"选项卡中单击"分级显示"组中的"分类汇总"按钮,弹出"分类汇总"对话框,如图 6-59 所示。

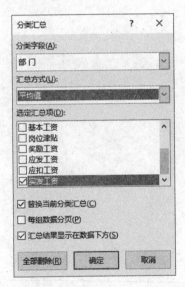

图 6-59　"分类汇总"对话框

(3) 将"分类字段"设置为"部门","汇总方式"设置为"平均值",在"选定汇总项"列表框中选中"实发工资"复选框,选中"替换当前分类汇总"复选框表示取消原有的分类汇总。选中"汇总结果显示在数据下方"复选框,表示不更改原有数据,将分类汇总的结果显示在原有数据的下方,方便数据对比。

(4) 单击"确定"按钮,即可得到分类汇总结果,如图 6-60 所示。

1 2 3	A	B	C	D	E	F	G	H	I	J
1	某公司2021年8月份的工资表									
2	编号	姓　名	部　门	性别	基本工资	岗位津贴	奖励工资	应发工资	应扣工资	实发工资
3	010	梁泉涌	保卫部	男	9000.00	2100.00	960.00	12060.00	64.00	11996.00
4	001	王　敏	保卫部	男	7200.00	1800.00	1288.00	10288.00	25.00	10263.00
5	012	郝海平	保卫部	男	5400.00	1050.00	1300.00	7750.00	0.00	7750.00
6			保卫部 平均值							10003.00
7	009	黄永良	财务部	男	10800.00	2550.00	1700.00	15050.00	125.00	14925.00
8	004	许光明	财务部	男	4800.00	1860.00	900.00	7560.00	0.00	7560.00
9			财务部 平均值							11242.50
10	002	丁伟光	企划部	男	6000.00	1740.00	1000.00	8740.00	12.00	8728.00
11	005	程坚强	企划部	男	5400.00	1350.00	960.00	7710.00	15.00	7695.00
12	011	任广明	企划部	男	4800.00	1650.00	1160.00	7610.00	32.00	7578.00
13	008	赵永敬	企划部	女	6300.00	1680.00	892.00	8872.00	0.00	8872.00
14			企划部 平均值							8218.25
15	003	吴兰兰	质检部	女	9000.00	1920.00	1020.00	11940.00	0.00	11940.00
16	007	周兆平	质检部	女	7200.00	1860.00	1160.00	10220.00	20.00	10200.00
17	006	姜玲燕	质检部	女	4500.00	1440.00	960.00	6900.00	58.00	6842.00
18			质检部 平均值							9660.67
19			总计平均值							9529.08

图 6-60　分类汇总结果

　　注意：在分类汇总之前一定要按分类汇总字段进行排序,否则就会出现错误的分类结果。

第 7 章

演示文稿的制作

演示文稿有时也称 PPT,主要用于会议报告、广告宣传、教学演示、产品展示等。PowerPoint 2016 是最常用的制作演示文稿的软件。PowerPoint 2016 和 Word 2016、Excel 2016 等软件一样,都是 Microsoft 公司的 Office 2016 系列产品。它可以使用文本、图形、照片、视频、动画等手段来设计具有视觉震撼力的演示文稿。利用 PowerPoint 2016 制作的演示文稿不仅可以在计算机屏幕或者液晶投影仪上播放,还可以制作成视频在远程会议或在 Web 上给观众进行展示。PowerPoint 2016 具有功能强大、制作方便、应用广泛等特点。随着办公自动化的普及,PowerPoint 2016 的应用变得越来越广泛。本章介绍 PowerPoint 2016 的基本操作和应用技巧。

7.1 PowerPoint 2016 基本操作

7.1.1 PowerPoint 2016 窗口简介

当启动 PowerPoint 2016 后,就会出现如图 7-1 所示的 PowerPoint 2016 窗口。

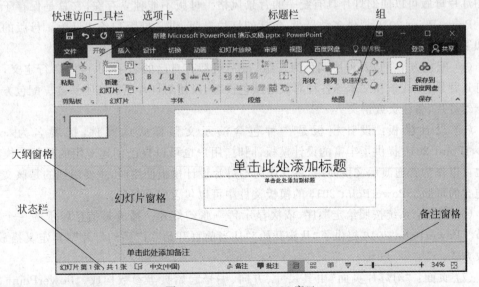

图 7-1 PowerPoint 2016 窗口

PowerPoint 2016 窗口和 Word 2016、Excel 2016 窗口类似,除标题栏和功能选项卡外,中间重要的区域称为"幻灯片窗格",是一个"所见即所得"的幻灯片编辑区,用于完成幻灯片的创建和编辑;幻灯片窗格左侧是一个"大纲窗格",以列表形式显示所编辑的幻灯片;"幻灯片窗格"下方是"备注窗格",是一个为当前幻灯片增加备注信息的编辑区。

7.1.2　演示文稿的创建

1. 基本概念

一个 PowerPoint 2016 演示文稿由若干节组成,每节包含若干张幻灯片,节的使用方便幻灯片的组织和管理。演示文稿文件扩展名是. pptx。在介绍演示文稿的制作方法之前,首先介绍有关幻灯片制作及版面的一些基本概念。

(1) 版式:幻灯片版式包含要在幻灯片上显示的全部内容的格式设置、位置和占位符,主要是指幻灯片内容在幻灯片上的排列方式。版式也包含幻灯片的主题(颜色、字体、效果和背景)。不同的内容需要用不同的方式加以演示说明。有时需要文字、图片、表格共同来说明,这就使得用户在制作幻灯片时要根据需要来安排这些对象的位置、格式、占用面积以及展示效果。PowerPoint 2016 提供了多款版式供用户选用,以便快速、方便地与用户的展示内容结合生成生动的展示效果。版式由占位符组成,而占位符可以放置文字(如标题和项目符号列表)和幻灯片对象(如表格、图表、图片、形状和剪贴画)。

(2) 占位符:一种带有虚线或阴影线边缘的框的容器,并标记"单击此处添加标题""单击此处添加文本"等字样或半隐形的对象图标按钮(单击此图标插入相应的对象)。在这些框内可以放置标题及正文,或者图表、表格和图片等对象。

(3) 母版:用于存储有关演示文稿的主题和幻灯片版式的信息,包括背景、颜色、字体、效果、占位符大小和位置。每个演示文稿至少包含一个幻灯片母版。使用幻灯片母版的好处是可以对演示文稿中的每张幻灯片(包括以后添加到演示文稿中的幻灯片)进行统一的样式更改。每一种版式对应一个母版,修改母版则对应版式的所有幻灯片样式都会改变。采用幻灯片母版可以使幻灯片具有统一的背景风格。母版不能独立存在,它总是保存于文件中。PowerPoint 2016 提供多种母版,包括幻灯片母版、讲义母版和备注母版。母版的设计类似于普通幻灯片。

(4) 配色方案:以八种协调色为一组,每一组都有自己的名字,也可以自行定义,用于幻灯片背景色、线条和文本等各种对象的颜色设置,以使幻灯片更加鲜明易读。配色方案可用于幻灯片、备注页或讲义。

(5) 设计模板:设计模板是一种包含演示文稿样式的文件,扩展名为. potx。PowerPoint 2016 提供了丰富的设计模板,同时,用户也可以自己创建专用的模板。模板文件也可以作为普通演示文稿使用,将其作为幻灯片设计模板使用时,主要用到的是该文件中所包含的母版。PowerPoint 2016 的模板文件中可以包含多个母版。

(6) 播放:系统按照给定顺序,依次显示每一张幻灯片。播放是信息展示的一个重要环节。PowerPoint 2016 提供了"从头开始""从当前页开始""广播幻灯片""自定义播放"等播放方式。

(7) 页面:"幻灯片页面"由其尺寸、方向、编号起始页等参数构成。PowerPoint 2016 幻灯片默认尺寸是"全屏显示(4:3)"。PowerPoint 2016 允许用户根据实际情况设置幻灯片页面参数,如"全屏显示(16：9)",以获得更好的播放效果。

2. 新建演示文稿

在启动 PowerPoint 2016 之后,系统即自动创建了一个空白文档,如图 7-1 所示。PowerPoint 2016 提供了多种新建幻灯片文稿的方式。在 PowerPoint 2016 窗口中,选择"文件"选项卡中的"新建"命令,系统将在其右边弹出"新建窗格",如图 7-2 所示,用户从中可以采用多种模板来新建演示文档。

(1) 创建空白演示文稿

"空白演示文稿"是 PowerPoint 2016 创建演示文稿的默认方式。用户可以按自己意愿设计"空白演示文稿"的内容、版式、背景等。选择"文件"选项卡中的"新建"命令,并在"可用的模板和主题"栏中选择"空白演示文稿"项,再单击右侧的"创建"按钮,即创建另一个名为"演示文稿 2"的新演示文稿,如图 7-2 所示。

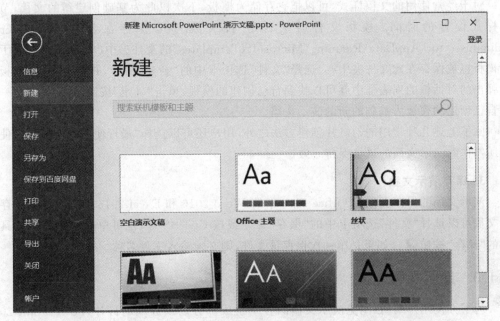

图 7-2　新建演示文稿窗口

(2) 通过样本模板创建演示文稿

在 PowerPoint 2016 窗口的"文件"选项卡中选择"新建"命令,并在"可用的模板和主题"组中单击"样本模板"按钮,系统将弹出样本模板选项列表,从中选择一个模板,然后单击右侧的"创建"按钮,即可创建一个与模板一致的、命名为"演示文稿 2"的演示文稿。用户可按自己意愿来修改它的文本内容、图片、背景、切换效果等。

(3) 通过 Office.com 模板创建演示文稿

"Office.com 模板"是微软公司为用户提供的 Microsoft Office 软件包的网络下载模板,需要联网下载到本机上才能使用。由于网络资源极为丰富,用户可以选用的 Office.com 模板非常多。选择"文件"选项中的"新建"命令,并在"可用的模板和主题"区域的"Office.com 模板"组下打开合适类型的文件夹,继续向下查找或在其"搜索文本框"中输入模板名称后单击右侧的"开始搜索"按钮,以找到想要的 Office.com 模板,然后,单击右侧的

"创建"按钮,即可下载。Office.com 模板下载后自动打开。

例如,单击"Office.com 模板"窗格中的"行政公文、启事与声明"按钮,系统会显示其包含的模板列表,从中选择"启事",然后单击右侧的"创建"按钮,系统会立即下载该演示模板并打开。用户可以按自己意愿来修改它的文本内容、增加数据和图片、更改背景和切换效果等。

(4) 通过主题创建模板

PowerPoint 2016 在本机上安装了数十个主题。选择"文件"选项中的"新建"命令,并在"可用的模板和主题"组中单击"主题"按钮,系统将弹出主题列表项,用户可以从中选择一种主题,然后单击右侧"创建"按钮,即可创建一个新的演示文稿。和模板不同的是,用"主题"创建的新演示文稿只有一页幻灯片。

(5) 通过自己定义的模板创建演示文稿

对于经常使用的文稿样式,可以把它存储为模板,下次以此为基础创建新的文稿,节省了样式设置的时间。模板文件后缀名是. potx 或. pot,保存在名为"C：\Users\Adiminstrator\AppData\Roaming\Microsoft\Templates"的文件夹中(从 Office.com 下载的模板也被保存在此文件夹中)。选择"文件"选项卡中的"新建"命令,并单击"我的模板",从弹出的对话框的列表框中就可以找到自己创建的模板,单击"确定"按钮,系统将创建一个以自己创建的模板为基础的新的演示文稿。

除了上述几种常用的幻灯片创建方法之外,用户还可以选择"最近使用的模板",以使自己所制作的演示文稿的风格保持一致。

3. 保存演示文稿

演示文稿的保存类似于 Office 2016 中的 Word 2016 和 Excel 2016 中的操作。保存演示文稿可以选择"文件"选项卡中的"保存"命令或按 Ctrl＋S 键,也可单击快速访问工具栏中的"保存"按钮▊。如果是第一次保存该文件,则必须输入文件名称。

7.1.3 显示视图

为了方便用户编辑、浏览演示文稿的各个组成部分以及放映幻灯片,PowerPoint 2016 提供了五种视图:普通视图、大纲视图、幻灯片浏览视图、阅读视图和备注页视图。可以通过单击"视图"选项卡"演示文稿视图"组中的 5 个功能按钮选择不同的视图模式,也可以通过单击位于 PowerPoint 2016 窗口右下方中的 5 个视图按钮进行切换。

1. 普通视图

普通视图是主要的编辑视图,是 PowerPoint 2016 启动后的默认视图,如图 7-1 所示。在此视图下,能够同时查看演示文稿的大纲、当前的幻灯片内容及其备注信息,用于撰写、设计演示文稿的各种信息。该视图有三个工作区域:左侧为"大纲窗格",显示幻灯片缩略图;右侧为"幻灯片窗格",以视图方式(所见即所得)显示当前幻灯片的信息;底部为"备注窗格",用于显示和编辑当前幻灯片的备注信息。普通视图中的主要对象有以下几个。

(1) 幻灯片窗格:位于 PowerPoint 2016 窗口的右侧,是显示当前幻灯片的大视图。在此视图中显示当前幻灯片时,可以添加文本,插入图片、表格、SmartArt 图形、图表、图形对象、文本框、视频、声音、超链接和动画,是 PowerPoint 2016 主要工作区。

（2）大纲窗格：位于 PowerPoint 2016 窗口的左侧。以缩略图形式显示演示文稿中的幻灯片。缩略图可以快速浏览各幻灯片设计效果，也可以重新排序、删除或插入幻灯片。

（3）备注窗格：用户可以在此直接添加与当前幻灯片有关的一些备注文字以及信息，还可以将备注打印出来并在放映演示文稿时进行参考。若备注内容中含有图形，需切换到备注页视图。

2. 幻灯片浏览视图

在幻灯片浏览视图中，按幻灯片序号顺序显示演示文稿中全部幻灯片的缩略图。在幻灯片浏览视图下，可以复制、删除幻灯片，调整幻灯片的顺序，但不能对个别幻灯片的内容进行编辑、修改。另外，还可以在幻灯片浏览视图中添加节，并按不同的类别或节对幻灯片进行排序。双击某一选定的幻灯片缩略图，可以切换到此幻灯片的普通视图模式。通过调整该窗格右下方的"显示比例控制器"上的滑动块，可以改变幻灯片显示比例，进而改变此视图中同时显示幻灯片的张数，如图 7-3 所示。

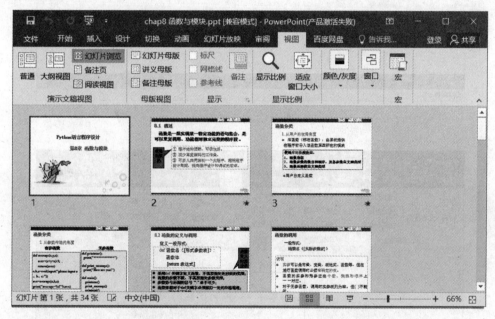

图 7-3　幻灯片浏览视图

3. 阅读视图

阅读视图在幻灯片放映视图中并不是显示单个静止画面，而是以动态的形式显示演示文稿中各个幻灯片。阅读视图是演示文稿的最后效果，所以当演示文稿创建到一个阶段时，可以利用该视图来检查，从而可以对不满意的地方及时修改。在该视图下，单张幻灯片占满整个计算机屏幕，在页面上单击即可切换到下一页或者下一个动画，就像进行真正的放映一样，如图 7-4 所示。

4. 备注页视图

备注页视图主要用于为演示文稿中的幻灯片添加备注内容或对备注内容进行编辑修改，在该视图模式下无法对幻灯片的内容进行编辑。切换到备注页视图后，页面上方显示当前幻灯片的内容缩略图,下方显示备注内容占位符。单击该占位符,向占位符中输入内容,即可为幻灯片添加备注内容,如图 7-5 所示。

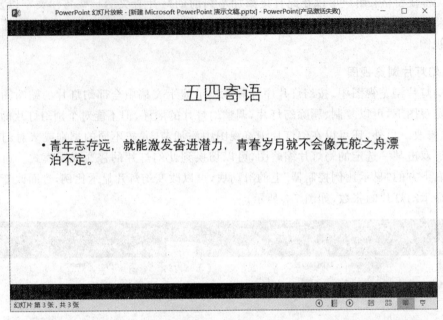

图 7-4　阅读视图

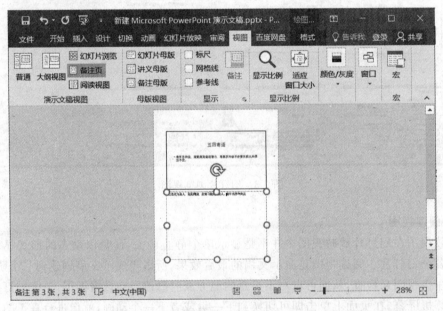

图 7-5　备注页视图

此外,PowerPoint 2016 还提供了一种"黑白模式"视图,用于将彩色的幻灯片转换成黑白预览功能,以灰度或黑白模式显示幻灯片。转换方法是:单击"视图"选项卡"颜色/灰度"组中的"黑白模式"按钮或"灰度"按钮,系统即把彩色幻灯片转换为"黑白模式"或"灰度"模式。单击"返回颜色视图"按钮,即可返回到彩色视图模式,如图 7-6 所示。

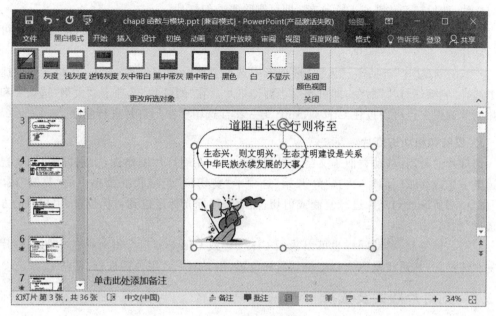

图 7-6 黑白模式视图

7.2 幻灯片编辑

7.2.1 幻灯片的插入、复制、移动、删除

演示文稿是由一张或更多张的幻灯片组成的。幻灯片的插入、删除等是演示文稿的常用操作。

1. 插入幻灯片

可以采用多种方法插入幻灯片,以增加演示文稿中的幻灯片。插入新幻灯片的版式的原则为:若是在"标题幻灯片"之后插入,则新幻灯片的版式为"标题和内容";否则,新幻灯片的版式与当前幻灯片版式相同。

插入新幻灯片的方法有以下几种。

(1) 在普通视图中,单击"开始"选项卡"幻灯片"组中的"新建幻灯片"按钮,即在当前幻灯片之后插入一张新的空白幻灯片。

(2) 可以按 Ctrl+M 组合键快速在当前幻灯片之后插入一张新的空白幻灯片。

(3) 在大纲窗格的"幻灯片"选项卡中,首先选中当前幻灯片,按 Enter 键,即在当前幻灯片之后插入一张新的空白幻灯片。

(4) 在大纲窗格的"幻灯片"选项卡中,选择当前幻灯片,右击,从弹出的快捷菜单中选择"新建幻灯片"命令,即在当前幻灯片之后插入一张新的空白幻灯片。

2. 删除幻灯片

如果需要删除演示文稿中的幻灯片,可采用以下几种方式。

(1) 在普通视图中,可以在大纲窗格的"幻灯片"选项卡或"大纲"选项卡中选定要删除的幻灯片,然后按 Del 键或 Delete 键,即可删除当前幻灯片。

（2）在幻灯片浏览视图中,可以直接选中要删除的某个幻灯片,然后按 Delete 键即可删除幻灯片。

（3）在"幻灯片"选项卡、"大纲"选项卡中选择要删除的幻灯片,右击,在弹出的快捷菜单中选择"删除幻灯片"命令,即可删除当前幻灯片。在"幻灯片"选项卡、"大纲"选项卡和幻灯片浏览视图中也可以按住 Ctrl 或 Shift 键一次性选中多张幻灯片进行删除。

3. 复制和移动幻灯片

幻灯片的复制、移动类似于文字的复制和移动。在幻灯片缩略图、大纲视图、浏览视图中选中一张或多张幻灯片,再选择"开始"选项卡"剪切板"组或快捷菜单中的"复制"或"剪切"命令,对所选的幻灯片进行复制或剪切,然后将鼠标光标定位到目标位置,用相似的方式再选择"粘贴"命令即可。

幻灯片的复制、移动同样也可以采用 Ctrl＋C 或 Ctrl＋X 组合键对所选定的幻灯片进行复制或剪切,然后将鼠标光标定位到目标位置,用 Ctrl＋V 组合键进行"粘贴"。

7.2.2　幻灯片版式及选择

一般来说,一个好演示文稿应当具备目标明确、表达简洁、文字少而精、色彩鲜明、内容丰富等特点。要达到这个目的,每张幻灯片中内容的组织、位置的设定、颜色的搭配、字符的大小等都是重要的因素,这就是所谓的"版式"。尽管 PowerPoint 2016 允许用户在幻灯片制作中自由发挥、白纸作画,但对于基本应用及初学者而言,设计版式既没有必要也不容易,为此,PowerPoint 2016 提供了 11 种版式(包括空白版式),并以不同的版式名称标识,以供用户在创建演示文稿的幻灯片时选择。选择幻灯片版式的相关操作如下。

1. 插入幻灯片时选择版式

在普通视图中,单击"开始"选项卡"幻灯片"组中的"新建幻灯片"下拉按钮,系统将弹出如图 7-7 所示的下拉列表框,在列表框中单击所需的幻灯片版式,即在当前幻灯片之后插入一张选定版式的空白幻灯片。

2. 改变当前幻灯片的版式

（1）选择要改变版式的幻灯片。

（2）单击"开始"选项卡"幻灯片"组中的"版式"按钮,弹出"Office 主题"列表。

（3）从该列表中选择合适的版式,即可将当前幻灯片的版式更改为所选版式。

7.2.3　幻灯片内容的编辑

无论是启动 PowerPoint 2016 时得到的,还是插入时指定的版式,幻灯片内容均是空白的(只有占位符),需要自己添加文本、图片和艺术字、图形、表格、图表、文本框和组织结构图等对象,成为有内容的幻灯片。

1. 文本占位符与插入文本框

在 PowerPoint 2016 中,文本占位符是一种能够填充文字信息的图形对象,在幻灯片中展示的文字信息几乎都是通过它来接收的。因此,系统中除空白幻灯片版式之外,其他所有的幻灯片版式中均包括了至少一个文本占位符。文本占位符被清晰地用虚线框标识,单击

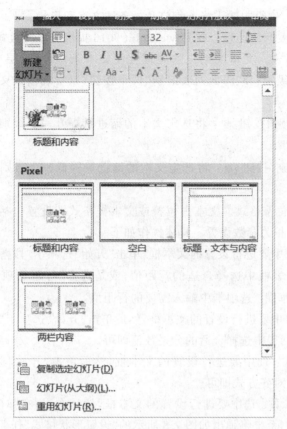

图 7-7 设计版式选项框

文本占位符,即进入文本输入模式,用户可以输入要展示的文本。

(1) 文字输入与编辑。文字是 PowerPoint 2016 最基本的对象之一,只能在普通视图和备注页视图中处理文字,普通视图是最常用的文字处理环境。

① 在文本占位符区域内编辑幻灯片的文本。若输入的文字超出了占位符区域,它会自动换行。如果行数超过显示区域,可选择自动调整文本大小以适应占位符大小,也可通过调整文本占位符边框上的控制点来调整其区域的大小。

② 各种幻灯片版式的文本占位符中,已经对其中字符的字体、字号、颜色、粗细等进行了预先设置。如果用户不满意,可对输入文本的字体、字号、颜色和粗细等进行修改。在文本框中修饰文字的方法与 Word 2016 中的操作方法相同。

③ 允许用户输入的字符超出幻灯片版式中预定的文本占位符底线。当然,也允许调整预定文本占位符的大小来完全容纳要输入的文本符号。

(2) 插入文本框。允许用户根据需要插入新文本框。单击"插入"选项卡"文本"组中的"文本框"下拉按钮,在弹出的功能项列表中选择"水平文本框"或"垂直文本框",然后,在幻灯片合适位置向右下方拖动鼠标使之达到适当的大小,即在当前幻灯片中插入一个水平或垂直的文本框。"水平"和"垂直"是指的文本框内文字的排版方向,水平即横向排版,垂直即纵向排版。注意,在新插入的文本框中输入文字,文本框的长度不会随着输入文字的增加而自动增长,而是会自动换行,这与在预置的文本占位符中输入文字时一样。在备注页视图中,允许用户在文本占位符中输入当前幻灯片的备注文字和形状。

（3）输入字符的大纲化处理。在 PowerPoint 2016 提供的多种版式中,预置文本占位符的文本模式为大纲模式。文本大纲化的处理会使文本条理清晰、层次分明。PowerPoint 2016 提供"提高列表级别"和"降低列表级别"两个按钮,以实现输入文字的降级、升级等处理。具体操作如下。

① "提高列表级别"按钮 ：将选定文本的缩进量提升一个级别,同时文字向左侧移动,字号变大。

② "降低列表级别"按钮 ：将选定文本的缩进量降低一个级别,同时文字向右侧移动,字号变小。

（4）设置文本占位符格式。文本占位符或文本框格式的设置包括其中文字的行距、分栏、对齐方式、边框的相关参数设置。具体操作如下。

① 设置行距：选中要进行设置的文本框,单击"开始"选项卡"段落"组中的"行距"按钮 ,在弹出的行距列表框中选择合适的行距值,或是选择"行距选项"命令,在弹出的"段落"对话框的"缩进和间距"选项卡中输入需要的行距值。

② 设置分栏：选中要进行设置的文本框,然后单击"开始"选项卡"段落"组中的"分栏"按钮,在弹出的分栏列表中选择合适的分栏数值即可。

③ 设置对齐方式：选中要进行设置的文本框,然后单击"开始"选项卡"段落"组中的"对齐"按钮中合适的对齐方式即可。

④ 设置文本框参数：选中要进行设置的文本框,然后右击,在弹出的快捷菜单中选择"设置形状格式"命令,系统将弹出如图 7-8 所示的"设置形状格式"任务窗格,可对文本框的边框颜色、线型、填充颜色、阴影、尺寸、三维格式、三维旋转等进行设置。

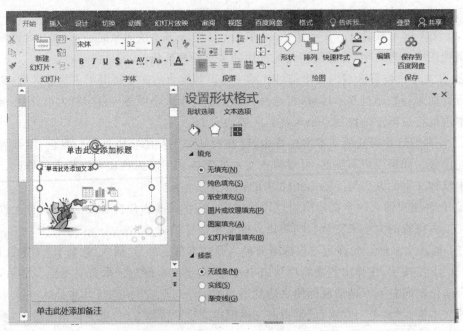

图 7-8　"设置形状格式"任务窗格

- 选择"设置形状格式"任务窗格中的"文本框"选项卡,可以对文本框中文字的内部边距、文字版式等进行设置。例如,若选中"文字方向"列表框中的"竖排",可以实现文本框"水平"向"垂直"排版的转换。
- 选择"设置形状格式"任务窗格中的"大小"选项卡,可以对文本框中文字的大小、旋转角度、缩放比例等进行设置。当然,拖动文本框的句柄点也可改变文本框的宽度或高度。

2. 图片的插入与编辑

精心组织的图片对于演示文稿而言,有与文本同等重要的地位。因此,插入图片、设置图片的位置、编辑图片参数等成为演示文稿编辑的主要内容之一。PowerPoint 2016 允许将位于本机硬盘上、互联网上、数码相机及扫描仪上的图形图像文件插入幻灯片中。

(1) 插入图片

单击"插入"选项卡"图像"组中的"图片"按钮,弹出"插入图片"对话框,找到了要插入的图片后,单击"插入"按钮,即可将选定的图片插入当前幻灯片中。插入剪贴画和形状图案的方法与 Word 2016 相同。

(2) 编辑图片

单击已经插入的图片,图片的四周即出现八个尺寸控制点,同时系统也呈现"图片工具—格式"选项卡。可以利用其中的"调整""图片样式""排列""大小"组中的各功能按钮对图片进行编辑,以获得所要的效果,如图 7-9 所示。主要的图片编辑包括以下几项。

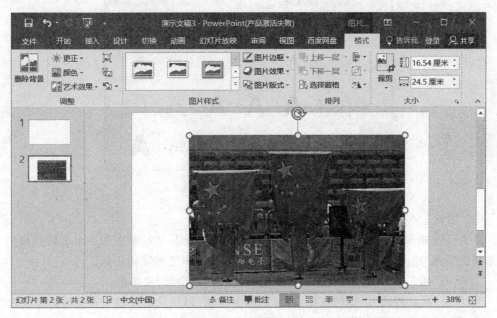

图 7-9　编辑图片

① 图片的"更正":通过"图片工具—格式"选项卡"调整"组中的"更正"下拉按钮来实现,以改变图片的亮度、清晰度和对比度。

② 图片的"颜色":通过"图片工具—格式"选项卡"调整"组中的"颜色"下拉按钮来实现,以设置图片的颜色饱和度、色调和重新着色,例如,图片的"冲蚀"等。

③ 图片的"裁剪"：通过"图片工具—格式"选项卡"大小"组中的"裁剪"下拉按钮来实现，以选取图片中希望得到的部分。

④ 图片的"样式"：通过"图片工具—格式"选项卡"图片样式"组中的多个按钮来实现，以设置图片的多种样式。

要对图片做更全面的编辑，可选中图片，右击，从弹出的快捷菜单中选择"设置图片格式"命令，弹出与图 7-8 相似的"设置图片格式"任务窗格，从中实现对图片的编辑。

3. 艺术字的插入与编辑

艺术字是 Microsoft Office 中一种特殊的图片，在 Word 2016 及 Excel 2016 中已经介绍过，它对 PowerPoint 2016 尤其重要，在幻灯片中插入艺术字可丰富版面效果且处理简单方便。

(1) 插入艺术字

单击"插入"选项卡"文本"组中的"艺术字"下拉按钮，在弹出的列表框中单击适合的艺术字样式，如图 7-10 所示，即在当前幻灯片中出现带有"请在此放置您的文字"提示信息的文本编辑框。直接输入作为艺术字的文本信息，即可获得所选样式的艺术字图片。

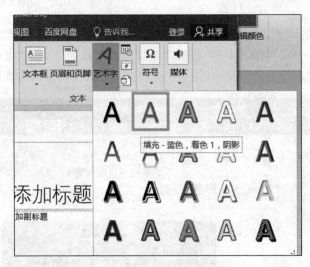

图 7-10　艺术字样式列表框

(2) 编辑艺术字

单击已经插入的艺术字，在艺术字的四周即出现 8 个尺寸控制点和一个旋转控制柄，同时系统也呈现"绘图工具—格式"选项卡，为用户提供编辑艺术字的工具。

① 单击"插入形状"组中的按钮，可在幻灯片中插入形状、文本框。

② 单击"形状样式"组中的按钮，可对艺术字主题、形状轮廓和填充效果等进行设置。

③ 单击"艺术字样式"组中的按钮，可更改艺术字样式、设置艺术字文本的填充、文字轮廓颜色、文字效果(包括转换样式)等。

④ 单击"排列"组中的按钮，可设置艺术字的对齐方式、旋转角度、层次关系等。

⑤ 单击"大小"组中的按钮，可设置艺术字的高度和宽度。

最终获得所要求的效果，如图 7-11 所示。当然，也可以右击插入的艺术字，在弹出的快捷菜单中选择"设置形状格式"命令，系统将弹出如图 7-8 所示的"设置形状格式"任务窗格，从中完成对艺术字的编辑。

图 7-11　艺术字编辑

需要指出的是,艺术字与一般图片不同的是:艺术字中文本的大小不随艺术字的形状轮廓尺寸大小改变,只能通过改变其字号来改变。

4. 插入表格和图表

表格和图表也是 PowerPoint 2016 中的重要对象,在幻灯片中插入表格和图表可以达到简化文本描述、数据清晰明了的效果且处理简单方便。PowerPoint 2016 自带表格和图表制作工具,可独立完成表格和图表的插入、编辑工作。

(1) 插入表格

单击"插入"选项卡"表格"组中的"表格"按钮,即弹出与 Word 2016 一样的表格功能列表框,创建表格的方法与 Word 2016 一样。

① 对于小型表格(10×8 以内),在"插入表格"下的空格区拖动鼠标来创建表格,如图 7-12 所示,即可在当前幻灯片中同步绘制出相应单元格数目的表格。

② 对于大中型表格(10×8 以上),单击"插入表格"命令,弹出"插入表格"对话框,输入表格行数和列数值,单击"确定"按钮,即可在当前幻灯片中绘制相应大小的表格。

③ 对于不规则表格,单击"绘制表格"命令,光标移到幻灯片窗格变成笔状时,手工绘制出需要的表格即可。

④ 对于需要计算的表格,单击"Excel 电子表格"命令,即在当前幻灯片中出现只有 Sheet1 工作表的 Excel 电子表格编辑区,如图 7-13 所示,其后操作与使用 Excel 2016 一样。数据计算处理完成后,在表格编辑区外单击即可返回幻灯片。

(2) 编辑表格

对于插入幻灯片中的表格,如果需要对其进行编辑,可使表格进入编辑状态再进行编辑。具体来说,对于非 Excel 表格,直接将光标定位于要编辑的单元格上,对其中的数据进

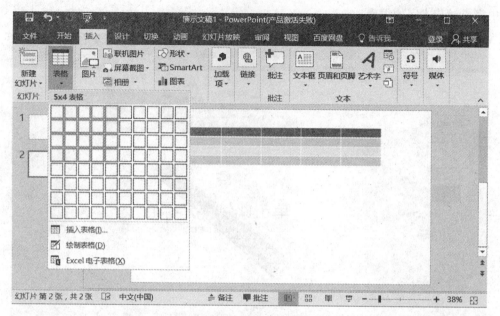

图 7-12　拖动鼠标绘制表格

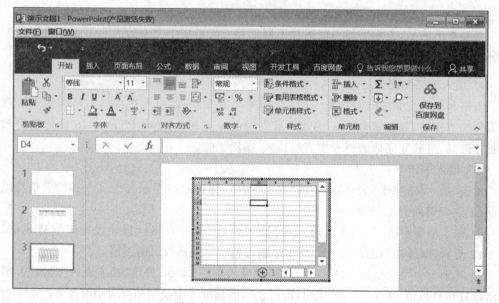

图 7-13　插入一个 Excel 表格

行编辑即可；对于 Excel 表格，双击该表格，系统将进入 Excel 编辑状态，然后把光标定位到需要编辑的单元格进行编辑即可。

其实，一旦选中要编辑的非 Excel 表格，系统将呈现"表格工具—设计/布局"选项卡。

若选中要编辑的 Excel 表格，系统将呈现"表格工具—格式"选项卡，以帮助用户对幻灯片中插入的表格进行编辑。

① 单击"表格工具—设计"选项卡"表格样式"组中的按钮，可以设置表格样式、表格的底纹、表格边框以及表格外观效果等。

② 单击"表格工具—设计"选项卡"绘制边框"组中的按钮,可以擦除或绘制表格线,包括表头斜线等。

③ 单击"表格工具—布局"选项卡"行和列"组中的按钮,可以在表格中插入或删除一行或一列以及删除整个表格。

④ 单击"表格工具—布局"选项卡"合并"组中的按钮,可以实现合并单元格或拆分单元格。

⑤ 单击"表格工具—布局"选项卡"单元格大小"组中的按钮,可以设置单元格的高度和宽度、表格的平均分布高度和宽度。

⑥ 单击"表格工具—布局"选项卡"对齐方式"组中的按钮,可以设置单元格的对齐方式、文字方向等。

⑦ 单击"表格工具—格式"选项卡"形状样式"组中的按钮,可以设置 Excel 表的底纹、边框等。

⑧ 单击"表格工具—格式"选项卡"大小"组中的按钮,可以设置 Excel 表的高度、宽度等。

当然,也可以右击插入的表格,弹出快捷菜单,单击"设置形状格式"命令(对非 Excel 表格)或单击"设置对象格式"命令(对 Excel 表格),系统将弹出如图 7-8 所示的"设置形状格式"任务窗格或类似的"设置对象格式"任务窗格,从中完成对表格的编辑。

(3) 插入图表

单击"插入"选项卡"插图"组中的"图表"按钮,系统将弹出如图 7-14 所示的"插入图表"对话框,从中选定图表的类型后,单击"确定"按钮,系统即把 PowerPoint 2016 缩小一半置于屏幕左边,幻灯片上出现选定图表类型的图表,同时在屏幕右边打开 Excel 2016 窗口且打开了一个与图表对应的数据电子表格,如图 7-15 所示。接下来的操作步骤如下。

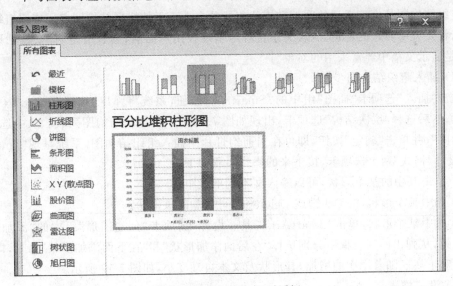

图 7-14　"插入图表"对话框

① 修改/编辑右窗口中电子表格中的数据,左窗口中幻灯片中的图表随之变化。

② 编辑完成后,单击 PowerPoint 2016 窗口中的空白处,即完成图表的插入。

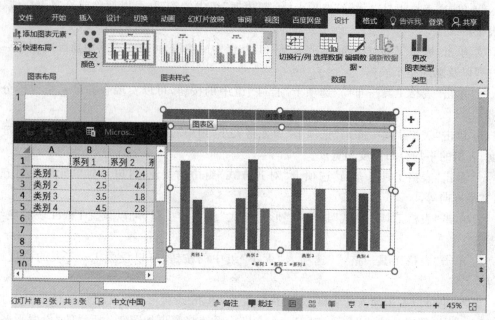

图 7-15　在幻灯片中插入图表

③ 关闭 Excel 窗口,继续编辑幻灯片。

（4）编辑图表

若要编辑插入幻灯片中的图表,则单击图表,系统呈现"图表工具—设计/布局/格式"三个选项卡,对图表的编辑与 Excel 2016 完全相同,图表中每一种对象均可以进行编辑。

5. 插入组织结构图

组织结构图是由一系列的图框和连线组成的自上而下的树形结构图表。使用组织结构图可以将要说明对象的逻辑、从属关系直观地呈现在用户面前,具有清楚明了、易见易懂的特点,是演示文稿中经常采用的对象。

（1）插入组织结构图步骤

单击"插入"选项卡"插图"组中的"SmartArt"按钮,系统将弹出"选择 SmartArt 图形"对话框,然后选择"层次结构"选项卡,出现如图 7-16 所示的组织结构图列表。从中选择"组织结构图",并单击"确定"按钮,即可在当前幻灯片中插入组织结构图,系统呈现"SmartArt工具-设计/格式"两个选项卡,接下来的操作步骤如下。

① 单击其中的某个形状,可以输入文本到形状中。

② 选中某个形状,按 Del 键或 Delete 键,可以删除该形状。

③ 选中某个形状,单击"SmartArt 工具—设计"选项卡"创建图形"组中的"添加形状"下拉按钮,从弹出的列表框中分别选择"在后面添加形状"和"在下面添加形状"命令,即可添加部门和下属。随着层次的增加,其形状及文本自动变小,如图 7-17 所示。

（2）设置格式

① 单击"SmartArt 工具—设计"选项卡"SmartArt 样式"组中的按钮,可以改变组织结构图的样式。

② 单击"SmartArt 工具—格式"选项卡"形状样式"和"艺术字样式"组中的按钮,可以

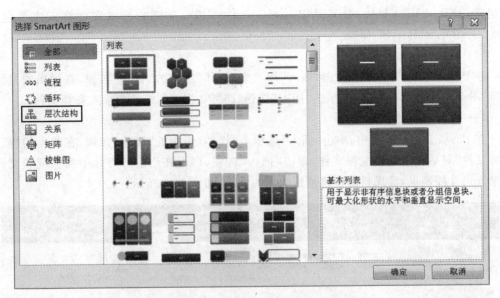

图 7-16　"选择 SmartArt 图形"对话框

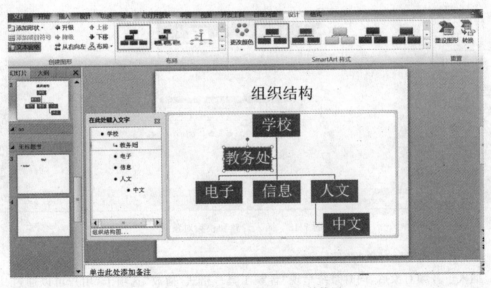

图 7-17　在幻灯片中插入组织结构图

改变形状的样式以及文本的样式。

对于结构图中的形状、连线的边框和颜色等格式都可以进行设置,其设置方法与 Word 2016 图形的格式化设置方法相同。

当然,也可以右击插入的组织结构图,弹出快捷菜单,单击"设置对象格式"命令,系统将弹出如图 7-8 所示的"设置形状格式"任务窗格,从中完成对组织结构图的设置。

6. 插入多媒体对象

PowerPoint 2016 允许用户在幻灯片中插入视频和音频文件,使得在播放幻灯片时能自动播放或通过单击鼠标播放这些文件。能够在 PowerPoint 2016 播放的视频文件格式主要包括 ASF、AVI、CDA、MLV、MPG、MOV、DAT 等，支持的音频文件格式主要包括 WAV、MIDI、RMI、AIF、MP3。

（1）插入音频文件

在 PowerPoint 2016 中，单击"插入"选项卡"媒体"组中的"音频"按钮，在弹出的"插入音频"对话框中选择音频文件，单击"插入"按钮，即可在当前幻灯片中插入音频文件。

（2）插入视频文件

在 PowerPoint 2016 中，单击"插入"选项卡"媒体"组中的"视频"按钮，在弹出的"插入视频文件"对话框中选择视频文件，单击"插入"按钮，即可在当前幻灯片中插入视频文件。拖动其尺寸控制点，将视频窗口调整到适当的大小，如图 7-18 所示。

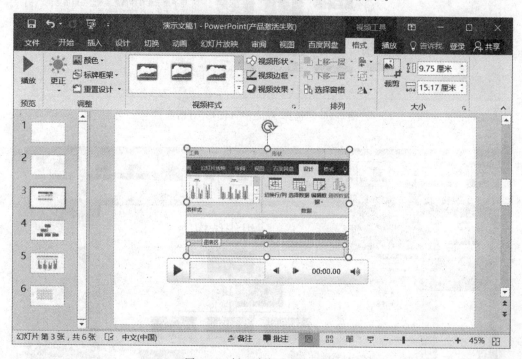

图 7-18　插入音频和视频对象

（3）音频和视频对象的编辑

插入了音频对象后，同时系统呈现"音频工具—格式/播放"选项卡，用户可以通过其功能按钮对音频对象进行设置。

① 放映时不出现音频对象图标：选中"音频工具—播放"选项卡"音频选项"组中的"放映时隐藏"复选框。

② 放映全程播放背景音乐：单击"音频工具—播放"选项卡"音频选项"组中的"开始"右侧的下拉按钮，在弹出的列表中选择"跨幻灯片播放"命令。

③ 放映时重复播放音频：选中"音频工具—播放"选项卡"音频选项"组中的"重复播放，直到停止"复选框。

视频对象插入后，系统也同时呈现"视频工具—格式/播放"选项卡，从中可以进行视频剪裁、全屏播放、自动播放等设置。

当然,右击音频或视频对象,在弹出的快捷菜单中选择"设置音频格式"或"设置视频格式"命令,也可弹出相应的任务窗格,如图 7-19 所示。

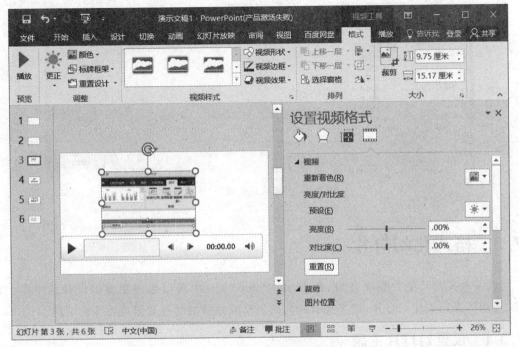

图 7-19 "设置视频格式"任务窗格

7. 超链接

在 PowerPoint 2016 中,超链接功能允许从一个幻灯片到另一个幻灯片、自定义放映、网页或文件的连接。允许用户为幻灯片中的文字、图片、图形形状、艺术字、Excel 表格等对象添加超链接。为幻灯片中的文字等对象添加"超链接"的方法如下。

右击幻灯片中需要添加超链接的文字或某个对象,从弹出的快捷菜单中选择"超链接"命令;或单击"插入"选项卡"链接"组中的"超链接"按钮,系统都将弹出如图 7-20 所示的"插入超链接"对话框。

在"插入超链接"对话框左侧的"链接到"列表框中,包括了"现有文件或网页""本文档中的位置""新建文档"和"电子邮件地址"4 种链接类型,根据需要单击其中一个,该对话框将做出相应的改变,再按其中的设置要求进行相应的设置,最后单击"确定"按钮即可。从图 7-20 可以看出,为当前幻灯片中的"1.1 计算机的发展"文字建立的超链接目标是"本文档中的位置",设置"请选择文档中的位置"为"幻灯片标题"中的"幻灯片 3"(其标题是:"1.1 计算机的发展")。当播放到当前幻灯片并将光标移到"1.1 计算机的发展"文字上时,光标即变成指向形状,单击该文字,系统切换至本演示文稿的第 3 张幻灯片播放。

如果要修改某个对象的超链接,首先右击该对象,从弹出的快捷菜单中选择"编辑超链接"命令;或单击"插入"选项卡"链接"组中的"超链接"按钮,系统都将弹出与图 7-20 类似的"编辑超链接"对话框,然后根据要求对超链接进行修改即可。

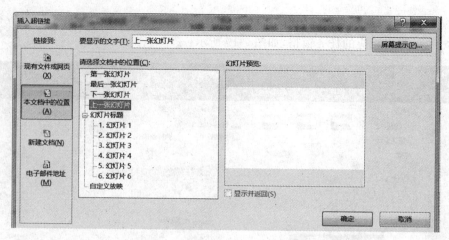

图 7-20　"插入超链接"对话框

7.3　格式化幻灯片

为了使幻灯片更加亮丽夺目,在 PowerPoint 2016 中可以通过更改幻灯片的主题、背景、母版等来格式化幻灯片,使之拥有相同的风格或独特的背景效果或特殊的结构。

7.3.1　设置幻灯片主题

幻灯片主题是一种贯穿整个演示文稿的模板,以统一的风格和独特的设计模板来装饰幻灯片背景以及各对象。PowerPoint 2016 提供了数十种内置主题,并允许增加来自 Office.com 的主题。选择主题的原则应当是使主题风格与演示文稿内容相匹配。设置幻灯片主题的方法是:单击演示文稿的某页幻灯片,单击"设计"选项卡"主题"组中的"其他"按钮,系统将弹出主题列表框(每个主题都有主题名),如图 7-21 所示。单击某个主题按钮即可修改当前演示文稿的主题。图 7-22 所示为选择"积分"主题的幻灯片风格。

图 7-21　内置主题列表

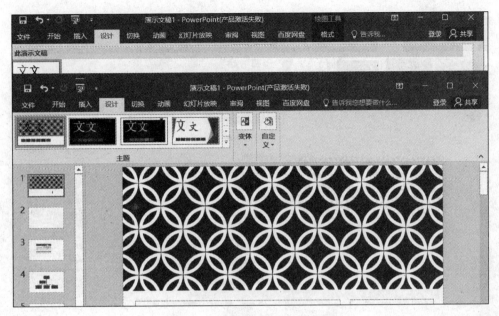

图 7-22 采用"积分"主题的演示文稿

PowerPoint 2016 还提供了一组工具来修改内置主题的颜色、字体和效果。这组工具按钮即是位于"设计"选项卡"主题"组右侧的"颜色""字体"和"效果"3 个下拉按钮,而每个按钮都携带数十种功能项列表,这样最终组合的主题风格数目将多得惊人。另外,若在"颜色"列表框中选择一种主题颜色组合后右击,并在弹出的快捷菜单中选择"应用于所选幻灯片"命令,则只对当前幻灯片的主题颜色进行变更;若在弹出的快捷菜单中选择"应用于所有幻灯片"命令,则对当前演示文稿的主题颜色进行变更。

7.3.2 设置幻灯片背景

幻灯片背景既可以针对某张幻灯片,也可设置背景格式以贯穿整个演示文稿。具体方法是单击需要设置不同背景的幻灯片,然后单击"设计"选项卡"自定义"组中的"设置背景格式"按钮,系统将弹出如图 7-23 所示的"设置背景格式"任务窗格,从中可以完成如下的背景设置。

1. "填充"选项
背景填充可以是纯色、渐变颜色、图片或纹理、图案等。

(1) 若选择"渐变填充"并单击"预设颜色"下拉按钮,可在其列表框中选择一种渐变预设效果(如彩虹出岫),则可将背景以"彩虹出岫"的渐变颜色填充,并且可以调节其类型、线性、方向、角度等参数以改变填充效果。

(2) 若选择"图片或纹理填充"并单击"纹理"下拉按钮,可在其列表框中选择一种纹理(如画布),则可将背景以"画布"纹理填充,并且可以调节其偏移量、缩放比、对齐方式、透明度等参数。

(3) 若选择"图案填充"并单击其列表框选择一种图案(宽下对角线),则可将背景以"宽下对角线"图案填充,并且可以调节其前景颜色和背景颜色等参数。

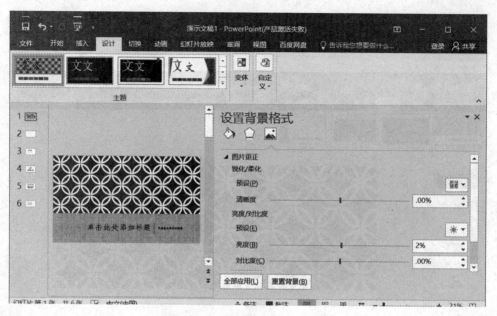

图 7-23　"设置背景格式"任务窗格

（4）若选中"隐藏背景图形"复选框，则将当前幻灯片母版中预设的背景图形隐藏起来，成为一张只有插入对象和设置背景的幻灯片。

2. "图片更正"选项

可对充当填充物的图片、纹理或图案做进一步的处理，包括"锐化和柔化""亮度和对比度"的设置，以增强背景图片、纹理和图案的效果。

3. "图片颜色"选项

可对充当填充物的图片、纹理或图案做进一步的处理，包括"颜色饱和度""色调"的设置，以增强背景图片、纹理和图案的效果。

4. "艺术效果"选项

若单击"艺术效果"按钮，在其功能项列表中选择一种艺术效果（如影印），则可将背景图片、纹理等以其"影印"效果填充，并且可以调节其透明度和细节等参数。

5. "全部应用"与"重置背景"按钮

单击"全部应用"按钮，则所选背景将贯穿整个演示文稿，否则仅当前幻灯片有效，单击"重置背景"按钮则消除已设置的背景。

需要说明的是，在 PowerPoint 2016 中，对于纯色、渐变、纹理、图案、图片的背景设置是不能重叠的，只能是最后一种设置有效。

7.3.3　自定义主题颜色方案

在 PowerPoint 2016 中，"主题颜色"方案是 8～12 种颜色为一组、用于演示文稿主题的颜色方案。一个主题可以有多种"主题颜色"方案，每种主题颜色都有其特定的用途。适当选择"主题颜色"，可以使主题更加适宜于相应的场合和环境、更加彰显演示文稿播放的主题效果。PowerPoint 2016 预设了 40 多种"主题颜色"方案,并允许用户自定义主题颜色。

　　自定义主题颜色的方法是:首先选择某张幻灯片为当前幻灯片,然后,单击"设计"选项卡"变体"组中的"颜色"下拉按钮,在弹出的列表框中选择"自定义主题颜色"命令,系统将弹出"新建主题颜色"对话框,如图 7-24 所示。在该对话框的左窗格列出了新建主题中文字、背景、超链接等幻灯片对象的调色下拉按钮,单击它们并从弹出的列表中选取所需要的颜色,最后给自定义主题颜色命名后,单击"保存"按钮即可。

图 7-24 "新建主题颜色"对话框

7.3.4 母版的功能与修改

1. 母版的功能

　　在 PowerPoint 2016 中,所谓"母版"就是一种特殊的幻灯片,用于存储有关演示文稿的主题和幻灯片版式的信息,包括背景、颜色、字体、效果、占位符的大小和位置等。每个演示文稿至少包含一个幻灯片母版。使用母版可制作统一标志和背景内容、设置默认版式和格式(包括文本的字体、字号、颜色和阴影等特殊效果、页脚、日期和编号等占位符及项目符号样式),无须在多张幻灯片上输入相同的信息。PowerPoint 2016 提供了幻灯片母版、讲义母版、备注母版三种母版,其功能和作用如下。

　　(1) 幻灯片母版:默认 11 张(对应 11 种版式),含有标题及文本的版面配置区,它包括 5 个占位符,分别是标题占位符、文本对象占位符、日期占位符、页脚占位符和数字占位符,对母版进行更改和设置将应用于当前演示文稿中的所有幻灯片中。

　　(2) 讲义母版:讲义母版用于控制幻灯片的讲义打印格式,即在一页打印纸版面中放置 1 张或 2 张或 3 张或 4 张或 6 张或 9 张幻灯片的版面设置,并可设置页眉和页脚内容,以方便用户打印后装订成讲义使用。

（3）备注母版：备注母版用于控制备注中所有幻灯片的缩略图和用于添加参考资料等备注的文本占位符，允许输入关于该幻灯片的备注信息，并可进行打印输出。

2. 修改母版

修改幻灯片母版的主要优点是可以对演示文稿中的每张幻灯片（包括以后添加到演示文稿中的幻灯片）进行统一的样式更改。由于幻灯片母版影响整个演示文稿的外观，因此，对幻灯片母版的任何修改，只能在"幻灯片母版"视图下进行操作。单击"视图"选项卡"母版视图"组中的"幻灯片母版"按钮，即可呈现演示文稿的"幻灯片母版"视图，如图 7-25 所示。在该视图下，可对母版进行设计与修改。

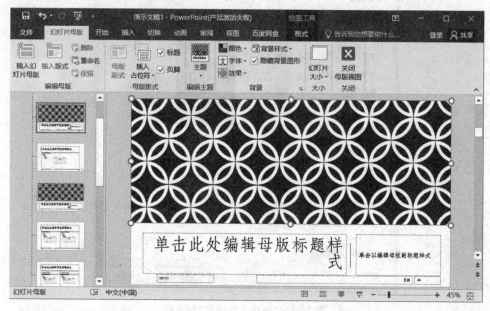

图 7-25　幻灯片母版视图

在"幻灯片母版"视图下修改、删除或增加一个或多个"幻灯片"，实质上是在修改、删除或增加该演示文稿中幻灯片的一个或多个版式。尽管每个幻灯片版式设置的内容、位置和方式均有所不同，然而，同一演示文稿（幻灯片）母版中相关联的所有版式均包含相同主题（配色方案、字体和效果）。幻灯片母版常用的修改有以下几种。

（1）更改占位符的参数、页眉和页脚。占位符就是为幻灯片中的文本框、图形、图表等对象规定的一个固定位置。在幻灯片中单击占位符，即可在里面添加相应的内容。占位符起到了规划幻灯片结构的作用。在幻灯片的不同版式中有不同对象的占位符。

在母版视图中，选中要修改的占位符，单击"绘图工具—格式"选项卡"形状样式"组中的对话框启动器按钮；或右击要修改的占位符，从弹出的快捷菜单中单击"设置形状格式"命令，均可弹出"设置形状格式"任务窗格，从中可修改其颜色、线条、大小和位置。

选中要修改的占位符，然后单击"开始"选项卡"字体"组中的"字体""字号""颜色""加粗"等按钮、"段落"组中的"对齐""项目"按钮等对占位符中的内容进行设置。

在母版视图中，可以在页眉/页脚的占位符中加入特定的相关信息，但是在幻灯片母版中加入的页眉/页脚信息，需要与打印设置功能中的"编辑页眉和页脚"功能设置结合才能在幻灯片普通视图中看到页眉和页脚的信息,具体操作将在 7.5.2 节中介绍。

需要说明的是,在 PowerPoint 2016 中,可以利用系统提供的各种版式来修改幻灯片,或者用户手动添加、删除各种对象来丰富幻灯片内容,因而幻灯片母版中标题和文本占位符的设置与修改就显得不是那么重要了。

(2) 插入固定文字、图片、图案等。有时需要在多张幻灯片上的相同位置显示同样内容,如单位名称、徽标或其他的图案等,此时应用母版则可以方便地实现。

切换到母版视图下,可以在与幻灯片母版相关联的幻灯片版式页中进行插入诸如固定文字、徽标或其他的图案等对象。将该母版应用于幻灯片制作时,这些对象或文字都会原样显示,而且不能在普通视图中修改。

(3) 改变主题和背景方案。对幻灯片母版主题和背景的设置方法与对幻灯片的操作相同。将修改后的母版应用于幻灯片制作时,它的背景和配色方案都是可以更改的。若对单张幻灯片的背景和配色方案已经做了重新设置,则母版中新的背景和配色不会影响该幻灯片。

(4) 插入一个新版式。如果要在幻灯片母版中插入一个新的版式(系统默认 11 种版式),单击“幻灯片母版”视图中的“幻灯片母版”选项卡“编辑母版”组中的“插入版式”按钮,系统即插入一个含有部分占位符(标题、页眉/页脚)的版式页面,允许用户编辑自己的版式。

(5) 插入多个幻灯片母版。若希望演示文稿中包含两种或更多种不同的样式或主题(例如背景、配色方案、字体和效果),则需要为每种不同主题插入一个幻灯片母版。在“幻灯片母版”视图中,单击“幻灯片母版”选项卡“编辑母版”组中的“插入幻灯片母版”按钮,系统即在当前母版之后插入一个母版,可在大纲窗格中看到其中有两个幻灯片母版。每个幻灯片母版都可以应用不同主题。

(6) 创建多个幻灯片母版的模板文件。可以先创建一个包含一个或多个幻灯片母版的演示文稿,然后将其另存为 PowerPoint 模板(.potx)文件,并使用该模板文件创建其他演示文稿。注意,应该在开始构建各张幻灯片之前创建或修改幻灯片母版,而不要在构建了幻灯片之后再创建母版。

备注母版和讲义母版的修改更为简单,在此不赘述。

7.4 设置幻灯片放映效果

在 PowerPoint 2016 中,可以通过对幻灯片之间的切换、隐藏以及幻灯片上各个对象的动画进行设置,使幻灯片的放映效果更加生动精彩、引人入胜。

7.4.1 设置动画效果

PowerPoint 2016 提供了动画设置功能,能为幻灯片上每一个对象,包括文本框、图片和艺术字、图形、表格、图表和组织结构图、段落文字等,自定义播放时的动画效果,以突出重点、控制播放顺序,同时增加演示文稿的趣味性。PowerPoint 2016 的动画效果分为“进入”“强调”“退出”“动作路径”四大类,用户可以根据需要选择其中的一种或多种来为所选对象设置动画效果。

1. 为对象添加动画效果

选中幻灯片中要设置动画效果的对象,然后单击"动画"选项卡"动画"组中的按钮展示区右侧的"其他"按钮,弹出动作按钮列表框,如图 7-26 所示。从中选择所要的动画按钮,即可为幻灯片中所选择对象设置动画效果,并完成一次与按钮规定的动作一致的动画预览。这种预览功能可以让用户更准确、更快捷地预览所设置的动画效果。

(1) 进入类动画效果:设置对象进入放映屏幕的某种动画效果。如图 7-26 所示的列表框中"进入"窗格只列出了进入类动画效果的一部分。单击"动画效果列表框"中的"更多进入效果"命令,系统将弹出如图 7-27 所示的"更多进入效果"对话框。所选对象可任选其中一种进入动画效果。

(2) 强调类动画效果:设置对象在放映屏幕上展现某种强调或突出的动画效果(对象之前已经出现在放映屏幕上了)。图 7-26 中"强调"窗格只列出了强调类动画效果的一部分,单击"动画效果列表框"中的"更多强调效果"命令,系统将弹出与图 7-27 类似的"更多强调效果"对话框。所选对象可任选其中一种强调动画效果。

(3) 退出类动画效果:设置对象在放映屏幕上消失的动画效果。图 7-26 中"退出"窗格只列出了退出类动画效果的一部分,单击"动画效果列表框"中的"更多退出效果"命令,系统将弹出与图 7-27 类似的"更多退出效果"对话框。所选对象可任选其中一种退出动画效果。

(4) 动作路径动画效果:设置对象以某种指定的模式移动的动画效果。图 7-26 中"动作路径"窗格只列出了动作路径类动画的一部分,单击"动画效果列表框"中的"其他动作路径"命令,系统将弹出与图 7-27 类似的"更多动作路径"对话框。所选对象可任选其中一种动作路径动画效果。

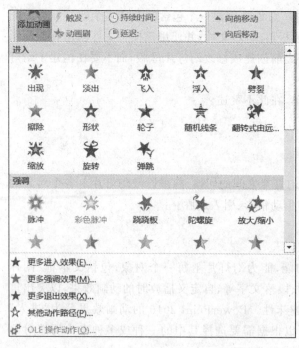

图 7-26　PowerPoint 2016 动画效果列表框

图 7-27　"更多进入效果"对话框

在设置动画效果类型的同时，还可以对动画效果中的触发方式、速度、方向、尺寸、数量、路径、声音、动画播放次数等参数进行详细设置。当然，不同的动画效果会出现不同的选项参数设置。主要设置参数包括以下几个。

(1) 方向：设置动画对象在屏幕上移动的方向(只有部分动画)。由"效果选项"按钮设置。

(2) 开始：设置动画启动的方式，如"单击时""上一动画之后"等。由"开始"列表框设置。

(3) 持续时间：设置动画的快慢，持续时间短的速度快，反之亦然。由"持续时间"列表框设置。

(4) 延迟：设置动画滞后动作时间，即上一个动画完成后，到本次动画启动的时间间隔。通过"延迟"列表框设置。

(5) 声音：设置播放动画时的伴音效果。在"效果选项"对话框中的"效果"选项卡中设置。单击"动画"选项卡"动画"组中的对话框启动器按钮，弹出显示效果选项对话框，如图 7-28 所示。实际上，动画参数均可以在效果选项对话框中设置，适合做详细设置。

注意：当选中除文本框之外的其他对象时，动画播放时对象作为一个整体来播放。若选中的是文本框，则可以进行更加详细的设置，使得文本框内部的文字按字、词、段落进行动画播放。若选择某些文字进行动画设置时，该文字所在段落将作为一个整体进行动画播放。

2. 设置动画播放顺序

在 PowerPoint 2016 中，一个对象可以设置多种动画效果，但必须使用"动画"选项卡"高级动画"组中的"添加动画"按钮来设置。每一种动画设置就是一个事件。当为幻灯片中的对象设置了动画后，在对象的左侧会标记其播放的序号，在图 7-29 所示的自定义动画窗格中会按播放顺序显示动画设置序列。PowerPoint 2016 事件的播放顺序将按照此序列进行。

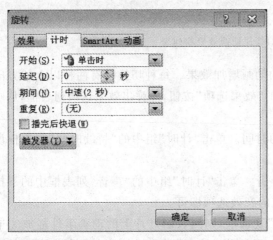

图 7-28　显示效果选项对话框　　　　　图 7-29　自定义动画窗格

PowerPoint 2016 允许手动修改这些动画播放的顺序。方法是单击"动画"选项卡"高级动画"组中的"动画窗格"按钮,即在 PowerPoint 2016 窗口的右侧弹出"动画窗格"任务窗格,选中某个动画事件,然后单击该窗格下方"重新排序"中的"向上"或"向下"按钮,即可使所选对象的位置在播放队列中发生变化,进而改变其播放顺序。

3. 修改或删除动画

在"动画窗格"任务窗格中,右击某个动画事件,即可弹出其快捷菜单,若单击其中的"删除"命令,即可删除为该对象添加的动画控制信息,但不会删除相关的对象;若单击快捷菜单中的其他命令,则可修改该动画事件的控制信息。

7.4.2 幻灯片切换效果

幻灯片的切换效果是指在放映演示文稿时,两张幻灯片切换时的动画效果。它有别于幻灯片插入对象的动画效果。即使幻灯片中各插入对象均未设置动画效果,该幻灯片仍然可以设置其切换效果,以达到播放新颖、趣味无穷的效果。电子相册采用的就是这种效果。

选中某个幻灯片,单击"切换"选项卡"切换到此幻灯片"组中所列的某个功能按钮,系统将预览与该切换功能按钮的功能对应的幻灯片切换效果。若单击"切换到此幻灯片"组中的按钮展示区右侧的"其他"按钮,即可弹出如图 7-30 所示的切换功能项列表,从中可以选择更多的幻灯片切换效果。另外,切换效果还可以进行以下方面的设置。

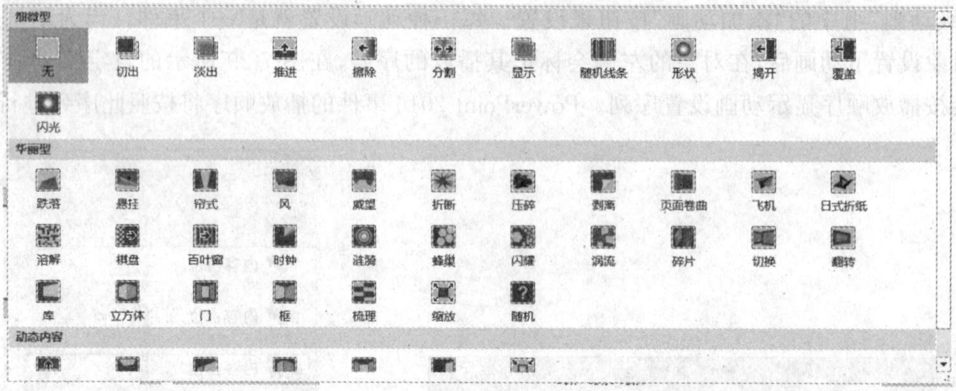

图 7-30 幻灯片切换效果项列表

(1) 效果选项:设置幻灯片切换时的动画增加效果。每种切换都有两种以上的方向性增加效果。单击"切换到此幻灯片"组中的"效果选项"按钮,即弹出效果选项列表框,从中选择适宜的效果选项即可。

(2) 持续时间:设置切换动画播放的时间。单击"计时"组中的"持续时间"列表框设置持续时间即可。

(3) 声音:设置切换动画播放时的声音。单击"计时"组中的"声音"列表框中的下拉按钮,从弹出的声音选项列表框中选择适宜的音效选项即可。

(4) 换片方式:若选中"单击鼠标时"复选框,则当该幻灯片上的动画事件播放完毕后单击或者按下任意键才切换到下一个幻灯片;若选中"设置自动换片时间"复选框,并设置一个时间值,则当该幻灯片内的动画自动播放完毕后,延迟指定的时间后,自动切换到下一个幻灯片。

（5）全部应用：单击"全部应用"按钮，则所选择的幻灯片切换方式被应用于整个演示文稿，否则只应用于当前幻灯片。

7.4.3 隐藏幻灯片

在放映演示文稿时，若某些幻灯片没必要放映，但又不想删除它们，则可以隐藏这些幻灯片，使得在播放时不出现这些幻灯片。具体方法是在普通视图或幻灯片浏览视图中，选中要隐藏的幻灯片或幻灯片缩略图，单击"幻灯片放映"选项卡"设置"组中的"隐藏幻灯片"按钮，即可隐藏所选幻灯片，同时在被隐藏的幻灯片缩略图的编号上被加上一个"口"标志。若要恢复幻灯片的放映，则选中被隐藏的幻灯片，再次单击"隐藏幻灯片"按钮即可。

7.4.4 幻灯片放映设置

演示文稿制作完成后，若想得到满意的放映效果，还须进行演示文稿的放映设置。

1. 放映类型

单击"幻灯片放映"选项卡"设置"组中的"设置幻灯片放映"按钮，将弹出如图 7-31 所示的"设置放映方式"对话框，从中可以选择 PowerPoint 2016 提供的三种放映类型。

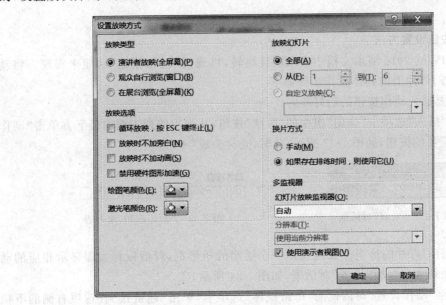

图 7-31 "设置放映方式"对话框

（1）演讲者放映（全屏幕）：选择此项，则在放映演示文稿时全屏幕显示演示文稿，演讲者对演示文稿的放映具有完全控制权，并可采用自动或人工方式进行放映及放映过程中的各种设置。

（2）观众自行浏览（窗口）：选择此项，放映演示文稿时可由观众自己操作。这种放映方式即演示文稿的"阅读视图"模式，在 PowerPoint 2016 窗口的右下方提供命令按钮以控制放映时幻灯片向前或退后，同时提供一个菜单按钮，允许对幻灯片进行移动、编辑、复制和打印。一般用于会议、展览中心等地方。

（3）在展台浏览（全屏幕）：选择此项时，放映演示文稿时可自动运行，不需要专人播放。当然，演示文稿的各幻灯片应设置自动换片时间。若最后一张幻灯片也设置自动换片时间，则它自动重新开始播放。用户可以使用鼠标控制超链接和动作按钮，但不可以改变演示文稿内容。

2．放映选项设置

在图 7-31 所示的"设置放映方式"对话框中，可以对放映时的动画、旁白、屏幕指针颜色进行设置。另外，还可以指定要放映的幻灯片内容是演示文稿的全部或是其中的一部分；还允许对多显示器放映、分辨率、使用演示者视图等进行设置。

设置好之后，选择"幻灯片放映"选项卡中的"观看放映"项（或按 F5 键），PowerPoint 2016 将按照所设置的某种播放类型对当前演示文稿进行播放。

3．设置排练计时

设置排练计时以记录演示文稿中每张幻灯片上的每个动作发生和持续的时间，在以后的播放中，可以按这些时间进行自动播放，而无须手工控制。其操作步骤如下。

（1）在"大纲窗格"中单击演示文稿的一张幻灯片缩略图。

（2）单击"幻灯片放映"选项卡"设计"组中的"排练计时"按钮，系统进入全屏放映模式，并弹出"录制"对话框，如图 7-32 所示，同时记录此张幻灯片的放映时间，供以后自动放映用。

4．动作按钮设置方法

在 PowerPoint 2016 演示文稿中实现链接跳转，可通过"动作按钮"功能来实现。将动作按钮添加到幻灯片上的具体操作步骤如下。

（1）单击要插入动作按钮的幻灯片。

（2）单击"插入"选项卡"插图"组中的"形状"按钮，从弹出的列表框的最下方单击"动作按钮"组中所需要的按钮，如图 7-33 所示，此时，光标变成"＋"形状。

图 7-32　"录制"对话框

图 7-33　"动作按钮"组列表

（3）在当前幻灯片的适当位置拖曳出一个适当的矩形框，释放鼠标后即显示相应的动作按钮，同时系统弹出"动作设置"对话框，如图 7-34 所示。

（4）切换至"动作设置"对话框的"单击鼠标"选项卡，单击"超链接到"选项右侧的下拉按钮，从弹出的下拉列表中，选择要超链接的幻灯片或 URL 地址或其他文件，单击"确定"按钮即可。

（5）右击所添加的动作按钮，弹出快捷菜单，从中选择"添加文本"命令，并输入所需的文本，设置好文本的字号、字体、颜色等属性，即可使所添加的动作按钮成为文本型按钮；再切换至"绘图工具—格式"选项卡，调整该动作按钮的大小、样式、艺术字等；最后，将其定位在幻灯片中合适的位置上即可。

5．自定义放映

在 PowerPoint 2016 中，自定义放映模式可以实现灵活的演示文稿播放形式，允许针对不同的演讲对象将同一个演示文稿创建不同幻灯片播放序列,从而获得最佳演讲效果。

　　单击"幻灯片放映"选项卡"开始放映幻灯片"组中的"自定义幻灯片放映"按钮,从弹出的列表框中选择"自定义放映"命令,系统将弹出"自定义放映"对话框,从中单击"新建"按钮,即可弹出如图 7-35 所示的"定义自定义放映"对话框。在"幻灯片放映名称"文本框中输入自定义的幻灯片放映名称,然后,依次勾选左窗格中需要播放的幻灯片,单击"添加"按钮,即可添加到右窗格,即形成用户自定义的幻灯片放映序列,单击"确定"按钮自定义的名称就出现在"自定义幻灯片放映"按钮对应的列表框中。单击"自定义幻灯片放映"列表框中的该项命令即开始自定义放映。同一个演示文稿可以建立多个播放序列。

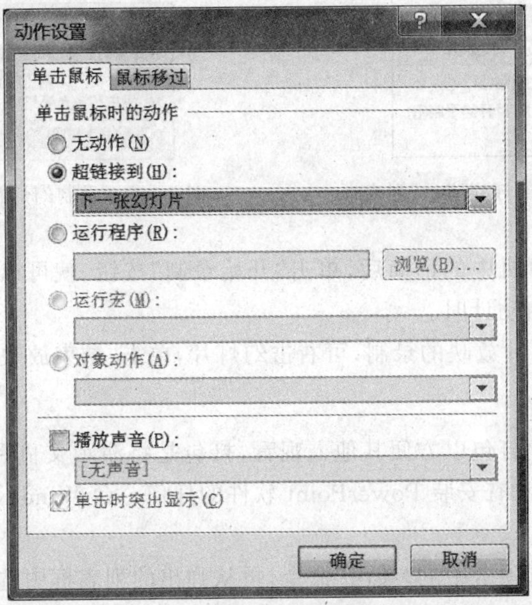

图 7-34　"动作设置"对话框

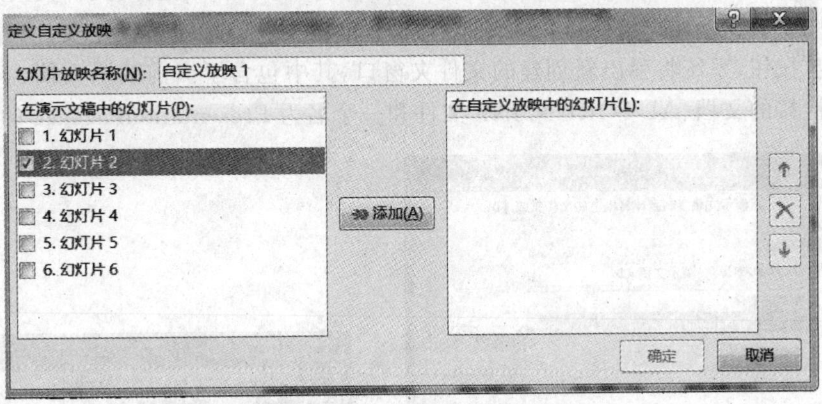

图 7-35　"定义自定义放映"对话框

6. 录制声音旁白

　　通过添加音频旁白,可以在幻灯片自动播放的同时,进行音频讲解,实现更好的播放效果。另外,在用演示文稿来创建视频时,除设置动画外,添加声音或为每张幻灯片添加解说可使视频更加生动有趣,而使用录制声音旁白是一种很好的方法。录制声音旁白的具体操作步骤如下。

(1)单击"幻灯片放映"选项卡"设置"组中的"录制幻灯片演示"下拉按钮,系统将弹出如图7-36所示的列表框。

(2)选择"从头开始录制"命令或"从当前幻灯片开始录制"命令,将弹出如图7-37所示的"录制幻灯片演示"对话框,从中选中"旁白和激光笔"复选框。可根据需要选中或取消选中"幻灯片和动画计时"复选框。

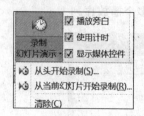

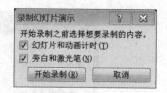

图7-36 "录制幻灯片演示"列表框　　　　图7-37 "录制幻灯片演示"对话框

(3)在配置好计算机中的话筒后,单击"开始录制"按钮,就可以为幻灯片添加旁白,同时幻灯片开始放映并自动计时。

(4)若要结束幻灯片放映的录制,可右击幻灯片,单击"结束放映"按钮。

7. 演示文稿的发布

发布是将演示文稿打包以方便其他人观看,打包是将演示文稿和与其相关的文件打包成打包文件,使其能在没有安装PowerPoint软件的任何一台Windows计算机上正常放映。具体操作步骤如下。

首先选择"文件"选项卡中的"导出"命令,再从弹出的列表框中选择"将演示文稿打包成CD"命令,单击"打包成CD"按钮,系统将弹出如图7-38所示的"打包成CD"对话框。

在"要复制的文件"列表框中选择当前演示文稿,然后单击"复制到文件夹"按钮。系统将弹出如图7-39所示的"复制到文件夹"对话框;单击"浏览"按钮可设定文件夹名和位置,单击"确定"按钮,系统将弹出新创建的文件夹窗口,其中包含了当前演示文稿、演示文稿中使用的超链接的文档、AUTORUN.INF文件和一个名为PresentationPackage的文件夹。

图7-38 "打包成CD"对话框　　　　图7-39 "复制到文件夹"对话框

如果在"打包成 CD"对话框中单击"复制到 CD"按钮,系统将自动弹出 DVD 刻录机的仓门,用户需要装入一个空白的 DVD/RW 光盘后,关闭仓门,即可制作成光盘,其中包含了当前演示文稿、演示文稿中使用的超链接的文档、AUTORUN. INF 文件和一个名为 PresentationPackage 的文件夹。

7.5 打印演示文稿

对于演示文稿,我们不只可以通过屏幕展示出来,还可以将它们打印出来,更加方便地阅读。在打印之前要进行纸张页面、打印内容等打印参数的设置。

7.5.1 页面设置

单击"文件"选项卡中的"打印"按钮,系统将弹出如图 7-40 所示的对话框。

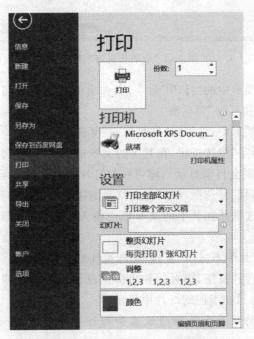

图 7-40　演示文稿打印功能列表

(1) 单击"设置"区域中的"打印全部幻灯片"下拉按钮,可以设置要打印幻灯片的范围。

(2) 单击"整页幻灯片"下拉按钮,可设置打印模式,包括打印版式、讲义版式打印及其他相关设置等。

(3) 单击"颜色"下拉按钮,可设置幻灯片的彩色打印、灰度打印或黑白打印。

说明:在进行页面设置的同时,"打印"选项卡右侧的预览窗格会"实时"地显示所设置的打印效果预览。

7.5.2 页眉与页脚设置

在之前介绍幻灯片母版时,我们已经知道母版上的页眉/页脚、页码、日期信息还不能直接在幻灯片普通视图中显示,必须要在如图 7-41 所示的"页眉和页脚"对话框中进行设置后才能在幻灯片普通视图中显现。在幻灯片中显示页眉和页脚的具体操作步骤如下。

图 7-41 "页眉和页脚"对话框

(1) 选择"文件"选项卡中的"打印"命令,在弹出的对话框底部选择"编辑页眉和页脚"命令,系统将弹出"页眉和页脚"对话框。

(2) 在"幻灯片"选项卡中,选中"日期和时间"复选框。

(3) 选中中部的"固定"单选按钮,在其下的文本框中输入幻灯片创建日期(若在幻灯片母版中已经设置了日期则会自动显示),即可在幻灯片的右下角显示该日期。

(4) 选中"幻灯片编号"复选框,即可在幻灯片的中下部显示幻灯片编号。

(5) 选中"页脚"复选框并在其下的文本框中输入页脚信息,即可在幻灯片的左下部显示幻灯片页脚。

(6) 选中"标题幻灯片中不显示"复选框,即可使幻灯片第 1 张(封面)不显示以上信息。

(7) 若单击"全部应用"按钮,即页眉和页脚信息出现在整个演示文稿;若单击"应用"按钮,则页眉和页脚信息只在当前幻灯片中显示。

说明:备注和讲义的页眉和页脚的设置和幻灯片相似,只是多了"页眉"信息输入和设置。

7.5.3 打印及打印预览

在打印之前,我们可以先预览打印效果,满意了再进行打印。可以单击预览窗格左下方的翻页按钮,浏览欲打印的幻灯片;或者滑动预览窗格右下角的"显示比例"滑动块,通过放大幻灯片来预览幻灯片的细节。在预览结果满意后,就可以单击"打印"列表框中的"打印"按钮,开始演示文稿幻灯片/讲义的打印。

第 8 章

网络技术基础

计算机网络是现代通信技术与计算机技术相结合的产物。计算机网络的应用已渗透到社会生活的各个方面,随着全球信息化进程的迅速发展,计算机网络已成为现代社会的基础设施。

8.1 计算机网络基础知识

8.1.1 网络的概念及功能

所谓计算机网络就是利用通信设备和线路将分布在不同地理位置的多个独立的计算机系统互连起来,在网络软件系统(包括网络通信协议、网络操作系统和网络应用软件等)控制下,连接在网络上的计算机之间可以实现相互通信和资源共享等。

计算机网络主要提供以下三个方面的功能。

1. 资源共享

资源包括计算机的软件、硬件和数据。网络中各地资源互相通用,网络上各用户不受地理位置的限制,在自己的位置上可以部分或全部使用网络上的资源,如:大容量的硬盘、打印机、绘图仪、数据库等,因此极大地提高了资源的利用率。

2. 数据通信

计算机网络上的每台计算机都可以进行信息交换。可以利用网络收发电子邮件、发布信息、电子商务、远程教育及远程医疗等。

3. 分布式处理

在网络操作系统的控制下,网络中的计算机可以协同工作,完成仅靠单机无法完成的大型任务,即一项复杂的任务可以划分成许多部分,由网络内各计算机分别完成有关部分,从而大大增强了整个系统的性能。

可见,计算机网络扩展了计算机系统的功能,增大了应用范围,提高了可靠性,提供了用户应用的方便性和灵活性,实现了综合数据传输,为社会提供了更广泛的应用服务。

8.1.2 网络的分类和拓扑结构

1. 网络的分类

用于计算机网络分类的标准很多,如拓扑结构、应用协议等。但是这些标准只能反映网络某方面的特征,最能反映网络技术本质特征的分类标准是按分布距离将网络分为局域网、城域网和广域网。

(1)局域网(LAN):又称局部网,一般在几十千米的范围内,以一个单位或一个部门的小范围为限(如一个学校、一个建筑物内),由这些单位或部门单独组建。这种网络组网便利,成本较低,传输效率高。

(2)城域网(MAN):又称远程网,是远距离、大范围的计算机网络。城域网一般覆盖一个城市或地区,地理范围在几十千米的范围内。

(3)广域网(WAN):广域网的覆盖范围很大,如可以是一个洲、一个国家,甚至全世界。广域网一般由多个部门或多个国家联合组建,能实现大范围内的资源共享。广域网普遍利用公用电信设施,如公用电话交换网、公用数字交换网、卫星和少数专用线路进行高速数据交换和信息共享。如我国的电话交换网(PSDN)、公用数字数据网(ChinaDDN)、公用分组交换数据网(ChinaPAC)等都是广域网。广域网利用网络互联设备将各种类型的广域网和局域网互联起来,形成网间网。广域网的出现,使计算机网络从局部到全国进而将全世界连成一片,这就是 Internet。

2. 网络的拓扑结构

网络的拓扑结构是指网络中计算机系统(包括通信线路和节点)的几何排列形状,即网络的物理连接形式。拓扑图给出网络服务器、工作站的网络配置和相互间的连接,它的结构主要有星形结构、环形结构、总线型结构、树形结构、网状结构等,如图 8-1 所示。

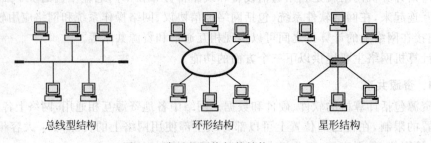

总线型结构　　　　　　　环形结构　　　　　　　星形结构

图 8-1　常见的网络拓扑结构

(1)总线型结构

在总线型结构中,所有的节点都通过相应的硬件接口连接到一根中心传输线(如同轴电缆或光缆)上,这根中心传输线被称为总线(bus)。总线型结构网络是一种共享通道的结构,总线上的任何一个节点都是平等的,当某个节点发出信息时,其他节点被抑制,但允许接收。

优点:结构简单,安装、扩充或删除节点容易,某个节点出现故障不会引起整个系统的崩溃,信道利用率高,资源共享能力强。适于构造宽带局域网。

缺点:通信传输线路发生故障会引起网络系统崩溃,网络上信息的延迟时间是不确定的,不适于实时通信。

(2)环形结构

环形结构是一种闭合的总线型结构。在环形结构中,所有的节点都通过中继器连接到一个封闭的环上,任意节点都要通过环路相互通信,一条环路只能进行单向通信,可设置两条环路实现双向通信,以便提高通信效率。

优点：网络上的每一个节点都是平等的，容易实现高速和长距离通信，由于传输信息的时间是固定的，易于实时控制，被广泛应用在分布式处理中。

缺点：网络的吞吐能力差，由于通信线路是封闭的，扩充不方便，而且环路中任一节点发生故障时，整个系统就不能正常工作。

（3）星形结构

在星形结构中，所有节点均通过独立的线路连接到中心节点上，中心节点是整个网络的主控计算机，各节点之间的通信都必须通过中央节点，是一种集中控制方式。

优点：安装容易，便于管理，某条线路或节点发生故障时不会影响网络的其他部分，数据在线路上传输时不会引起冲突。适用于分级的主从式网络，采用集中式控制。

缺点：通信线路总长较长，费用较高，对中央节点的可靠性要求高，一旦中央节点发生故障，将导致整个网络系统的崩溃。

（4）树形结构

树形结构是从星形结构扩展而来的。在树形结构中，各节点按级分层连接，节点所处的层越高其可靠性要求就越高。与总线型结构相比较，其主要区别就是总线型结构没有"根"，即中央节点。

优点：线路连接简单，容易扩充和进行故障隔离。适用于军事部门、政府部门等上、下界限相当严格的部门。

缺点：结构比较复杂，对根的依赖性太大。

（5）网形结构

在网形结构，任一节点至少有两条通信线路与其他节点相连，因此各个节点都应具有选择传输线路和控制信息流的能力。

优点：可靠性高，当某一线路或节点出现故障时，不会影响整个网络的运行。

缺点：网络管理与路由控制软件比较复杂，通信线路长，硬件成本较高。

综上所述，网络的拓扑结构反映了网络各部分的结构关系和整体结构，影响着整个网络的设计、可靠性、功能和通信费用等重要指标，并与传输介质、介质访问控制方法等密切相关。

在实际的计算机网络中经常采用混合结构，混合结构是将多种拓扑结构的网络连接在一起而形成的。混合拓扑结构的网络兼备不同拓扑结构的优点。在局域网中，使用最多的是总线型结构、环形结构和星形结构。

8.1.3 网络体系结构

1. 网络体系结构的基本概念

计算机网络最基本的功能就是将分别独立的计算机系统互连起来，网络用户可以共享网络资源及互相通信。但在这些不同实体的计算机系统之间通信，有必要建立一个国际范围的网络体系结构标准，关于信息的传输顺序、信息格式和信息内容等做出约定，这一套规则与约定称为通信协议。国际标准化组织 ISO 于 1984 年 10 月 15 日正式推荐了一个网络系统结构，叫作开放系统互连参考模型（reference model of open system interconnection，OSI/RM）。OSI 定义了各种计算机联网标准的框架结构，且得到了世界的公认。

因此，网络体系结构是指层和协议的集合，是对构成计算机网络的各个组成部分以及计算机网络本身所必须实现的功能的一组定义、规定和说明。其中"系统"是指计算机、外部设备、终端、传输设备、操作人员以及相应软件。"开放"是指按照参考模型建立的任意两系统之间的连接和操作。当一个系统能按 OSI 模式与另一个系统进行通信时,称该系统是开放系统。

2. OSI 开放式网络系统互联标准参考模型

一个 OSI 参考模型将整个网络通信的功能划分为七个层次,它们由低到高分别是物理层、数据链路层、网络层、传输层、会话层、表示层和应用层,如图 8-2 所示。

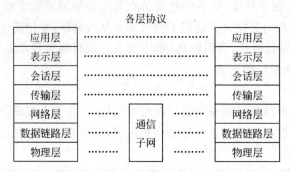

图 8-2　OSI 七层参考模型

OSI 不是一个实际的物理模型,而是一个将通信协议规范化了的逻辑参考模型。OSI 根据网络系统的逻辑功能对每一层规定了功能、要求、技术特性等,但没有规定具体的实现方法。OSI 仅仅是一个标准,而不是特定的系统或协议。网络开发者可以根据这个标准开发网络系统;网络用户可以利用这个标准考察网络系统。

3. OSI 各层的功能

(1) 物理层

物理层(physical layer)是 OSI 的最底层,它建立在物理通信介质的基础上,作为通信系统和通信介质的接口,用来实现数据链路实体间透明的比特(bit)流传输。为建立、维持和拆除物理连接,物理层规定了传输介质的机械特性、电气特性、功能特性和规程特性。

(2) 数据链路层

数据链路层(data link layer)从网络层接收数据,并加上有意义的比特位形成报文头部和尾部(用来携带地址和其他控制信息)。这些附加了信息的数据单元称为帧。数据链路层负责将数据帧无差错地从一个站点送达下一个相邻的站点,即通过一些数据链路层协议完成在不太可靠的物理链路上实现可靠的数据传输。

(3) 网络层

网络层(network layer)关心的是通信子网的运行控制,主要解决如何使数据分组跨越通信子网从源传送到目的地的问题,这就需要在通信子网中进行路由选择。另外,为避免通信子网中出现过多的分组而造成网络阻塞,需要对流入的分组数量进行控制。当分组要跨越多个通信子网才能到达目的地时,还要解决网际互联的问题。

(4) 传输层

传输层(transport layer)的主要任务是向会话层提供服务,服务内容包括传输连接服务和数据传输服务。前者是指在两个传输层用户之间负责建立、维持和在传输结束后拆除传输连接；后者则是要求在一对用户之间提供互相交换数据的方法。传输层的服务,使高层的用户可以完全不考虑信息在物理层、数据链路层和网络层通信的详细情况,方便了用户使用。

（5）会话层

会话层（session layer）是网络对话控制器,它建立、维护和同步通信设备之间的交互操作,保证每次会话都正常关闭而不会突然中断,使用户被挂在一旁。会话层建立和验证用户之间的连接,包括口令和登录确认；它也控制数据交换,决定以何种顺序将对话单元传送到传输层,以及在传输过程的哪一点需要接收端的确认。

（6）表示层

表示层（presentation layer）保证了通信设备之间的互操作性。该层的功能使得两台内部数据表示结构不同的计算机能实现通信。它提供了一种对不同控制码、字符集和图形字符等的解释,而这种解释是使两台设备都能以相同方式理解相同的传输内容所必需的。表示层还负责为安全性引入的数据加密和解密,以及为提高传输效率提供必需的数据压缩及解压等功能。

（7）应用层

应用层（application layer）是 OSI 参考模型的最高层,它是应用进程访问网络服务的窗口。这一层直接为网络用户或应用程序提供各种各样的网络服务,它是计算机网络与最终用户之间的界面。应用层提供的网络服务包括文件服务、打印服务、报文服务、目录服务、网络管理以及数据库服务等。

在上述的七层中上五层一般由软件实现,而下面的两层由硬件和软件实现。

8.1.4　局域网技术

1. 局域网的特点

（1）地理范围有限,通常分布在一座大楼或集中的建筑群内,范围一般只有几千米。

（2）传输速率高,传输速率为 $1\sim20$Mbps,光纤高速网可达 100Mbps、1000Mbps。

（3）支持多种传输介质,如双绞线、同轴电缆或光缆等,可根据需要进行选用。

（4）多采用分布式控制和广播式通信,传输质量好,误码率低,节点增删比较容易。

（5）与远程网相比,拓扑结构规则,距离短,延时少,成本低和传输速率高。

2. 局域网的硬件设备

局域网的硬件设备按其功能及在局域网中的作用可分为:服务器、工作站、网卡、集线器、网络传输介质和局域网互联设备。

（1）服务器

服务器（server）是局域网的核心设备,它运行网络操作系统,负责网络资源管理和向网络客户机提供服务。按其提供的服务分为 3 种基本类型:文件服务器、打印服务器和应用服务器。

（2）工作站

工作站（work station）,是网络用户直接处理信息和事务的计算机。工作站既可单机使用,又可联网使用。

（3）网卡

网卡（network interface card,NIC）也叫网络适配器,是连接计算机与网络的硬件设备。

网卡插在计算机或服务器扩展槽中,通过网络传输线路(如双绞线、同轴电缆或光纤)与网络交换数据、共享资源。目前常用的是 10Mbps 和 100Mbps 的 PCI 网卡。

(4) 集线器

集线器(hub)是局域网中计算机和服务器的连接设备,是局域网的星形连接点,每个工作站使用双绞线连接到集线器上,由集线器对工作站进行集中管理。

(5) 网络传输介质

网络传输介质是网络中传输数据、连接各网络站点的实体,如双绞线、同轴电缆、光纤,网络信息还可以利用无线电系统、微波无线系统和红外技术传输。双绞线是目前局域网最常用到的一种传输介质,一般用于星形网的布线连接。同轴电缆一般用于总线型网的布线连接。光纤又叫光缆,主要是在要求传输距离较长的情况下用于主干网的连接。

(6) 局域网互联设备

常用的局域网互联设备有中继器、网桥、路由器以及网关等。

中继器(repeater):用于延伸同型局域网,在物理层连接两个网,在网络间传递信息,中继器在网络间传递信息起信号放大、整形和传输作用。当局域网物理距离超过了允许的范围时,可用中继器将该局域网的范围进行延伸。

网桥(bridge):指在数据层连接两个局域网络段,网间通信从网桥传送,网内通信被网桥隔离。网络负载重而导致性能下降时,用网桥将其分为两个网络段,可最大限度地缓解网络通信繁忙的程度,提高通信效率。

路由器(router):用于连接网络层、数据层、物理层执行不同协议的网络,协议的转换由路由器完成,从而消除了网络层协议之间的差别。路由器适合于连接复杂的大型网络。路由器的互联能力强,可以执行复杂的路由选择算法,处理的信息量比网桥多,但处理速度比网桥慢。

网关(gateway):用于连接网络层之上执行不同协议的子网,组成异构的互联网。网关能实现异构设备之间的通信,对不同的传输层、会话层、表示层、应用层协议进行翻译和变换。网关具有对不兼容的高层协议进行转换的功能。

3. 局域网的软件系统

组建局域网的基础是网络硬件,网络的使用和维护要依赖于网络软件,在局域网上使用的网络软件主要包括网络通信协议、网络操作系统、网络数据库管理系统和网络应用软件。

(1) 网络通信协议

局域网通信协议是局域网软件系统的基础,通常由网卡与相应驱动程序提供,用以支持局域网中各计算机之间的通信。

① NetBIOS 与 NetBEUI。NetBIOS 协议即网络基本输入输出系统,最初由 IBM 提出。NetBEUI 即 NetBIOS 扩展用户接口,是微软在 IBM 的基础上更新的协议,其传输速度很快,是不可路由协议,用广播方式通信,无法跨越路由器到其他网段。NetBEUI 适用于只有几台计算机的小型局域网,其优点是在小型网络上的速度很快。

② NWLink 与 IPX/SPX。IPX/SPX(internet packet exchange/sequenced packed exchange)即互联网分组交换/顺序交换协议,它是 Novell NetWare 网络操作系统的核心。其中,IPX 负责为到另一台计算机的数据传输编制和选择路由,并将接收到的数据送到本地的网络通信进程中。SPX 位于 IPX 的上一层,在 IPX 的基础上,保证分组顺序接收,并检查数据的传送是否有错。现在,由于 Internet 的发展,人们更多的是安装 TCP/IP 协议,为了

节省资源,如果不是在 Novell 网络中,在不使用 IPX/SPX 协议时,应将其卸载。

③ TCP/IP。TCP/IP 广泛应用于大型网络中,也是 UNIX 操作系统使用的协议。由于它是面向连接的协议,附加了一些容错功能,所以其传输速度不快,但它是可路由协议,可跨越路由器到其他网段,是远程通信时有效的协议。现在,TCP/IP 协议已经成为 Internet 的标准协议,又称 Internet 协议。

基于对三种协议的比较,用户应根据网络规模、操作系统、网段的划分,合理使用协议。若只有一个局域网,计算机数量小于 10 台,没有其他网段或远程客户机,可以只安装速度快的 NetBEUI,而不安装 TCP/IP。若有多个网段或远程客户机,则应使用可路由协议,既保证了速度,又减少了广播。

(2) 网络操作系统

在局域网硬件提供数据传输能力的基础上,为网络用户管理共享资源,提供网络服务功能的局域网系统软件被定义为局域网操作系统。网络操作系统是网络环境下用户与网络资源之间的接口,用以实现对网络的管理和控制。网络操作系统的水平决定着整个网络的水平,使所有网络用户都能方便、有效地利用计算机网络的功能和资源。

目前,世界上较流行的网络操作系统有:Microsoft 公司的 Windows NT 或 Windows 2000 Server; Novell 公司的 NetWare,曾经是市场主导产品; IBM 公司的 LAN Server。它们在技术、性能、功能方面各有所长,支持多种工作环境,支持多种网络协议,能够满足不同用户的需要,为局域网的广泛应用奠定了良好的基础。

局域网操作系统主要由服务器操作系统、网络服务软件、工作站软件及网络环境软件几部分组成。

① 服务器操作系统。服务器操作系统直接运行在服务器硬件上,以多任务并发形式高速运行,为网络提供了文件系统、存储管理和调度系统等。

② 网络服务软件。网络服务软件是运行在服务器操作系统之上的软件,它为网络用户提供了网络环境下的各种服务功能。

③ 工作站软件。工作站软件运行在本地工作站上,它能把用户对工作站微机操作系统的请求转化成对服务器操作系统的请求,同时接收和解释来自服务器的信息并把这些信息转换成本地工作站所能识别的格式。

④ 网络环境软件。网络环境软件用来扩充局域网的功能,如进程通信管理软件等。

(3) 网络数据库管理系统

网络数据库管理系统是一种可以将网上的各种形式的数据组织起来,科学、高效地进行存储、处理、传输和使用的系统软件,可把它看作网上的编程工具,如 Visual FoxPro、SQL Server、Oracle、Infomix 等。

(4) 网络应用软件

软件开发者根据网络用户的需要,用开发工具开发出来的各种应用软件,例如,常见的在局域网环境中使用的 Office 办公套件、商品流转、收银台收款软件等。

局域网应用软件是在局域网中运行的应用程序,它扩展了网络操作系统的功能。局域网中的每一种应用服务,都需要相应的网络应用程序。随着因特网的普及,网络应用软件已扩展为主要面向 Internet 的信息服务。

8.1.5　网络操作系统

1. 网络操作系统概述

网络操作系统(net operating system,NOS)是网络的心脏和灵魂,是网络上各计算机能方便而有效地共享网络资源、为网络用户提供所需的各种服务的软件和有关规程的集合。主要的 NOS 有以下几种。

(1) Windows Server 系列

微软在 NOS 中也占有一席之地,图形操作环境是它的优势,它对服务器的硬件要求较高、价格较贵。在局域网中,服务器采用的 NOS 主要有:Windows Server 2003/2008/2012/2019/2022/等,工作站系统可以采用个人操作系统,如 Windows XP/Vista/7/10/11 等。

(2) NetWare 系列

NetWare 是对网络硬件要求较低的 NOS,在网络对拷、网络恢复方面仍有一定的市场,具有相当丰富的应用软件支持、技术完善、可靠等特点。没有直接采用 TCP/IP 网络协议是导致它市场占有率下降的主要因素。

(3) UNIX 系列

UNIX 是目前系统最稳定、安全性能最好的 NOS,一般用于大型的网站或大型的企、事业局域网中。目前常用的有 UNIX SUR、HP-UX、Solaris 8.0 等。功能强大、性能稳定是它的优势,价格昂贵且为文本界面、难以掌握是它的不足。

(4) Linux

Linux 是一种源代码开放的 NOS。目前也有中文版本的 Linux(如 REDHAT、红帽子、红旗 Linux)等。它由 UNIX 派生,主要体现在它的安全性和稳定性方面,在国内外均得到了用户充分的肯定和支持。极低成本和稳定性能是目前在专业人员中最受欢迎的原因。

2. 网络操作系统的功能

NOS 与通常的操作系统有所不同,它除了应具有通常操作系统的处理机管理、存储器管理、设备管理和文件管理外,还具有以下几大功能。

(1) 网络通信

通信是计算机网络的最基本功能,是实现资源共享的基础。网络协议通常被设计到操作系统中,如 TCP/IP 协议,使得网络操作系统都具有网络功能。

(2) 资源管理

网络操作系统必须提供有效的安全管理机制,提供各种访问控制策略,既保证计算机网络在实现资源共享的同时,也必须提供有效的安全控制和管理机制,保证数据访问可控性和安全性。

(3) 网络服务

服务是网络建立的主要形式,因此 NOS 必须提供各种网络服务功能,以确保其灵活性和可扩展型。大部分网络服务功能通常是通过 NOS 内置组件或者第三方的服务组件实现的,如 Web 服务、FTP 服务、E-mail 服务、DNS 服务和打印机共享服务。

（4）网络管理

NOS 是通过访问控制来保证数据的安全性，通过容错技术来保证系统出现故障时的数据安全性。另外，NOS 还应能监视网络性能，实现网络使用情况统计和记账等功能。

3. Windows 中的常用网络命令

（1）ping 命令

ping 的功能是用于确定本地主机是否能与另一台主机交换（发送与接收）数据报。根据数据返回的信息（"Reply from…"表明有应答；"Request timed out"表明无应答），就可以推断 TCP/IP 参数是否设置得正确以及网络是否畅通。

例如：

```
Ping www.baidu.com -t          //检查与百度网站的连接情况
Ping 127.0.0.1                 //检查本机 TCP/IP 的安装或运行是否有问题
Ping IP 地址 -t                //检查本地网络中的网卡和载体运行是否正确
Ping 网关 IP                   //检查局域网中的网关路由器运行是否正确
Ping 远程 IP                   //如果收到 4 个应答，表示成功地使用了默认网关，对于
                                 拨号上网用户则表示能成功访问 Internet
```

（2）ipconfig 命令

ipconfig 命令用于显示当前手动设置或自动分配的 TCP/IP 设置信息，以检查这些信息是否正确。ipconfig 可以让用户了解自己的计算机是否成功地获得一个 IP 地址，如果已获得，则可以了解它目前分配到的是什么地址。了解计算机当前的 IP 地址、子网掩码和默认网关实际上是进行测试和故障分析的必要项目。

例如：

```
ipconfig          //显示本机的 IP 地址、子网掩码和默认网关
ipconfig /all     //显示本机所有的网络设置
```

（3）nslookup 命令

nslookup 命令用来诊断域名系统（DNS）基础结构的信息。TCP/IP 协议下才有效。

例如：

```
nslookup www.sina.com          //显示指定域名服务器及其 IP 地址
```

（4）tracert 命令

tracert 命令用来检查到达的 IP 地址的路径并记录结果，显示用于将数据包从计算机传递到目标位置的一组 IP 路由器，以及每个跃点所需的时间；如果数据包不能传递到目标位置，tracert 命令将显示成功转发数据包的最后一个路由器。

例如：

```
C:> tracert IP address
C:> tracert IP address -d
```

（5）telnet 命令

telnet 命令允许用户与使用 Telnet 协议的远程计算机通信。运行 telnet 时可不使用参数，以便输入由 telnet 提示符（telnet>）表明的 telnet 上下文。可在 telnet 提示符下使用下

列命令管理运行 telnet Client 的计算机。

例如:

telnet\\RemoteServer(指定要连接的服务器的名称)　　　　　　//远程登录

8.1.6　MAC 地址

网络上的每个主机都有一个物理地址,称为 MAC 地址。MAC 地址也叫硬件地址或链路地址,由网络设备制造商生产时写在硬件内部。

1. MAC 地址的格式

IP 地址与 MAC 地址在计算机里都是以二进制表示的,IPv4 中规定 IP 地址长度为 32 位,MAC 地址的长度则是 48 位(6 个字节),通常表示为 12 个十六进制数,每两个十六进制数之间用冒号隔开,如:08:00:20:0A:8C:6D 就是一个 MAC 地址,其中前 6 位十六进制数 08:00:20 代表网络硬件制造商的编号,它由 IEEE(电气与电子工程师协会)分配,而后 3 位十六进制数 0A:8C:6D 代表该制造商所制造的某个网络产品(如网卡)的系列号。只要用户不去更改自己的 MAC 地址,那么用户的 MAC 地址在世界上是唯一的。

局域网中每个主机的网卡上的地址就是 MAC 地址。

2. MAC 地址的作用

MAC 地址与网络无关,即无论将带有这个地址的硬件(如网卡、集线器和路由器等)接入网络的何处,都有相同的 MAC 地址,它由厂商写在网卡的 BIOS 里。IP 地址基于逻辑,比较灵活,不受硬件限制,也容易记忆。MAC 地址在一定程度上与硬件一致,基于物理,能够具体标识。这两种地址各有优点,使用时因条件而采取不同的地址。局域网采用了用 MAC 地址来标识具体用户的方法。MAC 地址只在局域网中有用,对于局域网以外的网络没有任何作用,所以需要路由器的 MAC 地址,以便将数据发送出局域网,发送到广域网中,在网络层级以上使用的是 IP 地址,数据链路层使用的是 MAC 地址。例如,IP 地址就如同一个职位,而 MAC 地址则好像是去应聘这个职位的人才,职位既可以让甲坐,也可以让乙坐。同样的道理,一个节点的 IP 地址对于网卡是不做要求的,基本上什么样的厂家都可以用,也就是说 IP 地址与 MAC 地址并不存在绑定关系。

在局域网或是广域网中的计算机之间的通信,最终都表现为将数据包从某种形式的链路上的初始节点出发,从一个节点传递到另一个节点,最终传送到目的节点。数据包在这些节点之间的移动都是由 ARP(address resolution protocol,地址解析协议)负责将 IP 地址映射到 MAC 地址上来完成的。其实人类社会和网络也是类似的,试想在人际关系网络中,甲要捎个口信给丁,就会通过乙和丙中转一下,最后由丙转告给丁。在网络中,这个口信就好比是一个网络中的一个数据包。数据包在传送过程中会不断询问相邻节点的 MAC 地址,这个过程就好比是人类社会口信的传送过程。

基于 MAC 地址的这种特点,在交换机内部通过"表"的方式把 MAC 地址和 IP 地址一一对应,也就是 IP、MAC 绑定。在 Windows 系统中,输入"ipconfig/all"命令可以查看本机的 MAC 地址信息,如图 8-3 所示。

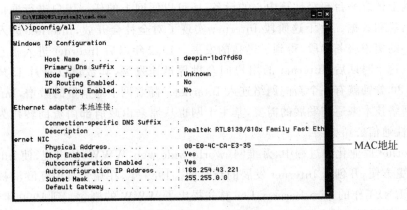

图 8-3　"ipconfig/all"命令

8.2　Internet 概述

8.2.1　Internet 简介

1. 什么是 Internet

Internet 是全世界范围内成千上万台计算机组成的一个巨大的全球信息网络。要给 Internet 下一个准确的定义是比较困难的,其一是因为它的发展十分迅速,很难界定它的范围;其二是因为它的发展基本上是自由化的,外国人称 Internet 是一个没有警察、没有法律、没有国界,也没有领袖的网络空间。Internet 本身不是一种具体的物理网络,而是一种逻辑概念。实际上它是把世界各地已有的各种网络(包括计算机网络、数据通信网、公用电话交换网等)互联起来,组成一个世界范围的超级互联网。

通常人们把 Internet 称为国际互联网络,是一个国际性的网络集合。中国"全国科学技术名词审定委员会"1997 年 7 月将其译名确定为"因特网"。

2. Internet 发展概况

Internet 的前身是美国"国防部高级研究计划管理局"在 1969 年作为军用实验网络建立的 ARPAnet,建立的初期只有四台主机相连。当初的设计目的是:当网络中的一部分因为战争等特殊原因而受到破坏时,网络的其他部分仍能正常运行;同时也希望这个网络不要求同种计算机、同种操作系统(如 Macintosh 系统、MS-DOS、Microsoft Windows 及 UNIX 等等),即能够用这个网络来实现使用不同操作系统的不同种类计算机的互联。这样就可以使每个用户继续使用原有的计算机,而不必替换成运行同样操作系统的机器。这种网络模式跟传统的计算机网络模式不一样,因此需要制订与其相适应的网络协议。1982 年 ARPAnet 和其他几个计算机网组合成 Internet 的主干网时,采用了"网络互联协议 IP"(Internet Protocol)。这也是国际互联网络为什么称为 Internet 的原因。

Internet 到目前的发展可以划分为三个阶段:1969—1984 年为研究实验阶段。这时期的 Internet 以 ARPAnet 为主干网,进行网络的生存能力验证,并提供给美国科研机构、政府部门和政府项目承包商使用。1984—1992 年为实用发展阶段,这时的 Internet 以美国国家科学基金网 NSFnet 为主干网,继续采用基于 IP 的网络通信协议,用户通过 NSFnet 不但可以使用网上任意一台超级计算中心的设备,还可以同网上的任一用户进行通信和获取网上的大量信息和数据。由于这阶段 Internet 实现了对全社会开放,Internet 进入了以资源共享为中心的实用服务阶段,得到了迅猛的发展。1992 年以后 Internet 进入了它的商业化阶段。进入这个时期后,Internet 的用户向全世界迅速发展,其数量以每月 15% 的速率递增,平均每 30 分钟就有一个新的网络连入 Internet。随着网上通信量的激增,Internet 不断采用新的网络技术来适应发展的需要,其主干网也从原来由政府部门资助转化为由计算机公司、商业性通信公司提供。

在 Internet 商业化的过程中,万维网(world wide web,WWW)的出现,使 Internet 的使用更简单、更方便,开创了 Internet 发展的新时期。1989 年,在瑞士日内瓦欧洲核子物理研究中心(CERN)工作的 Tim Berners-Lee 首先提出了 WWW 的概念。到 1990 年年末,第一个 WWW 软件研制成功。该软件能够让用户在 Internet 上查阅和传输超文本文档,通过超链接实现了 Internet 上的任意漫游。

1994 年 3 月,我国第一条因特网专线在中科院高能物理研究所正式接通。目前,我国已初步建成四个骨干广域网,即邮电部的中国公用计算机互联网 CHINANET,国家教委的中国教育科研网 CERNET,中科院的中国科技网 CSTNET,信息产业部的中国金桥信息网 CHINAGBN,这四个网均与 Internet 直接相连。

由于 Internet 上上网用户剧增,且蕴含着巨大的商业利益,商业公司用户在网上迅速增长。许多国家也都把 Internet 作为国家信息基础设施进行大力发展,因此 Internet 的发展势头十分迅猛。今天的 Internet 已经远远不只是一个网络的含义,而是整个信息社会的缩影。它已经不再仅是计算机人员和军事部门进行科研的领域,在 Internet 上覆盖了社会生活的方方面面。

8.2.2　Internet 的工作机制及协议

1. Internet 的工作机制

Internet 信息服务采用客户机/服务器(client/server)模式。当用户使用 Internet 资源时,通常都有两个独立的程序在协同提供服务,这两个程序分别运行在不同的计算机上,我们把提供资源的计算机称为服务器,使用资源的计算机称为客户机。在客户机/服务器系统中,客户机和服务器是相对的,如果某台计算机既安装了客户程序又安装了服务程序,那么它可以访问其他计算机,也可以被访问,当它访问其他计算机时,是客户机,运行客户程序,当它被访问时,又成为服务器,运行服务程序。因此,客户机、服务器指的是软件,即客户程序和服务程序。当用户通过客户机上的客户程序向服务器上的服务程序发出某项操作请求时,服务程序完成操作,并返回结果或予以答复。

2. TCP/IP 协议

Internet 是建立在全球计算机网络之上的,这个网络中包含了各种网络(如计算机网络、数据通信网、公用电话交换网等)、各种不同类型的计算机,从大型机到微型机,这些计算机所采用的操作系统各不一样,有 UNIX 系统、Windows 系统、DOS 系统等。对于这样一个"成分"复杂的巨大网络,必然需要一个统一的工具来对这些网络进行管理和维护,建立网络间的联系,这个工具就是 TCP/IP 协议。TCP/IP 协议是 Internet 的标准协议,Internet 的通信协议包含 100 多个相互关联的协议,由于 TCP 和 IP 是其中两个最关键的协议,因而把 Internet 协议组统称为 TCP/IP 协议。

TCP/IP 协议是目前为止最成功的网络体系结构和协议规范,它为 Internet 提供了最基本的通信功能,也是 Internet 获得成功的最主要原因。

（1）IP 协议

IP(internet protocol)是网际协议,它定义了计算机通信应该遵循的规则及具体细节。包括分组数据报的组成、无连接数据报的传送、数据报的路由选择等。虽然 IP 软件可以实现计算机相互之间的通信,却无法保证数据的可靠传输。利用 TCP 软件可以保证数据的可靠传输。

（2）TCP 协议

TCP(transmission control protocol)是传输控制协议,它主要解决三方面的问题：恢复数据报的顺序；丢弃重复的数据报；恢复丢失的数据报。TCP 在进行数据传输时是面向"连接"的,即在数据通信之前,通信的双方必须先建立连接,才能进行通信；在通信结束后,终止它们的连接,这是一种具有高可靠性的服务。

计算机网络通信协议采用层次结构。TCP/IP 协议的层次结构与国际标准化组织(ISO)公布的开放系统互连模型(OSI)七层参考模型不同,它采用四层结构,包括应用层、传输层、网络层和接口层。

（3）UDP 协议

UDP(user datagram protocol)协议与 IP 协议一样,也是一个无连接协议。它属于一种"强制"性的网络连接协议,能否连接成功与 UDP 协议无关。

UDP 协议主要用来支持那些需要在计算机之间传输数据的网络应用,例如网络视频会议系统。UDP 协议的主要作用是将网络数据流量压缩成数据报的形式。由于 UDP 的特性,它不属于连接型协议,因而具有资源消耗小、处理速度快的优点,所以通常音频、视频和普通数据在传送时使用 UDP 较多,因为它们即使偶尔丢失一两个数据包,也不会对接收结果产生太大的影响。比如我们聊天用的 ICQ 和 QQ 就是使用的 UDP 协议。

（4）ARP 协议

ARP(address resolution protocol,地址解析协议)协议的基本功能就是通过目标设备的 IP 地址查询目标设备的 MAC 地址,以保证通信顺利进行。

在局域网中,网络中实际中传输的是"帧",帧里面有目标主机的 MAC 地址。在以太网中,一个主机要和另一个主机进行直接通信,就必须知道目标主机的 MAC 地址。这个目标 MAC 地址是通过 ARP 协议获得的。所谓"地址解析",就是主机在发送帧前将目标 IP 地址转换成目标 MAC 地址的过程。

（5）ICMP 协议

ICMP(internet control message protocol)是 TCP/IP 协议族的一个子协议,主要用于在 IP 主机、路由器之间传递控制消息。控制消息是指网络不通、主机是否可达、路由是否可用等网络本身的消息。这些控制消息虽然并不传输用户数据,但是对于用户数据的传递起着重要作用。

人们经常使用 ping 命令检查网络通不通,这个 ping 的过程实际上就是 ICMP 协议工作的过程。

ICMP 协议对于网络安全具有极其重要的意义。如可以利用操作系统规定的 ICMP 数据包最大尺寸不超过 64KB 这一规定,向主机发起 ping of death(死亡值 ping)攻击,导致内存分配错误,致使主机死机。此外,向目标主机长时间、连续、大量地发送 ICMP 数据包,使得目标主机耗费大量的 CPU 资源,最终也会使系统瘫痪。

8.2.3　IP 地址和域名系统

1. IP 地址

Internet 是由不同物理网络互连而成的,不同网络之间实现计算机的相互通信必须有相应的地址标识,这个地址标识称为 IP 地址。IP 地址是 Internet 上主机的一种数字标识,它标明了主机在网络中的位置。因此每个 IP 地址在全球是唯一的,而且格式统一。

根据 TCP/IP 协议标准,IP 地址由 4 个字节 32 位组成,共分 4 组,每组 8 位,每组之间用点号隔开。以 X. X. X. X 格式表示,每个 X 为 8 位二进制数,值范围为 0～255。由于二进制使用起来不方便,用户使用"点分十进制"方式表示,即由 4 个用小数点隔开的十进制数字域组成。例如,32 位二进制 IP 地址 11000000.10100100.00000001.01101001,用点分十进制方式表示即为:192.168.1.105。

IP 地址由两部分组成,即网络标识(NetID)和主机标识(HostID)。网络标识用来区分Internet 上互联的网络,主机标识用来区分同一网络中的不同计算机,如图 8-4 所示。

按照网络规模的大小,IP 地址分为 A、B、C、D、E 五类。

(1) A 类 IP 地址第一字节表示网络号,网络标识部分最前面的一位固定为 0,用 7 位标识网络号,它的取值范围1～126(0 与 127 被作他用),第二、三、四字节 24 位表示网

图 8-4　IP 地址结构

络中的主机号(主机标识部分全 0 和全 1 不能用)。A 类地址一般提供给大型网络,全世界总共只有 126 个可用的 A 类网络,每个 A 类网络最多可以连接 16777214 台计算机,A 类地址的网络数最少,但这类网络所允许连接的计算机却最多。

(2) B 类 IP 地址第一、二字节的 14 位来表示网络号,网络标识部分的前面两位固定为10(第一个数字域取值范围 128～191),B 类地址的范围从 128.0.0.0 到 191.255.255.255,第三、四字节表示网络中的主机号,适用于中等规模的网络。B 类地址是互联网 IP 地址应用的重点,全世界大约有 16000 个 B 类网络,每个 B 类网络最多可连接 65534 台计算机。

(3) C 类 IP 地址第一、二、三字节表示网络号,网络标识部分的最前面三位是固定的110(第一数字域取值范围 192～223),第四字节表示网络中的主机号,C 类地址范围从192.0.0.0 到 233.255.255.255。适用于小型网络。C 类网络可达 209 万余个,每个网络能容纳 254 个主机。这类地址在所有地址类型中地址数最多,但这类网络所允许连接的计算机最少。

(4) D 类 IP 地址。网络地址的最高 4 位(二进制)是 1110,是一个专门保留的地址,它并不指向特定的网络,目前这一类地址被用在多点广播(multicast)中。

(5) E 类 IP 地址。网络地址的最高 5 位(二进制)必须是 11110,目前没有分配,保留以后使用。

另外,全零 0.0.0.0 地址对应于当前主机。全"1"的 255.255.255.255 是当前子网的广播地址。

在 Internet 中,一台计算机可以有一个或多个 IP 地址,就像一个人可以有多个通信地

址一样,但两台或多台计算机不能共用一个 IP 地址。

所有的 IP 地址都由国际组织网络信息中心(network information center,NIC)负责统一分配。目前全世界共有 3 个这样的网络信息中心,即 InterNIC,负责美国及其他地区;RIPENIC,负责欧洲地区;APNIC,负责亚太地区。

我国申请 IP 地址都要通过 APNIC。APNIC 的总部设在日本东京大学。申请时要先考虑申请哪一类 IP 地址,然后向国内的代理机构提出。

2. 特殊的 IP 地址

(1) 最小 IP　0.0.0.0

严格来说,0.0.0.0 已经不是一个真正意义上的 IP 地址。它表示的是这样一个集合:所有不清楚的主机和目的网络。这里的"不清楚"是指在本机的路由表里没有特定条目指明如何到达对方。如果用户在网络设置中设置了默认网关,那么 Windows 系统会自动产生一个目的地址为 0.0.0.0 的默认路由。

(2) 最大 IP　255.255.255.255

限制广播地址,对本机来说,这个地址指本网段内(同一广播域)的所有主机。这个地址不能被路由器转发。

(3) 224.0.0.1

组播地址,它不同于广播地址。224.0.0.0~239.255.255.255 都是组播地址。IP 组播地址用于标识一个 IP 组播组。所有的信息接收者都加入一个组内,并且一旦加入之后,流向组地址的数据立即开始向接收者传输,组中的所有成员都能接收到数据包。组播组中的成员是动态的,主机可以在任何时刻加入和离开组播组。224.0.0.1 特指所有主机,224.0.0.2 特指所有路由器。这样的地址多用于一些特定的程序以及多媒体程序。

(4) 127.0.0.1

回送地址,指本地主机。主要用于网络软件测试以及本地机进程间通信,无论什么程序,一旦使用回送地址发送数据,协议软件立即返回之,不进行任何网络传输。在 Windows 系统中,这个地址有一个别名 Localhost。寻址这样一个地址,是不能把它发到网络接口的。除非出错,否则在网络的传输介质上永远不应该出现目的地址为 127.0.0.1 的数据包。

3. 子网概念

为了提高 IP 地址的使用效率,引入了子网概念。将一个网络划分为子网,即采用借位的方式,从主机位的最高位开始借位,变为新的子网位,剩余的部分仍为主机位。这使得 IP 地址的结构分为三级地址结构:网络位、子网位和主机位。这种层次结构便于 IP 地址分配和管理。

子网的划分虽然不适合所有企业和所有网络环境,但对使用它的人有重要的作用。

(1) 子网的划分能够减小广播所带来的负面影响,提高网络的整体性能。

(2) 子网的划分节省了 IP 地址资源。例如某高校在不同教学楼有四个机房,每个机房有 30 台计算机。该高校申请了 4 个 C 类地址。这样分配就会浪费(254-30)×4=896(个) IP 地址,因为这些地址没有被使用。而通过子网的划分,如将一个 C 类网络地址划分为 8 个子网,则可以在同一个 C 类网络地址中容纳这 4 个相对独立的子网,从而节省了 3 个 C 类地址。

(3) 由于不同子网之间是不能直接通信的(但可以通过路由器或网关进行通信),因此网络的安全性就得到了提高,因为入侵的途径少了。

(4) 子网的划分使网络的维护更加简单。通常一个大的网络要查找故障点是相当困难的,如果把网络规模缩小,那么查找的范围就小了,维护起来自然就方便了。

每一个使用子网的主机都设置一个与 IP 地址相似的 32 位子网掩码,若其中某位置 1,则 IP 地址中对应的某位为子网地址中的一位;若其中某位置 0,则 IP 地址中对应的某位为主机地址中的一位。IP 默认子网掩码分别为:A 类——255.0.0.0、B 类——255.255.0.0 和 C 类——255.255.255.0。

4. 子网掩码概念

子网掩码是一个 32 位地址,是与 IP 地址结合使用的一种技术。子网编址技术将 IP 地址的主机地址进一步划分为“子网络号”和“主机号”两部分,其中“子网络号”部分用于标识同一 IP 网络地址下的不同子网,称为子网掩码,不同的子网就是依据子网掩码来识别的。

子网掩码的设定必须遵循一定的规则,与 IP 地址相同,子网掩码由 1 和 0 组成,且 1 和 0 分别连续。左边是网络位,用二进制数字 1 表示,1 的数目等于网络位的长度;右边是主机位,用二进制数字 0 表示,0 的数目等于主机位的长度。

子网掩码是用来判断任意两台计算机的 IP 地址是否属于同一子网络的根据。简单的理解就是两台计算机各自的 IP 地址与子网掩码进行按位与运算后,如果得出的结果是相同的,则说明这两台计算机是处于同一个子网络上的,可以进行直接通信。否则,如果不在同一个子网络,则需要路由器进行数据转发,才能彼此通信。

5. 域名

前面提到,IP 地址是一种数字型网络标识和主机标识。数字型标识对计算机网络系统来说自然是最有效的,但是对使用网络的人来说却有不便记忆的缺点。为此,人们又研究出了一种字符型标识,这就是域名。域名采用层次型命名结构,它与 Internet 的层次结构相对应。

一台主机域名结构为:主机名.机构名.网络名.最高层域名。

例如:bbs.pku.edu.cn 表示中国(cn)教育网(edu)北京大学(pku)的一台主机(bbs)。域名可以使用字母、数字和连字符,但必须以字母或数字开头和结尾。

最高层域名是国家代码或组织机构。由于 Internet 起源于美国,所以最高层域名在美国用于表示组织机构,美国之外的其他国家用于表示国别或地域,但也有少数例外。表 8-1 列出了部分最高层域名的代码及意义。IP 地址是由 NIC(网络信息中心)管理的,我国国家级域名(CN)由中国科学院计算机网络中心(NCFC)进行管理。第三级以下的域名由各个子网的 NIC 或具有域名管理功能的节点自己负责管理。

关于域名应该注意以下几点。

(1) 域名在整个 Internet 中也必须是唯一的。当高级子域名相同时,低级子域名不允许重复。

(2) 大写字母和小写字母在域名中没有区别。尽管有人在域名中部分或全部使用大写字母,但是当用小写字母代替这些大写字母时没有造成任何问题。

表 8-1　部分最高层域名的代码及含义

以国别区分的域名例子		以机构区分的域名的例子	
域　名	含　义	域　名	含　义
ca	加拿大(Canada)	com	商业机构
au	澳大利亚(Australia)	edu	教育机构
cn	中国(China)	int	国际组织
fr	法国(France)	gov	政府部门
ip	日本(Japan)	mil	军事机构
uk	英国(United Kingdom)	net	网络机构
us	美国(United States)	org	非营利机构

(3) 一台计算机可以有多个域名(通常用于不同的目的),但是只能有一个 IP 地址。当一台主机从一处移到另一处时,若它前后属于不同的网络,那么其 IP 地址必须更换,但是可以保留原来的域名。

(4) 主机的 IP 地址和主机的域名对通信协议来说具有相同的作用,从使用的角度看,两者没有任何区别。凡是可以使用 IP 地址的情况均可以用域名代替,反之亦然。需要说明的是,当你所使用的系统没有域名服务器时,只能使用 IP 地址,不能使用域名。

(5) 为主机确定域名时可以采用前面规定的任何合法字符,但为了便于记忆,应该尽可能使用有意义的符号。

(6) 有些国外文献也把 IP 地址称为 IP 号(IP number),把域名称为 IP 地址(IP address)。

(7) 从形式上看,一台主机的域名与 IP 地址之间好像存在某种对应关系,其实域名的每一部分与 IP 地址的每一部分是完全没有关系的。不能把域名 ncrc. stu. edu. cn 与 IP 地址 202.192.159.2 之间分别对应。

6. 域名系统和域名服务器

把域名对应地转换成 IP 地址的软件称为"域名系统"(domain name system,DNS)。它有两个主要功能:一方面定义了一套为机器取域名的规则;另一方面是把域名转换成 IP 地址。从功能上说,域名系统基本上相当于一本电话簿,已知一个姓名就可以查到一个电话号码。它与电话簿的区别是可以自动完成查找过程。域名系统具有双向查找的功能。DNS 是一个分布式数据库,它保存所有在 Internet 上注册的系统的域名和 IP 地址。

当用户发送数据和请求时,便在 DNS 服务器上启动了一个称为 Resolves 的软件,Resolves 负责翻译域名,首先查看其本地 DNS 数据库,如果找不到,则通过连接外部高一层次的 DNS 服务器进行查找,直到能获得正确的 IP 地址。

域名服务器(domain name server)则是装有域名系统的主机。

8.2.4　连接到 Internet

要想使用 Internet,首先必须使自己的计算机通过某种方式与 Internet 进行连接。所谓与 Internet 连接实际上只要与已经在 Internet 上的某　主机进行连接就可以了,一旦完成了这种连接过程也就与整个 Internet 接通了。有许多专门的机构提供这种接入服务,它们被称为 Internet 服务供应商(ISP),ISP 是网上用户与 Internet 之间的桥梁。

连接 Internet 有多种方法,目前一般用户有两种常用的方式:拨号方式和局域网方式。

1. 拨号入网

这种方式是利用电话线拨号上网,能享受 Internet 所提供的各种服务功能,所需投入也比较合理,因此是普通家庭用户入网的一种常用选择。

拨号入网需要的条件如下。

(1) 一条电话线(可以是分机线)。

(2) 一个内置或外置的调制解调器(Modem)。

(3) 由 ISP 提供的入网用户名、注册密码、拨号入网的电话号码。

(4) 拨号上网的通信软件。

(5) 浏览器。

当你的计算机已经具备以上拨号入网条件,开始第一次拨号上网之前,还需对你的计算机进行以下三方面的设置。

(1) 安装调制解调器(包括软、硬件)。

(2) 在"控制面板"中,对"网络"项进行相应的设置(选择合适的网络适配器和协议)。

(3) 在"我的电脑"中对"拨号网络"进行设置(包括 Modem 设置、拨号电话号码、服务器类型,TCP/IP 协议的域名系统(DNS)等)。

通常,当你在 ISP 处申请了上网账号之后,ISP 会向你提供一份详细的上网资料,告诉你如何连接入网,限于篇幅,以上三项的具体安装和设置不在这里做详细的讨论。

2. 局域网入网

局域网入网时,用户计算机通过网卡,利用传输介质(如电缆、光缆等)连接到某个已与 Internet 相连的局域网上。由于局域网的种类和使用的软件系统不同,目前主要有两种情况:共享地址和独立地址。

(1) 共享地址

在这种情况下,局域网上各工作站共享服务器的 IP 地址,局域网的服务器通过高速 Modem 和电话线,或通过专线与 Internet 上的主机相连,仅服务器需要一个 IP 地址,局域网上的工作站访问 Internet 时共享服务器的 IP 地址。Novell 网和 UNIX 系统等均可以实现这种连接。

(2) 独立地址

在这种情况下,局域网上每个工作站都有自己独立的 IP 地址,局域网的服务器与路由器相连,路由器通过传输介质(光缆或微波)与 Internet 上的主机相连,除服务器和路由器各需要一个 IP 地址外,局域网上的每个工作站均需要一个独立的 IP 地址。Windows NT/2000,UNIX 和 Linux 等操作系统均可以实现这种连接。

以上介绍了用户入网的两种常见方式,不论用户采用哪种入网方式,入网前都必须先选择一家 ISP,如学校的网络中心、城镇的电信局等,在 ISP 处申请并获得有关接入 Internet 的各种信息和资料。

3. Internet 接入技术

Internet 接入是指从公用网络到用户的这一段,又称接入网。将计算机连接到

Internet，无论是通过局域网连接或通过电话线和调制解调器连接，其所采用的接入技术主要有以下几种。

（1）DDN 专线接入

DDN 即数字数据网（digital data network），是利用光纤或数字微波、通信卫星组成的数字传输通道和数字交叉复用节点组成的数据网络。DDN 网可为用户提供各种速率的高质量数字专用线路和其他业务，满足用户多媒体通信和组建中高速计算机通信网的需求。DDN 可提供的最高速率为 150Mbps。中国电信于 1992 年开展 DDN 业务，称为 ChinaDDN。

（2）ISDN 接入

ISDN 即综合数字业务网（integrated services digital network）。随着计算机技术的迅速发展，数据业务不断增多，电信部门在 20 世纪 80 年代提出了 ISDN 的概念，即把语音、数据和图像等通信综合在一个电信网内。在 ISDN 中，全部信息都以数字化的形式传输和处理。根据传输速率的不同，ISDN 分为窄带（N-ISDN）和宽带 ISDN（B-ISDN）两种。

N-ISDN 又称"一线通"，除了提供电话业务以外，还可以将数据、图形图像等多种业务综合在一个网络中传输和处理，并且通过现有的电话线提供给用户。

（3）单线接入

单线接入是通过普通的电话线路和调制解调器接入 Internet，采用 PPP 上网，理论上可以达到 33.6Kbps 到 56Kbps 的传输速度。

随着 Internet 的普及和电信、有线电视的发展，人们还研制了两种更高速的接入设备。一种是利用双绞线的数字环路设备（DSL），其中 ADSL 发展最快，它的下行速率可达 10Mbps。另一种设备是线缆调制解调器，利用有线电视的同轴电缆或光纤，最高速率可达 30Mbps，但是速率会随着网络接入用户的增多而下降。

（4）光缆接入

光缆接入分为光纤接入技术（FTTB）和光纤同轴电缆接入技术（HFC）。光纤接入技术是指将光纤接到 Intranet 所在的建筑，而光纤同轴电缆接入技术是指用光纤接到 ISP，从 ISP 到用户端采用有线电视部门的同轴电缆。两者都可以提供宽带接入 Internet。

（5）无线接入

无线接入技术是指采用微波和短波的 Internet 接入技术。微波接入采用建立卫星地面接收站，租用通信卫星的信道和上级 ISP 通信，单路最高速度可以达到 27Kbps，可以多路复用，不受地域限制。

8.3　Internet 提供的服务

Internet 通过各种服务器为网络用户提供信息资源访问服务。这些服务分为以下两大类。

（1）基本服务：是指 TCP/IP 协议所包括的基本功能，包括万维网（WWW）、电子邮件服务（E-mail）、文件传输服务（FTP）、远程登录服务（telnet）及网络新闻服务（usenet）。

（2）扩展服务：是指在 TCP/IP 协议基本功能的支持下，出某些专用的应用软件或用户接口提供的接口方式，主要有电子公告板（BBS）、新闻群组（news group）、电子杂志

(electronic journal)以及索引服务 Archive、Gopher 等。

8.3.1　万维网简介

1. 万维网概念

World Wide Web 简称 WWW 或 Web,中文的标准名称译为"万维网"。WWW 以超文本(hypertext)方式提供世界范围的多媒体(multimedia)信息服务:只要操纵计算机的鼠标,用户就可以通过 Internet 从全世界任何地方调来所希望得到的文本、图像、影视和声音等信息。

Internet、超文本和多媒体这三个 20 世纪 90 年代的领先技术相结合,导致了万维网的诞生。目前,万维网已经成为 Internet 上查询信息的最流行手段,Internet 的其他服务项目都淹没在了万维网的海洋里,以至于现在的人们在刚接触 Internet 时都以为万维网就是Internet 了。

Internet 是一个网络的网络,或者说是一个全球范围的网间网。在 Internet 中,分布了无以计数的计算机,这其中多数是用于组织并展示信息资源,方便用户的获取。Web 服务器就是将本地的信息用超级文本组织,方便用户在 Internet 上搜索和浏览信息的计算机。因此,Web 或者说 World Wide Web,是由 Internet 中称为 Web 信息服务器的计算机组成的,它们由那些希望通过 Internet 发布信息的机构提供并管理。在 Web 世界里,每一个Web 服务器除了提供自己独特的信息服务外,还可以用超链接指向其他的 Web 服务器。那些 Web 服务器又可以指向更多的 Web 服务器,这样一个全球范围的由 Web 服务器组成的 World Wide Web(万维网)就形成了。

万维网是以客户机/服务器(client/server)的模式进行工作的,以超文本的方式向用户提供信息,这与传统的基于命令或基于菜单的 Internet 信息查询界面有很大不同。万维网与 Internet 相结合后,使 Internet 如虎添翼,以崭新的面貌出现在世人面前。万维网使Internet 向各行各业敞开大门。万维网在市场促销、客户服务、商业事务处理、医疗、教学、旅游、信息传播等领域的应用在近年来发展十分迅速。万维网将真正使 Internet 普及千家万户。

2. 超文本和超链接

超文本(hypertext)是一种人机界面友好的计算机文本显示技术,可以对文本中的有关词汇或句子建立链接,使其指向其他段落、文本或弹出注解。用户在读取超文本时,建立了链接的句子、词语甚至图片将以不同的方式显示,或者带有下画线,或加亮显示,或粗体显示,或以特别的颜色显示,来表明这些文字对应一个超链接(hyperlink)。当鼠标移过这些文字时,鼠标会变成手形,单击超链接文字,可以转到相关的文件位置。通过链接,用户可以从一个网页跳向另一个网页,从一台万维网服务器跳向另一台服务器,从一个图像连向另一个图像,进行 Internet 的漫游。更形象的叫法是"冲浪"。

3. 超文本标记语言

Web 服务器在 Internet 上提供的超文本是用一种称为超文本标记语言(hyper text markup language,HTML)开发编制的。通过这种标记语言向普通 ASCII 文档中加入一些具有一定语法结构的特殊标记符,可以使生成的文档中包括图像、声音和动画等,从而成为超文本文档。实际上超文本文档本身是不含有上述多媒体数据的,而是仅含有指向这些多媒体数据的链接。通过超文本文档,用户只要简单地用鼠标单击操作,就能得到所要的文档,而不管该文档是何种类型(普通文档、图像或声音),也不用管它位于何处(本机上、本地LAN 某台机上或某国外主机上)。

由于 HTML 是一种易学的工作语言,且支持多国语种,用户掌握后很容易建立自己的万维网信息页,这也是万维网能迅速普及的一个重要原因。

现在有各种各样的符合 HTML 规范的超文本编辑器,除了 Windows 中自带的FrontPage Express 程序外,还有许多专用的开发工具,比如 Dreamweaver 等。

4. 万维网中常见的基本概念或专用术语

(1) 浏览器(browser):浏览器诞生于 1990 年,最初只能浏览文本内容;现代的 Web浏览器包容了因特网的大多数应用协议,可以显示文本、图形、图像、动画,以及播放音频与视频,并成为访问因特网各类信息服务的通用客户端程序。目前最流行的 Web 浏览器是微软公司的 IE 浏览器(internet explorer)。

(2) 网站(web site):又称 Web 站点,是 Internet 中提供信息服务的机构,这些机构的计算机连接到 Internet 中,可以提供 WWW、FTP 等服务。

(3) Web 页(web page):Web 页是指 Web 服务器上的一个个超文本文件,或者它们在浏览器上的显示屏幕。Web 页中往往包含指向其他 Web 页面的超级链接。

(4) 主页(home page):也叫首页,是用户在 Web 服务器上看到的第一个 Web 页,该Web 页一般的名称为 default. htm 或 index. htm。首页中往往列出了网站的信息目录,或指向其他站点的超链接。

(5) HTTP:超文本传输协议(hyper text transfer protocol)。万维网客户机与服务器通过 HTTP 建立连接和完成超文本在 Internet 上的正确传送。HTTP 协议是一种很简单的通信协议,它是基于这样的机制实现的:要通过网络查询的文本包含着可以进一步查询的链接。

(6) 端口(ports):端口是服务器使用的一个通道,可以使具有相同 IP 地址的服务器同时提供多种服务。例如,在 IP 地址为 202.194.7.66 的计算机上同时提供 WWW 服务和FTP 服务,WWW 服务使用端口 80,FTP 服务使用端口 21 等。

(7) 下载(download):指通过 Internet 将文件从 FTP 服务器传输到本地计算机的过程。

(8) 上传(upload):指通过 Internet 将文件从本地计算机传输到 FTP 服务器的过程。

(9) cookie:cookie 是 Web 服务器传送到浏览器端的数据流,用于存储服务器端的数据以及运行的中间结果,以数据文件的形式存储在客户机的硬盘中。

(10) 网络寻呼(ICQ):Internet 提供的一种新型服务,是一个新的通信程序,它支持在Internet 上聊天、发送消息和文件等。

8.3.2　文件传输服务 FTP

FTP(file transfer protocol)是 Internet 的基本服务之一。不管这两台计算机的距离有多远,用户可以把自己的文件送到远程 FTP 服务器中相应的文件夹中,也可以从 FTP 服务器中取得允许用户获取的任何文件。

FTP 有两种使用模式：主动和被动。主动模式要求客户端和服务器端同时打开并且监听一个端口以建立连接。在这种情况下，客户端由于安装了防火墙会产生一些问题；被动模式只要求服务器端产生一个监听相应端口的进程，以绕过"客户端安装防火墙"的问题。

大多数网页浏览器和文件管理器都能登录 FTP 服务器，登录 FTP 的格式为：

ftp://<服务器地址>或 ftp://< login >:< password >@< ftp server address >

浏览器要求使用被动 FTP 模式，然而并不是所有的 FTP 服务器都支持被动模式。

8.3.3 远程登录服务 Telnet

Telnet 同样是 Internet 的一项基本服务，是远程登录 Web 服务器的标准协议和主要方式。它为用户提供了在本地计算机上完成远程主机工作的能力。在终端，用户使用 Telnet 程序来连接到服务器。在 Telnet 程序中输入命令，这些命令会在服务器上运行。要开始一个 Telnet 会话，必须输入用户名和密码来登录服务器。

Telnet 所传输的信息不加密，这意味着所有操作的数据，包括账号及密码等，可能会遭窃听，也成为黑客和木马程序特别关注的方面。因此，绝大多数的服务器会关闭 Telnet 服务，改用更为安全的 SSH(建立在应用层和传输层上的安全协议)服务。

Telnet 也是目前多数纯文字式电子公告牌系统(BBS)所使用的协议，部分 BBS 还提供 SSH 服务，以保证安全的资讯传输。全世界许多大学的图书馆都通过 Telnet 对外提供联机检索服务，某些政府部门、研究机构也将它们的数据库对外开放，提供 Telnet 查询。

8.3.4 Archie 信息查询服务

Archie 是所有搜索引擎的鼻祖，是第一个自动索引互联网上匿名 FTP 网站文件的程序，但它还不是真正的搜索引擎。如果知道文件全名，通过 Archie 很快可以查到它的存放地点；如果不知道它的文件全名，也可以通过只提供部分文件名、扩展名加通配符的方法或其他更灵活的方式，查到符合要求的文件及其存放地点。

目前，在 Internet 上约有 30 多个 Archie 服务器，覆盖了遍布在 1200 个 FTP 服务器中的文件。使用 Archie 寻找文件主要有三种方法。其一是用 Telnet 访问 Archie 服务器；其二是安装 Archie 客户程序；其三是用 E-mail 来查找文件。

8.3.5 Gopher 信息查询服务

Gopher 是基于菜单驱动的 Internet 信息查询工具，它可将用户的请求自动转换成 FTP 或 Telnet 命令，在菜单的引导下，用户通过选取自己感兴趣的信息资源，对 Internet 上的远程联机信息系统进行实时访问。Gopher 可以访问 FTP 服务器、检索学校图书馆馆藏目录等任何基于远程登录的信息查询服务。

用户可以下载并运行 Gopher 客户端程序，以用户的名义与 Gopher 服务器联系以获得信息。同时可以从 Gopher 客户端转向另一种 Internet 服务。

8.3.6 网络新闻组服务

网络新闻组(news group)是一种供用户自用参与的活动，可通过 Internet 随时阅读新闻服务器提供的分门别类的消息。要获取网络新闻必须要有一台连接到 Internet 上的新闻组服务器，用户可以通过终端仿真到服务器主机上使用字符方式的新闻组阅读器，或者以 SLIP/PPP 的方式，使用基于 Winsock 的新闻组阅读器来阅读其上的内容。

8.3.7　统一资源定位符

在 WWW 上，每一信息资源都有统一的且在网上唯一的地址，该地址被称为统一资源定位器(uniform resource locator，URL)。它是 WWW 的统一资源定位标志。

对于用户而言，URL 是一种统一格式的 Internet 信息资源地址表达方法，它将 Internet 提供的各类服务统一编址，以便用户通过万维网客户程序进行查询。在格式上 URL 由三个基本部分组成：信息服务类型：//存放资源的主机域名/资源文件名。

例如：http://www. tsinghua. edu. cn/top. html，其中 http 表示该信息服务类型是超文本信息，www. tsinghua. edu. cn 是清华大学的主机域名，top. html 是资源的文件名。

目前编入 URL 中的信息服务类型有以下几种。

http://HTTP 服务器，主要用于提供超文本信息服务的万维网服务器。

telnet://Telnet 服务器，供用户远程登录使用的计算机。

ftp://FTP 服务器，用于提供各种普通文件和二进制代码文件的服务器。

gopher://Gopher 服务器，提供菜单方式访问 Internet 资源。

Wais://Wais 服务器，提供广域信息服务。

News://网络新闻 USENET 服务器。

注意：双斜线"//"表示跟在后面的字符串是网络上的计算机名称，即信息资源地址，以示与在单斜线"/"后面的文件名相区别。文件名包含路径，根据查询要求的不同，在给出 URL 时可以没有文件名。

8.3.8　电子邮件

1. 电子邮件概述

电子邮件(E-mail)是 Internet 服务中使用最早、使用人数最多的一种。Internet 的 E-mail 系统与传统的邮件传递系统相比不但省时、省钱，而且用户能确定邮件是否为收件人收到。这种方便、快捷、节省的信息传递服务为人们的生活带来了深刻的影响，是现代人最常用的通信方式之一，同时是电子商务中的重要部分。

1) 与电子邮件有关的协议与标准

(1) 基本的电子邮件协议

基本的电子邮件协议包括 POP3 邮局协议和 SMTP 简单邮件传送协议，它们都是 TCP/IP 协议集的应用协议之一。

① POP3(post office protocol)协议：这是服务器端 POP3 电子邮件服务程序与客户机端电子邮件客户程序共同遵守和使用的协议，它允许用户通过任何一台计算机登录连入 Internet，下载所注册 POP3 电子邮件服务器自己邮箱中的电子邮件，并根据系统参数设置自动保留或删除其中的邮件。

② SMTP(simple mail transfer protocol)协议：这是服务器端 SMTP 电子邮件服务程序与客户机端电子邮件客户程序共同遵守和使用的协议之一，是用于发送电子邮件的

Internet 应用协议。此协议只支持 7 位 ASCII 编码文件的发送,在发送方,要发送汉字、图形等 8 位编码的二进制文件,必须先进行 8 位到 7 位的代码转换;在接收方,则需进行逆转换。

(2) 其他与电子邮件有关的协议与标准

除了基本的 POP3 和 SMTP 外,随着人们对电子邮件发送内容越来越高的要求,电子邮件服务程序和电子邮件客户程序也开始支持越来越多的新协议和新标准,如 MIME、S/MIME、IMAP-4、LDAP 和 HTML 等。限于篇幅,这里不作详细介绍。

2) 电子邮件服务器及对应的服务程序

目前比较流行的电子邮件服务器有两种:POP3 邮局协议服务器(用于接收电子邮件)和 SMTP 简单邮件传送协议服务器(用于发送电子邮件)。

(1) POP3 服务器主要用于存放用户所接收到的电子邮件,用户必须登记注册才能使用该服务器。

(2) SMTP 服务器主要负责发送用户的电子邮件,是供 Internet 全体用户公用的,用户不须登记注册就可使用该服务器。

以上两种服务器既可各自独立,也可以合二为一。

2. 收发电子邮件

使用 E-mail 有专门的软件,如 Foxmail 等,在 IE 中包含有一个优秀的管理电子邮件和新闻组的应用程序 Outlook Express 系统,Outlook Express 是一个基于 POP3 协议的邮件用户代理程序。下面详细介绍 Outlook Express 系统的使用,Outlook Express 窗口如图 8-5 所示。

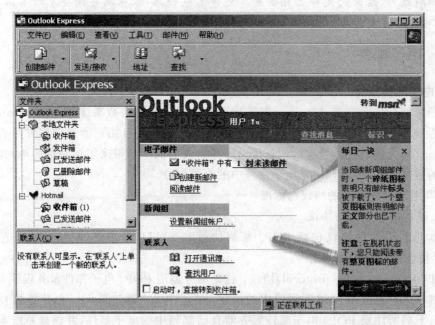

图 8-5 Outlook Express 窗口

1) 设置电子邮件账号

在使用 Outlook Express 之前,用户需要从其 Internet 服务提供者(ISP)处获得一些信息,这些信息是:①Internet 服务提供者的 POP3 服务器域名;②Internet 服务提供者的 SMTP 服务器域名;③用户自己的电子邮件地址;④接收邮件的用户账号和口令。

第一次使用 Outlook Express 时,如果还没有创建电子邮件账号,Outlook Express 会自动弹出"Internet 连接向导"对话框,如图 8-6 所示,提示用户创建一个账号,用户只需按照连接向导的提示,在每一步相应的域中输入发件人的姓名、电子邮件地址、邮件接收服务器的类型、接收(POP3)和发送(SMTP)邮件的服务器域名、登录的账号和密码等参数(这些参数用户可在 ISP 处获得),就可完成一个新的电子邮件账号的创建。

已建立的账号将显示在图 8-7 所示对话框的电子邮件账号列表框中。

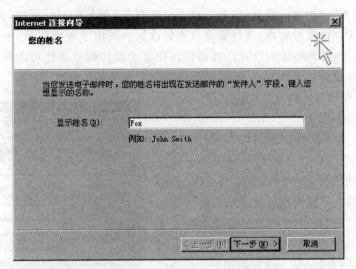

图 8-6　"Internet 连接向导"对话框

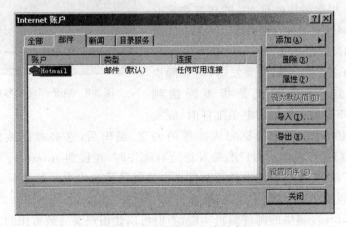

图 8-7　电子邮件账号列表

由于目前在 Internet 上申请一个免费的电子邮件账号非常方便,大多数用户除了使用 ISP 提供的电子邮件账号外,还可能使用其他的免费电子邮件账号,可以利用电子邮件账号管理工具来创建多账号用户。具体操作步骤如下。

(1) 选择 Outlook Express 窗口菜单栏中的"工具"▸"账号"命令,弹出"Internet 账号"对话框,如图 8-7 所示。

（2）选择"Internet 账号"对话框中的"邮件"选项卡，在该选项卡中显示了已创建的所有电子邮件账号。

（3）单击"添加"按钮，在弹出的下拉列表框中选择"邮件"命令，弹出"Internet 连接向导"对话框，如图 8-6 所示，重复上面介绍的方法可以建立多个账号。

2）设置电子邮件账号的属性

虽然 Outlook Express 支持多个电子邮件账号，但默认的电子邮件账号是唯一的。当用户编辑一个新邮件时，使用的发件人信息就是默认的电子邮件账号中所设置的信息。要将某个账号设置为默认的电子邮件账号，只需在图 8-7 所示的对话框中，单击要设置为默认值的账号，再单击"设为默认值"按钮就可以了。在图 8-7 所示的对话框中，还可以查看并修改已创建的电子邮件账号属性，选择要查看或修改属性的电子邮件账号，单击"属性"按钮，弹出图 8-8 所示的电子邮件账号属性对话框。在电子邮件账号属性对话框中，用户可根据需要重新输入新的信息来修改电子邮件账号的属性，这里不再赘述。

3）建立和发送电子邮件

（1）电子邮件地址

Internet 上电子邮件地址有统一的格式：用户名@主机域名。其中，"@"符号前面部分就是用户向 ISP 注册时所获得的登录账号，"@"符号后面部分是你的电子邮件地址所注册的邮件服务器的主机域名，"@"符号用来隔开用户名和主机域名。例如：zili@stu.edu.cn，表示汕头大学校园网邮件服务器（stu.edu.cn）上的用户 zili 的电子邮件地址。

注意：使用电子邮件地址时，用户名要区分大小写，而主机域名不区分大小写。

（2）创建和发送电子邮件

如果用户有多个电子邮件要发送，应先脱机创建、编辑它们。所谓脱机是指不连接到 Internet。当用户要创建大量的电子邮件时，脱机

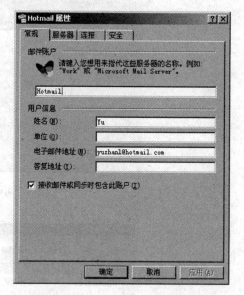

图 8-8　电子邮件账号属性对话框

操作能节省联机费用。用户脱机完成邮件的创建、编辑后，这些邮件被保存在 Outlook Express 的发件箱文件夹中。用户准备发送所有邮件时，连接到 Internet，并单击工具栏上的"发送和接收"按钮，就能够把发件箱文件夹中的邮件发送出去。如果只希望发送邮件而不接收邮件，可以单击"工具"→"发送"命令。

Outlook Express 提供的邮件编辑功能，不但可以让用户编写最常用的文本方式的电子邮件，还允许用户编写支持 HTML 格式的邮件，这就使用户可以非常方便地设计出一份美观的电子邮件。

① 撰写新邮件的步骤如下。

· 启动 Outlook Express。

· 打开"文件"菜单并选择"新建"子菜单中的"邮件"命令或单击工具栏上的"新邮件"按钮，弹出如图 8-9 所示的新邮件撰写窗口。

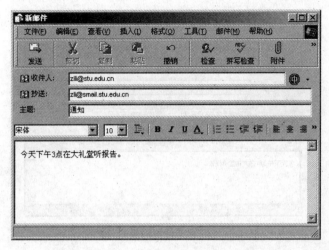

图 8-9　新邮件撰写窗口

- 在"收件人"文本框中输入收件人的地址。可以输入多个收件人的地址,中间用分号隔开,例如 zili@stu.edu.cn; xyhu@smmailserv.stu.edu.cn; lizilz@21cn.com。
- (可选)在"抄送"文本框中输入接收邮件复制者的地址。
- 在"主题"文本框中填上本邮件的主题。
- 单击邮件文本编辑区,输入邮件正文。

注意:如果需要,用户可在邮件中插入附件、链接或图片等。

为了发送邮件,首先必须要连接到 Internet,然后单击"新邮件"窗口工具栏中的"发送"按钮。如果由于地址无效而不能正确地投递邮件,则用户会从 ISP 的邮件服务器程序接收到退回的邮件。因此,当用户发送邮件后,应检查其收件箱文件夹,查看有没有退回的邮件,从而判断其发送的邮件是否到达了目的地。

很多 Web 页都包含用于接收用户反馈信息的电子邮件地址的链接。当用户单击链接时,IE 自动显示 Outlook Express 的"新邮件"窗口,因此用户能输入邮件(Web 页自动地将收件人的地址插入"收件人"文本框中)。当用户完成创建邮件时,可以按上面的步骤将邮件发送给 Web 页的页主。

② 为电子邮件添加附件。用户能使用电子邮件通过 Internet 发送各种类型的文件。例如,电子表格、声音文件或包括图形图像的文件。

当然,接收者主机必须安装有支持所收到邮件附件类型的相应软件,否则将无法打开所收到邮件的附件。例如,如果发送者在电子邮件中发送了一个 Lotus l-2-3 电子表格的附件,则其接收者主机必须安装有 Lotus l-2-3 软件才能查看和使用文件中的信息。

在电子邮件中插入其他文件的操作步骤为:先在图 8-10 所示的"新邮件"窗口中,选择"插入"→"文件附件"命令,出现"插入附件"对话框;或单击工具栏上的"附件";在"插入附件"对话框,选定要插入的文件夹和文件,单击"附加"按钮;(可选)重复步骤 1 和步骤 2,逐个附加其他文件到邮件中。图 8-10 显示了带有三种不同类型附件的邮件。

由于受电子邮件账号的空间限制以及传输速率等因素的影响,用户在发送附件时,通常应遵循一个原则,即尽量保证所添加的附件已经使用压缩软件压缩过,如果经压缩后的附件仍然很大(邮件正文和附件的总容量有一定大小限制),则应该进行分文件压缩,并采取多次

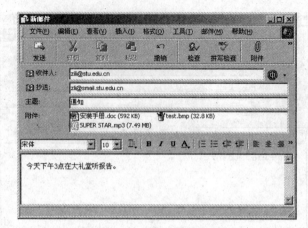

图 8-10　带有三种不同类附件的邮件

发送邮件方式,以便收件人能顺利收到该邮件。

③ 在电子邮件中插入超级链接。在电子邮件中插入超级链接的步骤如下。

先在邮件正文中选定要创建超级链接的文本或图形对象。选择"插入"→"超级链接"命令。在"超级链接"对话框中,选择"类型"列表框中要使用的链接类型。在"URL"文本框中输入要创建超级链接的地址。单击对话框中的"确定"按钮。

④ 在电子邮件中插入图片。在电子邮件中插入图片的步骤如下。

单击邮件正文中要放置图片的位置。选择"插入"→"图片"命令。在"图片"对话框中单击"浏览"按钮,从弹出的对话框中选择要插入的图片所在的文件夹和图片的文件名。在"替换文字"文本框中输入当用户的鼠标指针移动到该图片时所显示的文字内容。设置完图片的其他内容后,单击对话框中的"确定"按钮。

注意:如果要发送的图片太大,必须将该图片压缩后再以附件的方式发送,否则收件人会因为所发送的邮件太大而邮件账号的空间太小或传输速率限制而无法接收。

(3) 选择信纸

除正文内容的格式外,选择一个好的信纸作为电子邮件的背景也是表达自己心意的好方式。邮件中使用的信纸其实是一种事先编排好的包含各种文本格式及背景图像的HTML 格式的文本。

在创建新邮件或在编辑邮件的过程中,用户可随时为邮件选择一种信纸,此外,也可以直接指定一种信纸,以便在创建每一封新邮件时都使用选定的信纸。Outlook Express 只提供了少量的信纸供用户选择,但它允许用户自定义信纸或从 Microsoft 公司的网页中下载由 Microsoft 公司提供的信纸。下面介绍信纸使用的方法:选择邮件编辑窗口菜单栏上的"格式"→"应用信纸"命令,从弹出的子菜单中选择要使用信纸的名称。

(4) 回复邮件

回复邮件就是给向你发送邮件的人回信。其操作步骤如下。

① 选择要回复的邮件。

② 单击工具栏上的"回复作者"按钮,弹出一个"回复"窗口。在"回复"窗口中,系统自动在"收件人"文本框中列出原发件人地址,在"主题"文本框中显示原邮件的主题,并在该主题前面加上"Re:",在邮件正文编辑区中列出原邮件正文。

③ 在编辑区输入回复信息。

④ 单击工具栏上的"发送"按钮。

（5）转发邮件

转发邮件就是将你收到的邮件转发给其他人。其操作方法如下。

① 选择要转发的邮件；

② 单击工具栏上的"转发"按钮，弹出一个"转发"窗口。在"转发"窗口中，系统自动在"主题"文本框中显示要转发的邮件主题，并在该主题前面加上"Fw："。

③ 在"收件人"文本框中输入收件人地址，必要的话可在邮件正文编辑区对要转发的邮件进行编辑或添加信息。

④ 单击工具栏上的"发送"按钮。

4）阅读邮件

用户收到的邮件系统默认放在收件箱文件夹中。一般的邮件都是以两种方式包含邮件的内容：一种是只有正文内容，这些内容在预览窗口中就能浏览到；另一种是包含附件的邮件，要查看邮件中附件的内容必须打开该附件或将附件保存到磁盘后再打开。

当邮件中的内容太多，在预览窗口中查看不方便时，可在单独的窗口中查看邮件，只要在邮件列表中双击该邮件即可。

如果在浏览邮件正文内容时，邮件的内容出现乱码，表明该邮件使用了与当前计算机使用的语言不同的代码，只要你的计算机上安装了支持该语言的字符集，就可以为邮件直接指定要使用的语言代码。方法是：选择邮件窗口菜单栏中的"查看"→"语言"命令，在弹出的子菜单中单击要使用的语言名称。

5）管理邮件

（1）标记邮件

标记邮件的作用主要是在邮件列表中将一些比较重要的邮件标记出来。当邮件列表中有一些比较重要的邮件，或需要回复而目前又没有时间时，就可以为该邮件打上标记，以区别于其他邮件。为邮件打上标记的方法是：在邮件列表框中单击要加上标记记号的邮件左侧的标记列就可以了，这时该邮件的标记列将显示一个已被标记的符号（一面小旗帜），要清除邮件标记，只要再次单击该标记符号就可以了。

（2）对邮件进行排序

要更改邮件列表框中邮件的排列顺序，可选择 Outlook Express 窗口菜单栏中的"查看"→"排序方式"命令，在弹出的子菜单中选择相应的排序项即可。

（3）删除邮件

在 Outlook Express 中删除邮件的操作步骤如下。

① 从邮件列表框中选择要删除的邮件。

② 单击工具栏上的"删除"按钮或按 Delete 键，则相应的邮件将被移动到"已删除邮件"文件夹中，要彻底删除该邮件，必须继续执行下面的步骤。

- 单击"已删除邮件"文件夹。

- 从邮件列表框中选择要彻底从计算机中删除的邮件，单击工具栏上的"删除"按钮或按 Delete 键。

- 在弹出的对话框中单击"是"按钮。

（4）移动邮件

在 Outlook Express 窗口中,左边的文件夹窗格中除了默认的文件夹(如收件箱、发件箱、草稿等)外,用户还可以创建自己的文件夹。这样就可以将"收件箱"中的邮件分门别类移动到自己创建的文件夹中。创建新的文件夹的方法与在 Windows 的资源管理器中创建新文件夹类似,移动或复制邮件的方法也与在资源管理器中移动或复制文件的方法类似,这里不再赘述。

（5）保存邮件

Outlook Express 中所有的邮件都可以保存到磁盘上,文件格式为". eml"。已保存到磁盘上的". eml"邮件不能直接在 Outlook Express 中打开,如果要打开这些文件,应在资源管理器中双击要打开的邮件。把邮件保存到磁盘上的方法是:在邮件列表框中选择要保存的邮件,选择"文件"→"另存为"命令。如果只希望保存邮件中的背景图案为信纸,则应选择"文件"→"另存为信纸"命令。

8.4　网页浏览器

网页浏览器是一种显示网页服务器或档案系统内的文件,并让用户与这些文件互动的一种客户端程序软件。它用于迅速及轻易地浏览 Internet 或局域网中的文字、图片、视频等信息,这些信息可以是连接其他网址的超链接。网页一般是超文本传输协议(HTML)的格式,但有些网页是需要使用特定的浏览器才能正确显示。

目前,在 Windows 10 中,自带浏览器版本是 Internet Explorer 11(简称 IE 11),IE 11采用 GPU 以本机方式实时对文本呈现和 JPG 图像进行解码,因此页面加载速度更快,内存占用更少,从而降低功耗、延长电池使用时间;IE 11 中定义了 WebGL 接口,允许把 JavaScript 和 OpenGL ES 2.0 结合在一起,以提供硬件 3D 加速渲染。

8.4.1　IE 浏览器简介

IE 浏览器启动后界面如图 8-11 所示。和其他窗口一样,具有标题栏、菜单栏、工具栏等,值得注意的是,地址栏处输入要访问的 URL 地址。

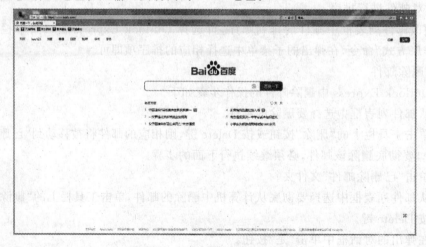

图 8-11　IE 浏览器启动后的界面

1．浏览主页

主页一般是启动浏览器软件或到达某一网站所见到的第一个页面。从主页可以到达该网站的所有页面。单击工具栏上的"后退"或"前进"按钮，可返回已访问过的前一页或进入访问过的下一页。

2．链接到指定的网页

在浏览器的地址栏输入框中输入需要访问的 URL 地址，然后按 Enter 键，即可访问指定的网页。

3．返回到近期浏览过的网页

通过"打开历史记录"可选择"转到"已访问过的网页。最近的网页通常被自动保存在浏览器的 Cache 缓冲区中。

4．收藏自己喜爱的网页

将自己喜爱的网页网址放入收藏夹或建立书签文件，则可大大简化以后的再搜索操作。

5．将当前的网页内容存储起来

通过"文件"菜单可将当前网页页面按照超文本或文本格式保存，同时还可以将图形文件保存下来。

6．停止当前页面的下载

单击工具栏中的"停止"按钮，可控制关闭图片、声音或视频文件的下载，以加快浏览的速度。

7．IE 的设置

不同的用户对浏览器有不同的要求，如设置常使用的网站的网址为打开的默认首页，设置历史记录的天数，设置安全级别，建立连接等。

设置方法是打开 IE 浏览器窗口，再单击"工具"→"Internet 选项"命令，打开"Internet 选项"对话框，如图 8-12 所示。

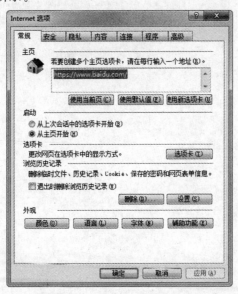

图 8-12　"Internet 选项"对话框

8.4.2　其他常见浏览器

1．谷歌的 Chrome 浏览器

Chrome 是由 Google 公司开发的网页浏览器,浏览速度在众多浏览器中走在前列,属于高端浏览器。它采用 BSD 许可证授权并开放源代码,开源计划名为 Chromium。

2．遨游的火狐(Firefox)浏览器

Firefox 9 新增了类型推断,再次大幅提高了 JavaScript 引擎的渲染速度,使得很多富含图片、视频、游戏以及 3D 图片的网站和网络应用能够更快地加载和运行。

3．搜狗浏览器

搜狗浏览器是首款给网络加速的浏览器,通过业界首创的防假死技术,使浏览器运行快捷流畅,具有自动网络收藏夹、独立播放网页视频、Flash 游戏提取操作等多项特色功能,并且兼容大部分用户使用习惯,支持多标签浏览、鼠标手势、隐私保护、广告过滤等主流功能。

4．百度浏览器

百度浏览器通过开放整合和精准识别,可以一键触达海量优质的服务和资源,如音乐、阅读、视频、游戏等个性需求。依靠百度强大的平台资源、简洁的设计、安全的防护、飞快的速度、丰富的内容,逐渐成为国内成长最快的创新浏览器。

第 9 章

算法、数据结构与程序设计

9.1 算法

当代著名计算机科学家 D. E. Knuth 在他撰写的 *The Art of Computer Programming* 一书中写道:"一个算法,就是一个有穷规则的集合,其中的规则规定了一个解决某一特定类型问题的运算序列。"简单地说,算法就是解决问题的有限步骤。

【例 9-1】 以红、蓝两色墨水交换为例说明一个最简单的算法过程。

【问题描述】 有红、蓝两色墨水,为方便区分,因此将其分别盛放在红、蓝两色墨水瓶中。工人分装过程中由于工作疏忽,错把蓝墨水装在了红色瓶子里,将红墨水装在了蓝色瓶子里,因此现在需要将两瓶墨水互换。

【算法分析】 因为两个瓶子的墨水不能直接交换,所以需要引入第三个墨水瓶,假设第三个墨水瓶为白色,其交换步骤如下:①将红色瓶中的蓝墨水装入白色瓶中;②将蓝色瓶中的红墨水装入红色瓶中;③将白色瓶中的蓝墨水装入蓝色瓶中;④交换结束。

由例 9-1 可以看出,解决一个问题,可以将其分解为若干个步骤,通过这些步骤按一定的次序执行,最终解决问题,这个解决问题的步骤即为算法。可见,生活中处处有算法,这种算法是计算思维的一种体现。

通常算法分为两大类:数值运算算法和非数值运算算法。数值运算是指对问题求数值解,例如,多项式插值、微分方程求解、函数的定积分求解等,都属于数值运算范围。非数值运算包括非常广泛的领域,例如,资料检索、事务管理、数据处理等,上述的"红、蓝两色墨水交换"就属于非数值运算范畴。

数值运算有确定的数学模型,一般都有比较成熟的算法。在计算机的普及应用过程中,许多常用的数值型算法被编写成通用程序,例如排序、寻找最值、递归、迭代等经典算法。而非数值运算的种类繁多,要求不一,很难提供统一规范的算法。

9.1.1 算法的基本特征

算法是一个有穷规则的集合,这些规则确定了解决某类问题的一个运算序列。对于该类问题的任何初始输入值,它都能机械地一步一步地执行计算,经过有限步骤后终止计算并产生输出结果。归纳起来,算法具有以下基本特征。

(1) 有穷性：一个算法应包含有限个操作步骤,并且在可以接受的时间内完成其执行过程。通常来说,"有穷性"是指"在合理的范围内"。如果一个算法需要计算机执行 10 年,这虽然是有穷的,但是超出了合理的限度,显然没有实用价值。

(2) 确定性：算法中每一步的含义必须是确切的,不可出现任何二义性。

(3) 有效性：算法中的每一个步骤都应该能有效执行,一个不可执行的操作是无效的。例如,如果 B＝0,那么 A/B 就无法执行,从而不符合有效性的要求。

(4) 有零个或多个输入：这里的输入是指在算法开始之前所需要的初始数据。输入的个数取决于具体的问题,有些算法也可以没有输入。

(5) 有一个或多个输出：有一个或多个输出算法的目的是求解,而"解"就是输出,一个算法所得到的结果就是该算法的输出。一个算法必须有一个或多个输出。

9.1.2　算法的表示方法

算法可以用任何形式的语言和符号来描述,通常有自然语言、流程图、N-S 图、计算机语言等。例 9-1 中的红、蓝两色墨水交换算法就是用自然语言来表示的。

1. 自然语言

自然语言就是人们在日常生活中使用的语言,可以是汉语、英语或其他语言。用自然语言表示算法通俗易懂,不用专门的训练,较为灵活,容易理解。但是书写较为烦琐,对复杂的问题难以表达准确,而且在描述上容易出现歧义,不易直接转化为程序,适用于比较简单的问题。

【例 9-2】　求解 $sum＝1＋2＋3＋4＋5＋\cdots＋n$,用自然语言表示的算法如下。

步骤 1：输入 n 的值。

步骤 2：将 sum 赋值为 0。

步骤 3：将加数 i 的初值赋为 1。

步骤 4：若 $i<＝n$,则继续执行步骤 5、6；否则输出 sum,结束算法。

步骤 5：将本次求和结果 $sum＋i$ 的值赋给 sum。

步骤 6：将加数 i 的值增 1,并返回重新执行步骤 4。

2. 流程图

流程图是用一些图框来表示各种类型的操作,在框内写出各个步骤,然后用带箭头的线把它们连接起来,以表示执行的先后顺序。美国国家标准协会(American National Standard Institute,ANSI)规定了一些常用的流程图符号,如表 9-1 所示,由于它具有准确、直观、便于阅读等特点,已被世界各国程序员普遍采用。

表 9-1　标准流程图符号及功能

符号名称	符号	功　　能
起止框	（椭圆形框）	表示算法的开始和结束
输入输出框	（平行四边形框）	表示算法的输入输出操作,框内填写输入输出各项内容
处理框	（矩形框）	表示算法中的各项处理操作,框内填写处理说明

续表

符号名称	符号	功　能
判断框	◇	表示算法中的条件判断操作,框内填写判断条件
流程线	→↓	表示算法的执行方向
连接点	○	表示流程图的延续

1966 年,Bohra 和 Jacopini 提出了三种基本结构,即顺序结构、选择结构和循环结构,由这三种基本结构作为的基本单元可以构成一个良好算法。

(1) 顺序结构

顺序结构是一种最简单的基本结构,程序中的各语句按照出现的先后顺序依次被执行,如图 9-1(a)所示。A 和 B 两个处理是顺序执行的,即先执行 A 再执行 B。

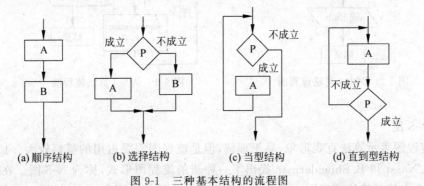

(a)顺序结构　(b)选择结构　(c)当型结构　(d)直到型结构

图 9-1　三种基本结构的流程图

(2) 选择结构

选择结构又称分支结构,根据判定条件的成立与否,选择执行不同的处理,如图 9-1(b)所示。当条件 p 成立时,则执行语句 A;否则执行语句 B。

(3) 循环结构

循环结构,是表示反复执行某一部分的操作。循环结构主要分为当型循环和直到型循环。同一个问题既可以用当型循环来处理,也可以用直到型循环来处理。

① 当型(while 型)结构。当给定的条件 p 成立时,执行循环体 A,执行完毕后,再次判断条件 p 是否成立,若仍然成立,则再执行 A,如此反复,直到条件 p 不成立为止。因为是先判断循环条件后执行循环体,即"当条件满足执行循环",所以称为当型循环,如图 9-1(c)所示。

② 直到型(until 型)结构。先执行循环体 A,然后判断给定的条件 p 是否成立,若条件 p 不成立,则返回再次执行 A,然后再对条件 p 进行判断,若仍不成立,则又执行 A,如此反复,直到给定的 p 条件成立为止。因为是先执行循环体后判断条件,即"直到条件为真时为止",所以称为直到型循环,如图 9-1(d)所示。

【例 9-3】　将红、蓝两色墨水交换的算法用流程图表示出来。

这是一个是顺序结构流程的算法,分别用 a、b、c 三个变量表示红、蓝、白三个墨水瓶,算法表示如图 9-2 所示。

【例 9-4】 用流程图表示 $sum＝1＋2＋3＋4＋5＋\cdots＋n$ 的算法。

这是一个循环结构的问题,程序中使用的各参数和数学表达式相同,流程图如图 9-3 所示。

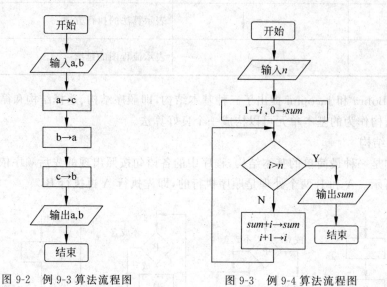

图 9-2　例 9-3 算法流程图　　　　图 9-3　例 9-4 算法流程图

3. N-S 图

用流程图表示算法直观形象、易于理解,但是流程图需要占用的篇幅较大。1973 年,美国学者 I. Nassi 和 B. Shneiderman 提出了一种新的流程图形式,称为 N-S 图。在这种流程图中,完全去掉了传统流程图中带箭头的流程线。全部算法写在一个矩形框内,在该矩形框内可以包含若干个从属于它的小矩形框,或者说,由一些基本的框组成一个大的框。这种流程图可以更清晰地表达结构化的程序设计思想,因此很受欢迎。用 N-S 图表示结构化程序设计的三种基本结构如图 9-4 所示。

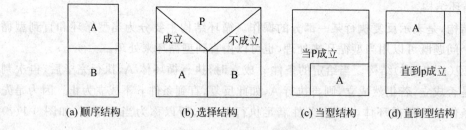

(a) 顺序结构　　　　(b) 选择结构　　　　(c) 当型结构　　　　(d) 直到型结构

图 9-4　三种基本结构的 N-S 图

N-S 图省去了传统流程图中的流程线,表达起来更加简练,同时也比传统流程图容易画。N-S 图中的上下顺序就是执行时的顺序,也就是图中位置在上面的先执行,位置在下面的后执行。

【例 9-5】 使用 N-S 图表示求解 $sum＝1＋2＋3＋4＋5＋\cdots＋n$ 的算法,如图 9-5 所示。

4. 计算机语言

计算机是无法识别流程图和 N-S 图的,只有用计算机语言编写的程序才能被计算机执行,因此使用流程图或 N-S 图描述出一个算法后,需要将它转换成计算机语言程序。计算机语言是计算机能够接受和处理的、具有一定语法规则的语言。

【**例 9-6**】 使用 Python 语言表示求解 $sum = 1+2+3+4+5+\cdots+n$ 的程序。

```python
n = int(input("请输入一个大于 0 的整数:"))
sum = 0
i = 1
while i < = n:
sum = sum + i
i = i + 1
print("sum = {}".format(sum))
```

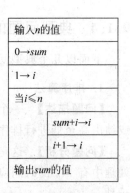

图 9-5　表示算法的 N-S 图

写出一个算法的程序,只是描述了算法,并未实现算法。只有将程序交由计算机进行运行才可以实现算法,因此用计算机语言表示的算法是计算机能够执行的。

9.1.3　算法的评价

算法设计直接影响计算机求解问题的成功与否,为了让计算机有效地解决问题,首先要保证算法正确,其次要保证算法的质量。评价一个算法的好坏主要有两个指标:算法的时间复杂度和空间复杂度。

1. 时间复杂度

时间复杂度是一个算法运行时间的相对量度。一个算法的运行时间是指在计算机上从开始到结束运行所花费的时间,它大致等于计算机执行一种简单操作(如赋值、比较、简单运算、输入、输出等)所需的时间与算法中进行简单操作次数的乘积。因为执行一种简单操作所需的时间因所用机器系统而异,它是由机器本身软硬件性能决定的,与算法无关。显然,在一个算法中,进行简单操作的次数越少,其运行时间越短;次数越多,其运行时间越长。所以,通常把算法中包含简单操作的次数称为该算法的时间复杂度,用它来衡量一个算法的运行时间性能。

2. 空间复杂度

空间复杂度是对一个算法在运行过程中临时占用存储空间大小的量度,它也是衡量算法有效性的一个重要指标。一个算法在计算机存储器上所占用的存储空间的大小,包括存储算法本身所占用的存储空间、算法的输入输出数据所占用的存储空间和算法在运行过程中临时占用的存储空间这三个部分。

事实上,对一个问题的算法实现,时间复杂度和空间复杂度往往是相互矛盾的,要降低算法的执行时间就可能要以使用更多的空间为代价,要节省空间就可能要以增加算法的执行时间为代价,两者很难兼顾。因此,对于具体问题应具体分析,找出最佳算法。

9.1.4 典型问题的算法设计

下面以几个典型问题为例,给出分析解决途径,并设计所适用的算法。

1. 排序算法

【问题描述】 一个班级有 30 名学生,每个学生有一个考试成绩,如何将这 30 名学生的成绩由高至低进行排序?

【问题分析】 这是一个排序问题。排序在实际生活中非常常见,一般认为,日常的数据处理中有 1/4 的时间应用在排序上。据不完全统计,到目前为止存在的不同排序算法有上千种。

算法设计 1:选择排序解决方案。

① 在 30 名学生中找到最高的分数,使其排在第 1 位。

② 在剩下的学生中再找最高的分数,使其排在第 2 位。

③ 以此类推,直至所有的学生都已经排完。

算法设计 2:插入排序解决方案。

① 将第 1 位学生的分数放在一个队列中。

② 将第 2 位学生的分数与队列中第 1 位学生的分数进行比较,如果分数比其高,则放在其后面;如果分数比其低,则放在其前面。

③ 将第 3 位学生的分数与队列中的两位学生的分数进行比较,找到一个插入后仍保持有序的位置,将第 3 位学生的分数插入该位置。

④ 以此类推,直至将 30 位学生的分数都插入相应位置。

2. 递归算法

【问题描述】 著名意大利数学家莱昂纳多·斐波那契(Leonardo Fibonacci)于 1202 年提出了一个有趣的数学问题,假定一对雌雄大兔每一个月能生一对雌雄小兔,每对小兔过一个月长成大兔,再生小兔,问一对兔子一年能繁殖几对小兔?于是得到一个数列:1,1,2,3,5,8,13,21,34,55,89,144,233,377,610,987,1597……。这就是著名的斐波那契数列。

由于斐波那契数列有一系列奇妙的性质,所以在现代物理、生物、化学等领域都有直接的应用。为此,美国数学学会从 1963 年起还专门出版了以《斐波纳契数列季刊》为名的杂志,用于刊载这方面的研究成果。这里讨论的问题是:如何求出该数列的前 n 项。

【问题分析】 题目中数列的规律很容易归纳,即后面的一个数总是其前两个数之和。如果按照人的思维习惯来计算,该问题看似很容易,但实际做起来就会遇到问题。例如,如果求解第 50 个数字是多少,那么必须知道第 49 个数字和第 48 个数字是多少,以此类推,将不得不依次去求解第 47 项、第 46 项……,第 1 项、第 2 项。求解出第 1 项、第 2 项,即可求出第 3 项,依次求出第 4 项、第 5 项……直至求出第 50 项的数字。这种求解过程可以用递归算法来处理。根据以上分析可见,斐波纳契数列以如下递归方法定义:

$$\begin{cases} F(1)=1 \\ F(2)=1 \\ F(n)=F(n-1)+F(n-2) \quad \text{当} n >= 2 \text{时} \end{cases}$$

递归算法描述简洁而且易于理解,所以使用递归算法的计算机程序也清晰易读。递归算法的应用一般有以下三个要求。

① 每次调用在规模上都有所缩小。

② 相邻两次重复之间有紧密的联系,前一次要为后一次做准备(通常前一次的输出就作为后一次的输入)。

③ 在问题的规模最小时,必须直接给出解答而不再进行递归调用,因而每次递归调用都是有条件的(以规模未达到直接解答的大小为条件)。

通常,设计递归算法需要关键的两步。

① 确定递归公式。确定该问题的递归关系是怎样的,例如在斐波那契数列问题中,其第 3 项及之后的项求解规则是 $F(n)=F(n-1)+F(n-2)$。

② 确定边界(终止)条件。边界一般来说就是该问题的最初项的条件,例如在斐波那契数列问题中,其第 1 项和第 2 项的值不是通过递归公式计算得到,而是直接给出的,因此 $n=1$ 或 $n=2$ 就是该问题的边界条件。

按照上述要求和方法,该问题的递归算法可以用图 9-6 来表示。

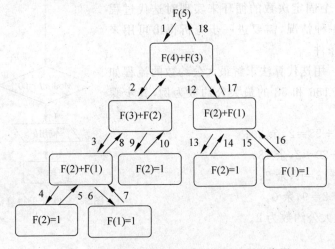

图 9-6 斐波那契数列递归算法求解过程示意图

通过该方法,最终可以求得该数列的第 50 项的值为 12 586 269 025。斐波那契数列是由一个古老的兔子生兔子问题所引发的,然而其意义却不仅是求解通项公式问题。许多问题的求解都蕴涵了斐波那契数列的思想,递归是人类常用的一种描述问题的方式,也是计算机思维的重要方法之一。

3. 迭代算法

【问题描述】 公约数也称"公因数"。如果一个整数同时是几个整数的约数,称这个数为它们的公约数;公约数中最大的称为最大公约数。

【问题分析】 欧几里得算法(又称辗转相除法)是求解最大公约数的传统方法,其算法的核心基于这样一个原理:如果有两个正整数 a 和 $b(a \geq b)$,r 为 a 除以 b 的余数,则有 a 和 b 的最大公约数与 b 和 r 的最大公约数是相等的这一结论(在数学领域已得到证明)。基于这个原理,经过反复迭代执行,直到余数 r 为 0 时结束迭代,此时的除数便是 a 和 b 的最大公约数。

欧几里得算法是经典的迭代算法。迭代计算过程是一种不断用变量的旧值递推新值的过程,是用计算机解决问题的一种基本方法。

利用迭代算法解决问题,需要考虑以下三个方面的问题。

① 确定迭代变量。在可以用迭代算法解决的问题中,至少存在一个可直接或间接地不断由旧值递推出新值的变量,这个变量就是迭代变量。

② 建立迭代关系式。所谓迭代关系式,指如何从变量的前一个值推出其下一个值的公式(或关系)。迭代关系式的建立是解决迭代问题的关键,通常可以使用递推或倒推的方法来完成。

③ 对迭代过程进行控制。在什么时候结束迭代过程? 这是编写迭代程序必须考虑的问题,不能让迭代过程无休止地执行下去。迭代过程的控制通常可分为两种情况:一种是所需的迭代次数是个确定的值,可以计算出来;另一种是所需的迭代次数无法确定。对于前一种情况,可以构建一个固定次数的循环来实现对迭代过程的控制;对于后一种情况,需要进一步分析得出可用来结束迭代过程的条件。

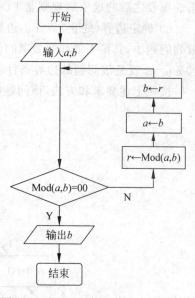

图 9-7　欧几里得算法的迭代计算过程

【算法设计】 用迭代算法求解最大公约数的流程如图 9-7 所示,以求 136 和 58 的最大公约数为例,其步骤如下。

第 1 步:$136 \div 58 = 2$,余 20;

第 2 步:$58 \div 20 = 2$,余 18;

第 3 步:$20 \div 18 = 1$,余 2;

第 4 步:$18 \div 2 = 9$,余 0。

算法结束,最大公约数为 2。

9.2　数据结构

一个程序主要包含两方面的信息:一是对程序中操作的描述,也就是"算法";二是对程序中数据的描述,也就是"数据结构"。算法是寻找问题求解的方法和确定具体的求解步骤;数据结构则会影响程序中的算法过程。

为了更好地理解数据结构,先了解一些基本概念和术语。

数据(data):是对客观事物的符号表示,在计算机科学中是指能输入计算机中,并被计算机存储、加工的符号总称。计算机加工处理的数据已从早期的数值、布尔值等扩展到字符串、表格、语音、图片和图像等多媒体数据。

数据元素(data element):是数据的基本单位,在程序中通常作为一个整体加以考虑和处理。数据元素一般具有完整、确定的实际意义,有时也称元素、节点、顶点或记录。一个数据元素由若干个数据项(data item)组成。数据项是数据不可分割的最小单位。

数据结构(data structure):是相互之间存在一种或多种特定关系的数据元素集合。在任何问题中,数据元素都不是孤立存在的,而是在它们之间存在着某种关系,这种数据元素相互之间的关系称为结构。简单来说,数据结构就是研究数据及数据元素之间的关系,它包括以下三个方面的内容:数据的逻辑结构;数据的存储结构;数据的运算。

9.2.1 数据的逻辑结构

数据的逻辑结构是指数据结构中数据元素之间的逻辑关系。根据数据元素之间关系的不同特征,通常有下列四类基本结构。

(1) 集合

集合结构中的数据元素之间除了"属于同一个集合"的关系以外,别无其他关系。即只有数据元素而无任何关系,如图 9-8(a)所示。

(2) 线性结构

线性结构中的数据元素之间存在一对一的关系。在该逻辑结构中,除了第一个数据元素外,其他数据元素都具有唯一的直接前驱;除了最后一个元素外,其他数据元素都具有唯一的直接后继,如图 9-8(b)所示。

(3) 树形结构

树形结构中的数据元素之间存在一对多的关系,即除了一个根元素外,其他每个数据元素都具有唯一的直接前驱;所有数据元素都可以有零个或多个直接后继,如图 9-8(c)所示。

(4) 图状结构

图状结构也称网状结构,结构中的数据元素之间存在多对多的关系,即所有数据元素都可以有多个直接前驱和多个直接后继,如图 9-8(d)所示。

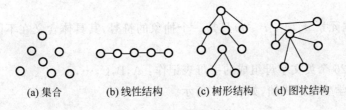

(a) 集合   (b) 线性结构   (c) 树形结构   (d) 图状结构

图 9-8 数据的逻辑结构

9.2.2 数据的存储结构

数据的存储结构是数据的逻辑结构在计算机存储器中的存储方式,又称数据的物理结构。一般一个存储结构包括以下两个主要部分。

(1) 数据元素的存储。用一个存储单元(一个或多个字节)存储一个数据元素,通常称该存储单元为节点(node)或元素(element)。

(2) 逻辑结构的存储。逻辑结构的存储有以下四种基本存储方式。

① 顺序存储方式:把逻辑上相邻的元素存储在物理上相邻的存储单元里,数据元素之间的关系由存储节点的位置关系来体现。

② 链式存储方式:每个存储节点的位置不一定相邻,也不一定连续,为了反映数据元素之间的关系,每个数据元素所占的存储单元不仅存储了数据元素本身,同时还存储了与该数据元素有逻辑关系的另一个数据元素所对应的存储单元的地址(指针),靠指针来维系数据元素之间的关系。

③ 索引存储方式：所有数据元素相继存放在一个连续的存储区里。此外增设一个索引表,索引表中的索引项指示各存储节点的存储位置或位置区间端点。

④ 散列存储方式：所有数据元素均匀分布在连续的存储区里,用散列函数指示各节点的存储位置。

数据的逻辑结构是从逻辑关系上观察数据,它与数据的存储无关,即独立于计算机,而存储结构是依赖于计算机的。一种数据结构可以根据应用的需要表示成任何一种或几种存储结构。

9.2.3　数据的运算

数据元素之间的运算,即对数据元素施加的操作。数据的运算是定义在数据的逻辑结构上的,每一种逻辑结构都有一个运算的集合。例如,常用的运算有插入、删除、查找、排序等。数据结构不仅要研究解决问题的算法,还要求算法的时空效率高、算法结构合理、可读性好、容易验证等。任何算法的设计取决于选定的逻辑结构,而算法的实现依赖于采用的存储结构。

9.2.4　基本数据结构

1. 线性表

1) 线性表的定义及其逻辑结构特征

线性表(linear list)是由 $n(n \geqslant 0)$ 个数据元素 $a_1, a_2, \cdots, a_n$ 组成的有限序列。其中,数据元素的个数 n 称为线性表的长度。当 $n=0$ 时称为空表,将非空的线性表($n>0$)记作：$(a_1, a_2, \cdots, a_n)$。

这里的数据元素 $a_i(1 \leqslant i \leqslant n)$ 只是一个抽象的符号,其具体含义在不同的情况下可以不同。

【例 9-7】　26 个英文字母组成的字母表记作：A,B,C,…,Z。

【例 9-8】　学生考试成绩,如表 9-2 所示。

表 9-2　学生考试成绩表

学　　号	姓名	高等数学	大学英语	大学计算机
200310100	张志新	80	78	90
200310101	汪锋	87	67	76
…	…	…	…	…

线性表的逻辑特征描述如下。

(1) 存在唯一的一个被称为"第 1 个"的数据元素和唯一的一个被称为"最后一个"的数据元素。

(2) 除第 1 个数据元素外,其他数据元素有且仅有一个直接前趋元素。

(3) 除最后一个数据元素外,其他数据元素有且仅有一个直接后继元素。

线性表中的元素在位置上是有序的,即 a_i 在 a_{i-1} 的后面、a_{i+1} 的前面。这种位置上的有序性就是一种典型的线性结构。在线性结构中,元素之间的邻接关系是一对一的。

2) 基于数组的实现——顺序表

线性表的存储方式有顺序、链式、索引和散列等多种存储方式,其中顺序存储方式是最简单、最常见的一种。线性表的顺序存储结构称为顺序表,顺序表由一组地址连续的存储单元依次存储线性表的各个数据元素,每个存储单元只存储一个数据元素,如图 9-9 所示。

元素	a_1	a_2	a_3	⋯	a_{i-1}	a_i	a_{i+1}	⋯	a_n
相对地址	0	1	2	⋯	$i-2$	$i-1$	i	⋯	$n-1$

图 9-9　顺序表示意图

顺序表的特点是逻辑结构中相邻的元素在存储结构中其存储位置仍相邻。

数组是有固定大小的、相同数据类型的元素的顺序集合,通过每个元素在集合中的位置可以单独访问它。数组常用来实现顺序存储的线性表。

3)基于链表的实现——线性链表

线性表的链式存储结构称为线性链表,或称单链表。线性链表用一组任意的存储单元来存放线性表的各个数据元素。每个元素单独存储,为了反映每个数据元素与其直接后继数据元素之间的逻辑关系,每个存储节点不仅要存储数据元素本身,而且要存储数据元素之间逻辑关系的信息。单链表的节点(每个存储单元)由数据域(data)和指针域(next)两部分组成。数据域用于存储线性表中的一个数据元素;指针域用于存放其直接后继节点的指针(地址),即该指针指向其直接后继节点。这样,所有节点就通过指针链接起来,如图 9-10 所示,其中 head 为头指针,指向第 1 个节点。头指针具有标识单链表的作用,对单链表的访问只能从头指针开始。头指针指向第 1 个节点,第 1 个节点指针域的指针指向第 2 个节点,依次类推,最后一个节点由于没有直接后继节点,所以其指针域的指针为空,表示不指向任何节点。

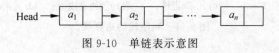

图 9-10　单链表示意图

可见,单链表用一组任意的存储单元来存放线性表的各个数据元素,用指针表示节点间的逻辑关系。因此,链表中节点的逻辑次序与物理次序不一定相同。对于单链表,可以从头指针开始,沿着各节点的指针顺序扫描到链表中的每一个节点,从而访问到每个节点中的数据元素。由于单链表中的每个节点只有一个指针域,而且该指针域存放的是其直接后继节点的指针,所以,对每个节点可以非常方便地找到它的直接后继节点,而无法找到它的直接前趋节点。若要找其前趋节点,必须重新从头指针出发,顺序扫描单链表。这对于某些问题的处理会带来一些不方便,所以实际应用中还会用到循环链表、双向链表和双向循环链表等链式存储结构。

2. 栈和队列

栈和队列都是操作受限的线性表。

1)栈的定义

栈的逻辑结构与线性表相同。栈(stack)是仅限制在表的一端进行插入和删除运算的线性表。允许进行插入和删除的这一端称为栈顶,另一端称为栈底,处于栈顶位置的数据元素称为栈顶元素,不含任何数据元素的栈称为空栈。栈结构的特征可以形象地看作一只封底的盘子架,每次只能从架子的顶部取出或放回盘子,最后放进去的盘子被第 1 个取出来,而第 1 个放进去的盘子却只能被最后取出来,因此,栈又称后进先出(last in first out,LIFO)线性表或先进后出(first in last out,FILO)线性表。在栈顶进行插入运算称为进栈(或入栈),在栈顶进行删除运算称为退栈(或出栈)。栈的基本运算包括:进栈、退栈和取栈顶元素等。

2) 顺序栈

栈的顺序存储结构称为顺序栈。顺序栈利用一组地址连续的存储单元依次存储自栈底到栈顶的各个数据元素,同时附设一个变量 top 记录当前栈顶的下一个位置(习惯做法)。若 top 等于 0,表明是空栈。

顺序栈的进栈和退栈运算的基本步骤如下。

(1) 进栈

① 将入栈元素放入变量 top 所指的位置上。

② 栈顶变量 top 加 1。

(2) 退栈

① 将栈顶变量 top 减 1。

② 取出栈顶元素。

图 9-11 所示为顺序栈的运算状态示意图。

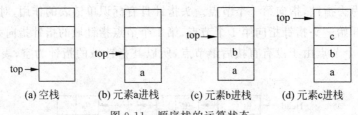

(a) 空栈　　(b) 元素a进栈　　(c) 元素b进栈　　(d) 元素c进栈

图 9-11　顺序栈的运算状态

3) 队列的定义

队列简称队(queue),逻辑结构与线性表相同。在这种线性表上,插入限定在表的某一端进行,删除限定在表的另一端进行。允许插入的一端称为队尾,允许删除的一端称为队头。新插入的节点只能添加到队尾,被删除的只能是排在队头的节点。因此,队列又称为先进先出(first in first out,FIFO)线性表或后进后出(last in last out,LILO)线性表。队列与现实当中的许多现象相似,如图 9-12 所示。

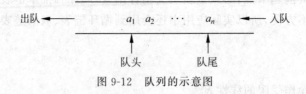

图 9-12　队列的示意图

4) 顺序队和循环队列

队列的顺序存储结构称为顺序队,利用一组地址连续的存储单元依次存储队列中的各个数据元素,同时附设两个变量 front 和 rear,这两个变量分别称为队头指针和队尾指针。front 用于记录当前队列队头元素的下一个位置(习惯做法),rear 用于记录当前队列队尾元素的当前位置。当 front 等于 rear 时为空队。图 9-13 所示为顺序队列的运算状态示意图。

如果当前队尾指针等于存储空间的上界,即使队列不满,再做入队操作也会导致溢出,这种现象称为"假溢出",如图 9-13(e)所示。产生该现象的原因是,被删元素的空间在该元素删除以后就永远使用不到了。

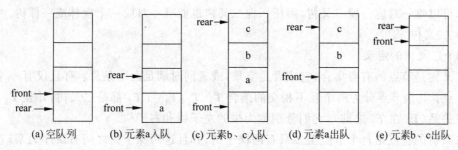

图 9-13 顺序队列的运算状态示意图

(a) 空队列　　(b) 元素a入队　　(c) 元素b、c入队　　(d) 元素a出队　　(e) 元素b、c出队

为了克服顺序队列的"假溢出"现象,在实际应用中,队列的顺序存储结构一般采用循环队列的形式。所谓循环队列,就是将队列的存储空间看作一个环,如图 9-14 所示,假定存储空间的长度为 n,则队头指针和队尾指针的取值范围被限定在 $0 \sim n-1$ 范围内,有效地利用了每一个存储空间。

3. 树

前面介绍的线性表、栈和队列等线性结构,描述了元素之间的一对一的关系,即先后次序。而树形结构是一种非线性结构,特点是一个节点可以有多个直接后继节点。利用树形结构可以描述现实中出现的一些错综复杂的问题,如一个家族的家族谱、一个单位的行政机构设置等。

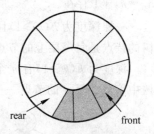

图 9-14 循环队列示意图

1) 树形结构的基本概念和术语

(1) 树的定义

树是 $n(n \geqslant 0)$ 个节点的有限集合。在任意一棵非空树中:有且仅有一个特定的称为根的节点;当 $n>1$ 时,其余节点分为 $m(m>0)$ 个互不相交的非空集合 $T_1, T_2, \cdots, T_m$,其中每一个集合本身又是一棵树,称为根的子树。树形结构示意图如图 9-15 所示。可以看出,树形结构是一种分支层次结构。所谓分支是指树中的任一节点的后继节点可以按它们所在的子树的不同而划分成不同的分支。所谓层次是指树上的所有节点可以按它们的层数划分成不同的层次。

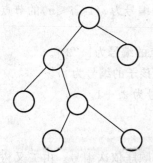

图 9-15 树形结构示意图

(2) 树形结构的有关术语及其含义

树上任一节点所拥有的子树的数目(直接后继节点的个数)称为该节点的度。度为 0 的节点称为叶子节点或终端节点,度大于 0 的节点称为非终端节点或分支节点。一棵树中所有节点度的最大值称为该树的度。若树中节点 A 是节点 B 的直接前趋,则称 A 为 B 的双亲或父节点,称 B 为 A 的孩子或子节点。父节点相同的节点互称为兄弟。一棵树上的任何节点(不包括根本身)称为根的子孙。反之,若 B 是 A 的子孙,则称 A 是 B 的祖先。节点的层数(或深度)从根开始算起,根的层数为 1,其余节

点的层数为其双亲的层数加 1,一棵树中所有节点层数的最大值称为该树的高度或深度。

因为树在其保存和操作上的灵活性,实际处理时我们采用的是二叉树,是增加了限定条件的树,而树与二叉树之间有一个自然的对应关系,它们之间可以进行相互转换,即任何一棵树都可以唯一对应一棵二叉树,而任一棵二叉树也能唯一对应一个森林或一棵树。

2) 二叉树

(1) 二叉树的定义

二叉树是节点的有穷集合,它或者是空集,或者同时满足两个条件:有且仅有一个称为根的节点;其余节点分为两个互不相交的集合 T_1、T_2,T_1 与 T_2 都是二叉树,并且 T_1 与 T_2 有顺序关系(T_1 在 T_2 之前),它们分别称为根的左子树和右子树。

二叉树的特点是每个节点至多只有两棵子树,并且这两棵子树之间有次序关系,它们的位置不能交换。二叉树上任一节点左、右子树的根分别称为该节点的左孩子和右孩子。

(2) 二叉树的基本性质

① 二叉树第 $i(i\geqslant1)$ 层上至多有 2^{i-1} 个节点。

② 深度为 $k(k\geqslant1)$ 的二叉树至多有 2^k-1 个节点。

③ 对任何一棵二叉树,如果其终端节点数为 n_0,度为 2 的节点数为 n_2,则有关系式 $n_0=n_2+1$ 存在。

一棵深度为 $k(k\geqslant1)$ 且有 2^k-1 个节点的二叉树称为满二叉树,如图 9-16 所示。这种树的特点是每一层上的节点数都是最大节点数,也就是说,满二叉树中没有度为 1 的节点。

深度为 $k(k\geqslant1)$ 有 n 个节点的二叉树,当且仅当其每一个节点都与深度为 k 的满二叉树中编号 1 至 n 的节点一一对应时,称为完全二叉树,如图 9-17 所示。

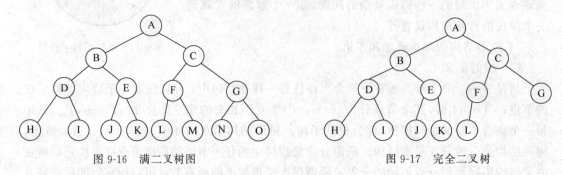

图 9-16　满二叉树图　　　　　　　　　　图 9-17　完全二叉树

④ 具有 n 个节点的完全二叉树的深度为 $\lfloor \log_2 n \rfloor+1$。

⑤ 如果将一棵有 n 个节点的完全二叉树按层编号,则对任一编号为 $i(1\leqslant i\leqslant n)$ 的节点 x 有:

- 若 $i=1$,则节点 x 是根,无双亲,若 $i>1$,则 x 的双亲节点的编号为 $\lfloor i/2 \rfloor$。
- 若 $2i>n$,则节点 x 无左孩子(且无右孩子),否则,x 的左孩子的编号为 $2i$。
- 若 $2i+1>n$,则节点 x 无右孩子,否则,x 的右孩子的编号为 $2i+1$。

3) 二叉树的存储结构

(1) 二叉树的顺序存储

首先将二叉树中的所有节点按照自上而下、每层自左而右的顺序依次编号。由二叉树的性质可知,若对任意一个完全二叉树上的所有节点编号,则节点编号之间的数值关系可以准确地反映节点之间的逻辑关系。因此,对于任何完全二叉树,可以采用"以编号为地址"的策略将节点存入一组地址连续的存储单元中,也就是将编号为 i 的节点存入第 1 个存储单元。若需要顺序存储的二叉树不是完全二叉树,则通过在非完全二叉树的"残缺"位置上增设"虚节点"将其转化为完全二叉树。完全二叉树和非完全二叉树的顺序存储结构如图 9-18 和图 9-19 所示。

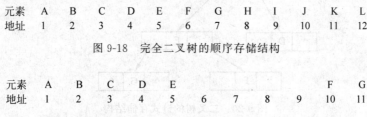

图 9-18　完全二叉树的顺序存储结构

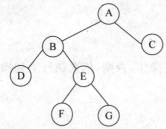

图 9-19　非完全二叉树的顺序存储结构

（2）二叉树的链式存储结构

二叉树也可以采用链式存储结构,由于二叉树的每个节点至多有两个直接后继节点,所以二叉树的节点结构包括以下三个域。

① 数据域:用于存储二叉树节点中的数据元素。

② 左孩子指针域:用于存放指向左孩子节点的指针(简称左指针)。

③ 右孩子指针域:用于存放指向右孩子节点的指针(简称右指针)。

用这种节点结构所得的二叉树的存储结构称为二叉链表。二叉链表中的所有存储节点通过它们左、右指针的链接而形成一个整体。此外,每个二叉链表还必须有一个指向根节点的指针,该指针称为根指针。

根指针具有标识二叉链表的作用,对二叉链表的访问只能从根指针开始。二叉链表中每个存储节点的每个指针域必须有一个值,这个值要么是指向该节点的一个孩子节点,要么是空指针 NULL,图 9-19 所示的二叉树的链式存储结构如图 9-20 所示。

4）二叉树的遍历

遍历二叉树的含义就是按某种次序"访问"二叉树上的所有节点,使得每个节点均被访问一次,而且仅被访问一次。"访问"的含义很广,可以是对节点做各种处理。

根据二叉树的定义可知,二叉树由三个基本单元组成,即根节点、左子树和右子树。因此,若能依次遍历这三部分,便是遍历了整个二叉树。假设以 L、D、R 分别表示遍历左子树、访问根节点和遍历右子树,则可有 DLR、DRL、LDR、LRD、RDL、RLD 共六种遍历二叉树方案。若限定先左后右,则只有 DLR、LDR、LRD 三种情况,分别称为先根(序)遍历、中根

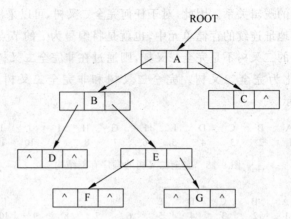

图 9-20   二叉树的链式存储结构

(序)遍历和后根(序)遍历。

（1）先根遍历

若需遍历的二叉树为空,执行空操作,否则,依次执行下列操作。

① 访问根节点。

② 先根遍历左子树。

③ 先根遍历右子树。

图 9-17 的先根遍历序列为：A、B、D、H、I、E、J、K、C、F、L、G。

（2）中根遍历

若需遍历的二叉树为空,执行空操作,否则,依次执行下列操作。

① 中根遍历左子树。

② 访问根节点。

③ 中根遍历右子树。

图 9-17 的中根遍历序列为：H、D、I、B、J、E、K、A、L、F、C、G。

（3）后根遍历

若需遍历的二叉树为空,执行空操作,否则,依次执行下列操作。

① 后根遍历左子树。

② 后根遍历右子树。

③ 访问根节点。

图 9-17 的后根遍历序列为：H、I、D、J、K、E、B、L、F、G、C、A。

9.3   查找算法与排序算法

计算机的主要应用领域之一是信息处理,而信息处理的特点是需要处理庞大的且具有一定关系的非数值型数据,而非数学计算。在计算机数据处理中,查找和排序是两类主要的操作。

9.3.1　查找算法

查找是在一个指定的数据结构中,根据给定的条件查找满足条件的记录。不同的数据结构采用不同的查找方法。查找的效率直接影响数据处理的效率。查找过程中的主要操作是将给定值和数据结构中各个元素的关键字进行比较,所以为查找满足条件的记录,比较操作次数的期望值被作为评价查找算法的效率指标,称为查找算法的平均查找长度。

1. 顺序查找

顺序查找(或称线性查找)的查找过程为:对一个给定值,从线性表的一端开始,逐个进行记录的关键字和给定值的比较,若某个记录的关键字和给定值相等,则找到所查记录,查找成功,反之,若直至线性表的另一端,其关键字和给定值的比较都不等,则表明表中没有所查记录,查找失败。

长度为 n 的顺序表,在等概率情况下查找成功的平均查找长度为 $(n+1)/2$。若考虑到查找不成功的情形,则平均查找长度为 $3(n+1)/4$。

顺序查找的优点是算法简单,无须排序,采用顺序和链式存储结构均可,缺点是平均查找长度较大。

2. 二分查找

对于任何一个顺序表,若其中的所有节点按关键字的某种次序排列,则称为有序表。

二分查找(折半查找)只能在有序表上进行,其基本思想是:每次将处于查找区间中间位置上的记录的关键字与给定值比较,若不等则缩小查找区间(若给定值比中间值大,则舍弃左半部分;若给定值比中间值小,则舍弃右半部分),并在新的区间内重复上述过程,直到查找成功或查找区间长度为0(即查找不成功)为止。

当数据量很大时宜采用该方法。具体实现时,设查找的数组区间为 array[low,high]。首先确定该区间的中间位置 mid,然后将查找的值 key 与 array[mid]比较。若相等,查找成功返回此位置;否则确定新的查找区域,继续二分查找。

区域确定如下:如果 array[mid]>key,由数组的有序性可知 array[mid,mid+1,…,high]>key;故新的区间为 array[low,…,mid-1],否则 array[mid]<key,类似上面查找区间为 array[mid+1,…,high]。每一次查找与中间值比较,可以确定是否查找成功,不成功当前查找区间缩小一半。

例如,在有序表(10,16,20,36,46,68,80,98)中运用二分查找法查找元素 20 的过程,如图 9-21 所示。经过三次查找比较找到元素 20,图 9-22 所示为二分查找的具体算法流程图。

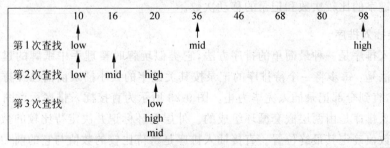

图 9-21　二分查找法查找元素 20 的过程示例

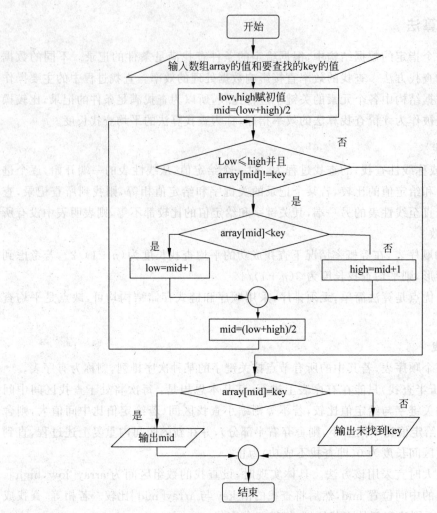

图 9-22 二分查找的具体算法流程图

9.3.2 排序算法

排序是计算机程序设计中的一种重要操作,它的功能是将一个数据元素(或记录)的任意序列,重新排列成一个按关键字有序的序列。排序过程包括两个步骤,首先比较两个关键字的大小,然后将记录从一个位置移动到另一个位置。所以度量排序算法时间复杂性通常需考虑与关键字的比较次数和记录的移动次数。

1. 直接插入排序

直接插入排序是一种最简单的排序方法,它类似玩牌时整理手中纸牌的过程。插入排序的基本方法是:每步将一个待排序的记录按其关键字的大小插入前面已经排序的序列中的适当位置,直到全部记录插入完毕为止。图 9-23 所示为直接插入排序示意图。

直接插入排序是由两层嵌套循环组成的。外层循环标识并决定待比较的数值。内层循环为待比较数值确定其最终位置。直接插入排序是将待比较的数值与它的前一个数值进行比较,所以外层循环是从第二个数值开始的。当前一数值比待比较数值大的情况下继续循环比较,直到找到比待比较数值小的并将待比较数值置入其后一位置,结束该次循环。图 9-24 为其算法流程图。

初始状态:	[9]	4	6	5	8	2
第 1 趟:	[4	9]	6	5	8	2
第 2 趟:	[4	6	9]	5	8	2
第 3 趟:	[4	5	6	9]	8	2
第 4 趟:	[4	5	6	8	9]	2
第 5 趟:	[2	4	5	6	8	9]

注:[]内容中为有序表,[]外的内容为无序表

图 9-23　直接插入排序示意图

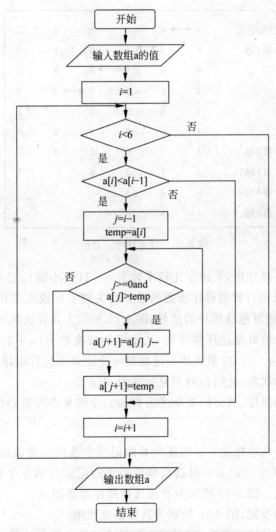

图 9-24　直接插入汏排序的算法流程图

若初始状态各记录已排好序,关键字比较次数为$n-1$(最小值),记录的移动次数为0(最小值),则这种情况下的时间复杂度是$O(n)$。

若初始状态各记录恰好是逆序排序时,关键字比较次数为$(n+2)(n-1)/2$,记录的移动次数为$(n-1)(n+4)/2$,则这种情况下的时间复杂度为$O(n^2)$。

直接插入排序是稳定的排序,其平均时间复杂度为$O(n^2)$;空间复杂度为$O(1)$。

2. 冒泡排序

冒泡排序的过程为:首先将第1个记录的关键字和第2个记录的关键字进行比较,若为逆序,则将两个记录交换,然后比较第2个记录和第3个记录的关键字,依次类推,直至第$n-1$个记录和第n个记录的关键字进行过比较为止。上述过程称作第1趟冒泡排序,其结果使关键字最大的记录被安置到最后一个记录的位置上,然后进行第2趟冒泡排序……直至排序结束。图9-25所示为冒泡排序示意图。

初始状态:	9 ←→ 4	6	5	8	2
第1趟:	4	9 ←→ 6	5	8	2
	4	6	9 ←→ 5	8	2
	4	6	5	9 ←→ 8	2
	4	6	5	8	9 ←→ 2
	4	6	5	8	2	9
第2趟:	4	5	6	2	8	
第3趟:	4	5	2	6		
第4趟:	4	2	5			
第5趟:	2	4				

图 9-25　冒泡排序示意图

初始状态各记录已排好序,关键字比较次数为$n-1$(最小值),记录的移动次数为0(最小值),这是对n个记录进行冒泡排序所需的最少的关键字比较次数和记录移动次数,其时间复杂度是$O(n)$。根据冒泡法排序的步骤,图9-26所示为其算法流程图。

若初始状态各记录恰好是逆序排序时,关键字比较次数为$(n+2)(n-1)/2$(最大值),记录的移动次数为$3n(n-1)/2$(最大值),这是对n个记录进行冒泡排序所需的最多的关键字比较次数和记录移动次数,此时的时间复杂度为$O(n)$。

冒泡排序是稳定的排序,其时间复杂度为$O(n)$,空间复杂度是$O(1)$。

3. 直接选择排序

直接选择排序的基本思想是:首先在所有的记录中选出关键值最小的记录,把它与第1个记录交换,然后在其余的记录中再选出键值最小的记录与第2个记录交换,依次类推,直至所有记录排序完成。图9-27所示为直接选择排序示意图。

根据选择法排序的步骤,图9-28所示为其算法流程图。

排序时无论待排序的记录初始序列如何,直接选择排序都要执行$n(n-1)/2$次关键字比较。如果待排序的记录初始序列就是已排好序的正序,则不做记录移动,即移动记录

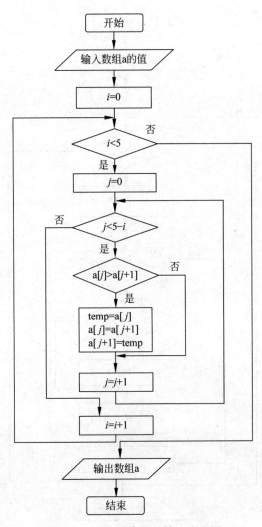

图 9-26 冒泡排序法的算法流程图

初始状态	9	4	6	5	8	2
第 1 趟	2	4	6	5	8	9
第 2 趟	2	4	6	5	8	9
第 3 趟	2	4	5	6	8	9
第 4 趟	2	4	5	6	8	9
第 5 趟	2	4	5	6	8	9

图 9-27 直接选择排序示意图

0 次；如果待排序的记录初始序列恰好是逆序，则要做 $3(n-1)$ 次记录移动，即 $(n-1)$ 次记录交换。

直接选择排序是不稳定的排序，其时间复杂度是 $O(n^2)$，空间复杂度为 $O(1)$。

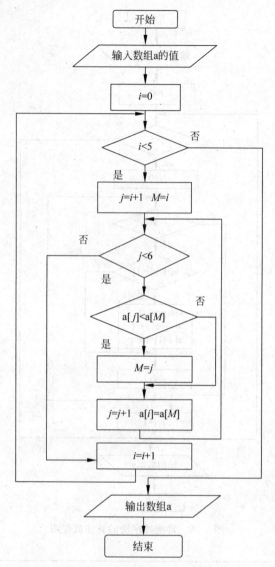

图 9-28　直接选择排序法的算法流程图

9.4　程序设计基础

9.4.1　程序的概念

　　计算机是一种自动、高速地进行数值计算和各种信息处理的现代化智能电子设备,计算机的每一个操作都是根据人们事先指定的指令进行的。例如,用一条指令要求计算机进行一次加法运算,用一条指令要求计算机将运算结果显示输出。为了使计算机执行一系列的操作,必须事先编好一条条指令输入计算机中。程序(program)是为实现特定目标或解决特定问题,用计算机语言编写的可连续执行并能完成一定任务的指令序列的集合。每一条指令使计算机执行特定的操作,只要让计算机执行这个程序,计算机就会自动地执行各条指令,有条不紊地进行工作。为了使计算机系统能实现各种功能,需要成千上万个程序。这些程序大多数是由计算机软件设计人员根据需要设计好的,作为计算机的软件系统的一部分提供给用户使用。此外,用户还可以根据自己的实际需要设计一些应用程序,例如,学生成绩管理程序、财务管理程序、工程中的仿真程序。总之,计算机的一切操作都是由程序控制的,离开程序,计算机将一事无成。所以,计算机的本质是程序的机器,程序和指令是计算机系统中最基本的概念。

9.4.2　程序设计的一般过程

程序设计(programing)是指利用计算机解决问题的全过程,它包含多方面的内容,而编写程序只是其中的一部分。使用计算机解决实际问题,通常是先对问题进行分析并建立数学模型,然后考虑数据的组织方式和算法,并用某一种程序设计语言编写程序,最后调试程序,使之运行后能产生预期的结果,这个过程称为程序设计。程序设计的基本目标是实现算法并对初始数据进行处理,从而完成问题的求解。显然,在程序设计中运用了计算思维求解问题的思想和方法,整个程序设计的过程正是问题求解的计算思维的过程。

一个简单的程序设计过程一般包含以下五个步骤。

1. 分析问题

建立数学模型使用计算机解决具体问题时,首先要对问题进行充分分析,确定问题是什么,解决问题的步骤是什么。针对所要解决的问题,找出已知的数据和条件,确定所需的输入、处理和输出对象。将解题过程归纳为一系列的数学表达式,建立各种数据之间的关系,即建立解决问题的数学模型。

【例 9-9】　要求随机输入三角形的三条边 a、b、c 的值,利用海伦公式计算并输出三角形的面积。海伦公式为,其中 a、b、c、$S=\sqrt{p(p-a)(p-b)(p-c)}$ 分别为三角形的三边长,p 为半周长,S 为三角形的面积。

根据题目要求,求三角形面积的问题分析如下。

(1) 输入。要求解本问题,需要通过键盘随机输入三角形的三条边 a、b、c 的值。

(2) 处理。处理是计算机对输入信息所做的操作。当三个数值符合构成三角形的条件时,则根据三条边 a、b、c 的值,使用海伦公式计算三角形的面积。其中使用的数学表达式为

$$S=\sqrt{p(p-a)(p-b)(p-c)}　　p=(a+b+c)2$$

(3) 输出。通过计算机显示结果,分两种情况:如果三条边的长度符合构成三角形的条件,则输出三角形的面积;否则给出提示信息"不能构成三角形,无法计算面积"。

2. 设计算法和数据结构

在问题分析的基础上,设计出求解问题的方法与具体步骤。例如求解一个方程式,就要选择用什么方法去求解,并且把求解的每一个步骤准确清晰地表达出来。算法不是计算机可以直接执行的,只是编制程序代码前对处理步骤的一种描述,可以使用自然语言、流程图或伪代码等方法来表示解题的步骤。此外,根据确定的数学模型,对指定的输入数据和预期的输出结果,确定存放数据的数据结构。

根据问题分析和数学模型,求解三角形面积的流程图如图 9-29 所示。

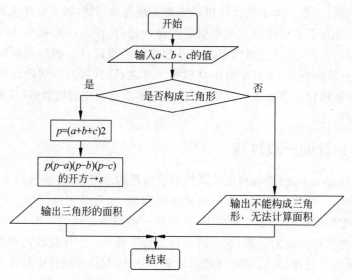

图 9-29　求解三角形面积的流程图

3. 编写程序

根据确定的数据结构和算法,使用计算机语言把解决方案严格地描述出来,也就是编写出程序代码。使用计算机语言编写代码(指令)来驱动计算机完成特定的功能,是问题求解过程的关键步骤之一。一个算法最终要表示为程序并在计算机上运行,从而得到所求问题的解。

根据上述算法,采用 Python 语言编写的程序如下:

```
import math                                    ＃声明调用数学库函数
a,b,cmeval(input("请输入三个数,中间用逗号分开:"))
if (a＋b＞c and a＋c＞b and b＋c＞a) :
    p= (a＋b＋c) /2                              ＃求出半周长 p
    s＝math.sqrt(p＊ (p－a) ＊ (p－b) ＊(p－c))    ＃调用数学库函数,求出面积
    print("三角形面积是:",s)
else:
    print("不能构成三角形,无法计算面积")
```

4. 调试和运行程序

要让计算机运行程序,必须将程序输入计算机中,并经过调试,以便发现语法错误和逻辑错误,然后才能正确地运行。通常程序能一次写完并正常运行的概率很低,程序中总会有各种各样的问题需要修正。经过反复的调试,会发现和排除一些故障,得到正确的结果。

5. 整理程序文档

对于微小程序来说,程序文档的重要性是较弱的。但对于一个需要多人合作开发、维护时间较长的软件来说,文档就是至关重要的。文档可以记录程序设计的算法、实现以及修改的过程,从而保证程序的可读性和可维护性。

9.4.3　结构化程序设计

程序设计方法主要是针对高级程序设计语言而言的,其发展历程经历了从结构化程序

设计方法到面向对象设计方法的演变。如今,这两种方法仍然是程序设计的主流方法。

1. 基本概念

结构化程序设计由 E. W. dijkstra 在 1969 年提出,是以模块化设计为中心(程序具有模块化特征),将待开发的软件系统划分为若干个相互独立的模块,这样使每一个模块的工作变得简单且易于实现,为设计与开发一些大型软件打下良好的基础。结构化程序设计的基本思想是"分而治之",即把一个复杂问题的求解过程分阶段进行,每个阶段所处理的问题都控制在人们容易理解和处理的范围内。结构化程序设计方法强调任何程序都基于顺序、选择、循环 3 种基本的程序控制结构,并且每个程序模块具有唯一的入口和出口,从而使程序具有良好的结构。

2. 结构化程序设计的原则

结构化程序设计方法的主要原则是自顶向下、逐步细化和模块化,也就是分阶段完成一个复杂问题的求解过程。首先考虑程序的整体结构而忽视一些细节问题,然后一层一层地细化,每个阶段处理的问题都控制在人们容易理解和处理的范围内,直到能够用程序设计语言完全描述每一个细节。

(1) 自顶向下原则

在进行程序设计时,应先考虑总体,后考虑细节;先考虑全局目标,后考虑局部目标。不要一开始就过多追求细节,先从最上层总目标开始设计,逐步使问题具体化。

(2) 逐步细化原则

对复杂问题,应设计一些子目标作为过渡,逐步细化。也就是说,把一个较大的复杂问题分解成若干个相对独立且简单的小问题,只要解决了这些小问题,整个问题也就解决了。

(3) 模块化设计原则

一个复杂问题是由若干个简单的问题构成的,要解决这个复杂问题,可以把整个程序分解为不同功能的模块。模块化是把程序要解决的总目标分解为多个子目标,再进一步分解为具体的小目标,每个小目标称为一个模块。模块化的目的是降低程序复杂度,使程序设计、调试和维护等操作简单化。结构化程序设计是软件开发的重要方法,采用这种方法设计的程序结构清晰,易于阅读和理解,也便于调试和维护,并且可以显著提高编程工作的效率,降低软件开发成本。

9.4.4 面向对象程序设计

在结构化程序设计中,程序被定义为"数据结构+算法",数据与处理这些过程是分离的,这样在对不同格式的数据进行相同的处理或者对相同的数据进行不同的处理时,都要用不同的程序模块来实现,这使得程序的可复用性不高。同时,由于过程和数据分离,数据可能同时被多个模块使用和修改,因此很难保证数据的安全性和一致性。面向过程的程序设计的稳定性、可修改性和可重用性都比较差,语言结构不支持代码重用,程序员在大规模程序开发中很难控制程序的复杂度。随着软件的规模和复杂度不断增加,面向过程的程序设计方法已经难以满足大型软件的开发要求。

面向对象技术是一种全新的设计和构造软件的技术,它使计算机解决问题的方式更符合人类的思维方式,更能直接地描述客观世界,通过增加代码的可重用性、可扩充性和程序自动生成功能提高编程效率,并且大大减少软件维护的开销,已经被越来越多的软件设计人员使用。

1. 面向对象程序设计的概念

面向对象是相对于面向过程而言的一种编程思想,它是通过操作对象实现具体的功能,即将功能封装进对象,用对象实现具体的细节。

面向对象程序设计是将对象作为构成软件系统的基本单元,并从相同类型的对象中抽象出一种新型的数据结构——类。类是一种特殊的类型,其成员中不仅包含描述类对象属性的数据,还包括对这些数据进行处理的程序代码,这些程序代码称为对象的行为(或操作)。将对象的属性和行为封装在一起后,可使内部的大部分实现细节被隐藏,仅通过一个可控的接口与外界交互。

2. 面向对象程序设计的基本特点

(1) 抽象性

抽象是人类认识问题的最基本手段之一。抽象是忽略事物中与当前目标无关的非本质特征,强调与当前目标有关的本质特征,从而找出事物的共性,并把具有共性的事物划为一类,得到一个抽象的概念。例如,在设计一个学生成绩管理系统时,对于其中的任何一个学生,可以只关心其班级、学号、课程、成绩等,而忽略其年龄、身高、体重等与当前目标无关的信息。

(2) 封装性

封装是一种信息隐藏技术,是面向对象方法的重要法则。封装就是把对象的属性和行为结合成一个独立的单位,并尽可能隐藏对象的内部细节。封装有两个含义:一是把对象的全部属性和行为结合在一起,形成一个不可分割的独立单位。对象的属性值只能由这个对象的行为读取和修改。二是尽可能隐藏对象的内部细节,对外形成一道屏障,与外部的联系只能通过外部接口实现。

封装的目的在于把对象的使用者与设计者分开,使用者不必知道对象行为实现的细节,只需使用设计者提供的信息来访问该对象。例如,在学生成绩管理系统中,定义了一个学生类,向用户提供了输入学生信息 Input()、输出学生信息 Output()、查询学生成绩 Searchscore()、查询学生选修课程 Searchcourse()4 个接口,而将所用函数的具体实现和 num、name 等数据隐藏起来,实现数据的封装和隐藏。封装的结果实际上隐藏了复杂性,并提供了代码重用性,从而降低了软件开发的难度。

(3) 继承性

继承是使用已有的类定义作为基础来建立新的类定义的技术。继承是一种联结类与类的层次模型。继承性是指特殊类的对象拥有其一般类的属性和行为。继承意味着"自动地拥有",即特殊类中不必重新定义已在一般类中定义过的属性和行为,而是自动地、隐含地拥有其一般类的属性和行为。一个特殊类既有自己新定义的属性和行为,又有继承而来的属性和行为。继承关系体现了现实世界中一般与特殊的关系。它允许人们在已有类的特性基础上构造新类。被继承的类称为基类(父类),在基类的基础上新建立的类称为派生类(子类)。子类可以从它的父类那里继承方法和实例变量,并且可以修改或增加新的方法,使之更适合特殊的需要。例如,"人"类(属性:身高、体重、性别等;操作:吃饭、工作等)派生出

"中国人"类和"美国人"类,他们都继承人类的属性和操作,并允许扩充出新的特性。在软件开发过程中,继承性实现了软件模块的可重用性,使软件易于维护和修改。

（4）多态性

多态性是指在一般类中定义的属性和行为,被特殊类继承之后,可以具有不同的数据类型或表现出不同的行为。例如,在一般类"几何图形"中定义了一个"绘图"行为,但不确定执行时到底画一个什么图形。特殊类"圆形"和"三角形"都继承了"几何图形"类的绘图行为,但其功能却不同,一个是要画出一个圆形,另一个是要画出一个三角形。这样一个绘图的消息发出后,圆形、三角形等类的对象接收到这个消息后各自执行不同的绘图函数,这就是多态性的表现。

由于面向对象编程的编码具有可重用性,因此可以在应用程序中大量采用现成的类库,从而缩短开发时间,使应用程序更易于维护、更新和升级。继承和封装使得对应用程序的修改带来的影响更加局部化。采用面向对象技术进行程序设计具有开发时间短、效率高、可靠性好、开发程序更健壮等优点。

9.4.5 程序设计语言

1. 程序设计语言的分类

程序设计语言是人与计算机交流的工具,是用来书写计算机程序的工具。程序设计语言又称为计算机语言或编程语言,由编写程序的符号和语法规则构成。程序设计语言的发展经历了从机器语言、汇编语言到高级语言的历程。

（1）机器语言

机器语言是指直接用二进制代码指令表达的计算机语言。它实际上是由 0 和 1 构成的字符串,这是唯一能被计算机直接识别和执行的计算机语言。机器语言的一条语句就是一条指令,机器指令由操作码和操作数组成,其具体的表现形式和功能与计算机系统的结构相关联。其中,操作码是要完成的操作类型或性质,操作数是操作的内容或所在的地址。

例如,计算 A=2+3 的机器语言程序如下。

```
10110000 00000010        把 2 放入累加器 A 中
0010110000000011         把 3 与累加器 A 中的值相加,结果仍放入 A 中
```

机器语言依赖具体的机型,即不同型号计算机的机器语言是不尽相同的。机器语言的优点是计算机能够直接识别、执行效率高,其缺点是难记忆、难书写、难修改、难维护、可读性差,而且在不同计算机之间互不通用,可移植性非常差。只有少数专业人员能够为计算机编写程序,这就大大限制了计算机的推广和使用。

（2）汇编语言

为解决机器语言难记忆、可读性差的缺点,人们对它进行了符号化,使用相对直观、易记的符号串来编写计算机程序,从而大大减少直接编写二进制代码带来的烦琐,这便促成了汇编语言的形成和发展。

汇编语言采用一些特定的助记符表示指令,例如用 ADD 表示加法操作,用 SUB 表示减法操作。汇编语言是一种符号语言,比机器语言容易理解,修改和维护也变得方便。

例如,计算 A=2+3 的汇编语言程序如下。

```
MOV A,2        把 2 放入累加器 A 中
ADD A,3        把 3 与累加器 A 中的值相加,结果存入 A 中
```

　　用汇编语言编写的程序称为汇编语言源程序,由于计算机只能识别和执行机器语言,因此必须将汇编语言源程序翻译成能够在计算机上执行的机器语言(称为目标代码程序),这个翻译的过程称为汇编。完成汇编过程的系统程序称为汇编程序。

　　由于机器语言和汇编语言都依赖计算机硬件,即在底层进行控制,所以称为低级语言。汇编语言比机器语言可理解性好,比其他语言执行效率高,许多系统软件的核心部分仍采用汇编语言编制。

　　(3) 高级语言

　　高级语言接近人们习惯使用的自然语言和数学语言,使用的语句和指令是用英文单词标识的。如用 read 表示从输入设备"读"数据,write 表示向输出设备"写"数据。从 1954 年出现第一个高级语言 FORTRAN 以来,全世界先后出现了几千种高级语言,其中应用广泛的语言有 BASIC、FORTRAN、COBOL、Pascal、C、C++、Java、Python 等。

　　高级语言的优势在于较好地克服了机器语言和汇编语言的不足,采用近似自然语言的符号和语法,大大提高了编程的效率和程序的可读性;它不依赖具体机型,程序具有很高的可移植性。在使用高级语言编写代码时,不需要考虑具体的细节,如数据存放在哪里、从哪个存储单元读取数据等,从而使程序员能够集中精力解决问题而不必受机器制约,编程效率高。例如,计算 A=2+3 的 Python 语言程序如下。

```
A = 2 + 3
```

　　用高级语言编写程序直观易学,易理解;易修改,易维护,而且通用性强,易于移植到不同型号的计算机中。但用高级语言编写的程序不能被计算机直接识别和执行,需要将其翻译成机器语言程序,然后才能被计算机执行。

　　高级语言的发展分为以下三个阶段。

　　① 面向过程的语言。面向过程的语言致力于用计算机能够理解的逻辑来描述需要解决的问题和描述解题的过程和细节。面向过程的语言有 FORTRAN、BASIC、Pascal、C 等。使用面向过程的语言编程时,程序不仅要说明做什么,还要告诉计算机如何做,所以程序需要有具体方法、步骤。

　　② 面向问题的语言(非过程化的语言)。面向问题的语言又称为第四代语言(4GLS),使用时,不必关心问题的求解算法和求解过程,只需指出要计算机做什么,以及数据的输入和输出形式,就能得到所需结果。例如,如下非过程化的语言:

```
SELECT 姓名,编号,应发工资,实发工资 FROM zg.dbf WHERE 部门 = "采购部"
```

　　面向过程的语言需要详细地描述"怎样做",面向问题的语言仅需要说明"做什么"。面向问题的语言和数据库的关系非常密切,能够对大型数据库进行高效处理。使用面向问题的语言来解题,只要告诉计算机做什么,不必告诉计算机如何做,方便用户使用,但效率较低。

　　③ 面向对象语言。20 世纪 80 年代推出面向对象语言,它与以往各种语言的根本不同点在于: 它设计的出发点就是为了能更直接地描述客观世界中存在的事物(即对象)以及它

们之间的关系。

面向对象语言将客观事物看作具有属性和行为的对象,通过抽象找出同一类对象的共同属性和行为,形成类。通过类的继承与多态可以很方便地实现代码重用,这大大提高了程序的复用能力和程序开发效率。面向对象语言已是程序设计语言的主要方向之一。面向对象语言有 C++、Java、Visual Basic 等。需要指出的是,Python 既支持面向过程的编程,也支持面向对象的编程。

2. 程序的编译与解释

除机器语言外,使用其他计算机语言书写的程序都必须经过编译或解释,变成机器指令才能在计算机上执行。因此,计算机上能提供的各种语言必须配备相应语言的编译程序或解释程序。通过编译程序或解释程序使人们编写的程序能够最终得到执行的工作方式主要有解释方式和编译方式。

(1) 解释方式

解释是将高级语言编写好的程序逐条解释,翻译成机器指令并执行的过程。它不像编译方式那样先把源程序全部翻译成目标程序再执行,而是将源程序解释一句立即执行一句,然后再解释下一句,因此效率比较低,而且不能生成可独立执行的可执行文件,被执行程序不能脱离解释环境。这种方式比较灵活,可以逐条调试源程序代码。典型的解释方式有高级语言 BASIC。

(2) 编译方式

编译是计算机执行的机器指令程序(称为目标程序)的过程。如果使用编译型语言,必须把程序编译成可执行代码,因此编制程序需要写程序、编译程序和运行程序三步。一旦发现程序有错误,哪怕只是一个错误,也必须修改后再重新编译,然后才能运行。只要编译成功,其目标代码便可以反复运行,并且基本上不需要编译程序的支持就可以运行,使用比较方便,效率较高。但源程序被修改后,必须重新编译连接生成新的目标程序才能执行。现在大多数的编程语言都是编译型的,例如 C、C++、Pascal、FORTRAN 等。

无论是编译程序还是解释程序,都需要事先送入计算机内存中,才能对源程序进行编译或解释。为了综合上述两种方法的优点,目前许多编译软件都提供了集成开发环境(IDE)。所谓集成开发环境是指将程序编辑、编译、运行、调试集成在同一环境下,使程序设计者既能高效地执行程序,又能方便地调试程序,甚至是逐条调试和执行源程序。

第 10 章

计算机新技术的发展

在当代社会,计算机技术的发展与整个时代的信息化进程正相互推动着彼此的进步与发展。为了能够跟上信息时代的发展速度,更好地满足人们的需求,计算机技术的应用层面也随之扩展,从事与计算机技术相关专业的人员,正根据时代与社会的需求,开拓计算机领域的新功能,以求更好地服务大众,促进社会在信息化方向的快速发展。与此同时,计算机技术的发展也带动了其相关产业,诸如软件开发与硬件设施的研发与生产。由此可见,信息化技术的发展与应用早已成为整个社会共同关注的话题。据此,如何促进计算机技术的发展,更好地将其应用于我们的生活当中,成为信息化时代发展最重要的一步。本章就来探究计算机新技术的发展现状与趋势。

10.1 大数据

10.1.1 大数据的发展概述

当前,学术界对于大数据还没有一个完整统一的定义。全球知名咨询公司麦肯锡在其发表的一篇报告中认为:大数据是一种数据集,它的数据量超越了传统数据库技术的采集、存储、管理和分析能力。权威咨询公司 Gartner 则认为:大数据指的是一种新的数据资产,是高数据、高容量、种类繁多的信息价值,这种数据资产需要由新的处理模式来应对,以便优化处理和正确判断。信息专家涂子沛认为:大数据之大绝不只是指容量之大,更在于通过对大量数据的分析而发现新知识,从而创造新的价值,获得大发展。尽管目前学界和产业界对大数据的概念尚缺乏统一的定义,但对大数据的基本特征还是达成了一定共识,即大数据具有五个基本特征:数据规模大、种类多、速度快、真实性、数据价值密度稀疏。

大数据技术的兴起要追溯到 20 世纪初。1989 年,Howard Dresner 首次提出"商业智能",它是一种能够把数据转化为信息与知识,从而帮助企业进行决策以提升企业竞争力的工具,其核心就在于对大量数据的处理。随着 20 世纪互联网的飞速发展,数据量越来越大,复杂性越来越高,对此传统的数据技术已经不能满足当前处理海量数据的需要,因而对海量数据的收集和处理的技术变得尤为重要,"大数据"这一概念随之诞生。1997 年考克斯和埃尔斯沃思在第八届美国电气和电子工程师协会(IEEE)学术年会上发表了《为外存模型可视化而应用控制程序请求页面调度》的文章,提出了大数据问题,这是在美国计算机学会的数字图书馆中第一篇使用"大数据"这一术语的文章。2008 年随着互联网产业的迅速发展,雅虎、谷歌等大型互联网或数据处理公司发现传统的数据处理技术不能解决复杂问题时,大数据的思考理念和技术标准被首先应用到了实际。2010 年 2 月,肯尼斯·库克尔在《经济学人》上发表了大数据专题报告《数据,无所不在的数据》,认为从经济界到科学界、从政府到平民,"大数据"概念应广为人知。Twitter、Facebook、微博等社交网络兴起,将人类带入了自媒体时代。苹果、三星、华为等智能手机的普及,移动互联网时代的到来,这一时期里大数据技术逐渐得到空前重视。2014 年 4 月,世界经济论坛以"大数据的回报与风险"主题发布了《全球信息技术报告》,认为在未来几年中针对各种信息通信技术的政策甚至会显得更加重要,各国政府逐渐认识到大数据在推动经济发展、改善公共服务、增进人民福祉,乃至保障国家安全方面的重大意义。

　　国内外大数据技术的发展日新月异,对大数据技术研究的需要也日益重要。虽然当前学界对大数据技术概念的定义尚未统一,不同机构、公司、企业都对大数据技术有自身的认识和看法,但大数据技术的基本内涵还是可以通过研究和分析达到一个基本的共识和标准的,而对大数据技术的内涵、内容、特点等基本问题做出研究和界定,又有利于大数据技术与其研究的进一步发展。

10.1.2　大数据处理数据的基本模式

　　面对数据的类型,可以将大数据处理平台分为批量数据处理平台、流式数据处理平台、交互式数据处理平台、图像数据处理平台。在大范围上,对待大数据处理技术具有一定的标准模式,这个基本模式可以分为 4 个步骤,分别是对大数据的采集、导入/预处理、统计/分析和发掘,如图 10-1 所示。

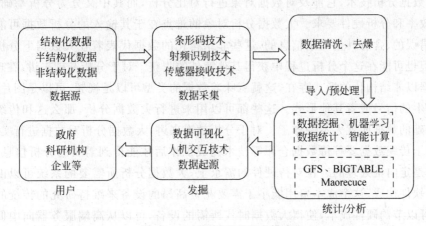

图 10-1　大数据处理基本模式

　　(1) 数据采集。大数据的采集是指应用多个数据库来接管发自客户端(Web、App 或者传感器形式等)的数据,而且用户可以通过这些数据库来简单地查询和处理事情。好比电商会使用传统的关系型数据库 MySQL 和 Oracle 等来存储每一笔事件数据。在大数据的采集进程中,其重要特色和挑战是并发数高,由于同时有可能会有不计其数的用户来拜访和操纵,好比火车票售票网站和淘宝,它们并发的拜访量在峰值时达到上百万,所以需要在采集端部署大量数据库才能支撑。

（2）导入/预处理。虽然采集端本身会有很多数据库,然而如果要对这些海量数据进行有效的分析,还是应当将这些来自前端的数据导入一个集中的大型分布式数据库中,或是分布式存储集群,而且可以在导入基础上做一些简略的清洗和去燥预处理。如果导入的数据量大,每秒钟的导入量经常会达到百兆,乃至千兆级别。

（3）统计/分析。统计与分析是重要应用分布式数据库,或是分布式计算集群来对存储于其内的海量数据分析和分类汇总等,以满足大多数的数据分析需要。

（4）发掘。从海量的数据库中选择、探索、识别出有效的、新颖的、具有潜在效用的乃至最终可理解的模式以获取商业利益的过程。这个定义有三个要点:处理海量的数据;揭示企业运作中的内在规律;为企业运作提供直接决策分析,并带来巨大经济效益。

整个大数据处理的广泛流程至少应当满足这四个方面的步调,才算得上一个较完备的大数据处理。

10.1.3　大数据涉及的关键技术

1. 数据挖掘

数据挖掘(data mining)又称数据采矿,是数据库知识发现的一个步骤。数据挖掘一般是指从大量随机可能不完全、有噪声或模糊的数据中通过算法将有潜在利用价值的隐藏在背后的信息都搜索出来。数据挖掘在大数据技术中作为一种研究工具或者方法,和传统的数据挖掘方法有根本不同,它的研究目标不是数据本身。其中,大数据关联度分析技术是其基础,具体要面对的问题有:大规模性、多模态性、动态性和价值密度低。

2. 数据分析

对于数据分析技术,它涉及对数据对象进行对比分析,而其中又分为分析基础、分析对象、分析效率和分析硬件要求。大数据分析对象的难点在于其输入的分析数据可能是不完整的、有错误的、含有其他冗余信息的,这些非结构化的数据代表着在大数据下分析对象难度更高,但也可能在这个分析过程中获得其他意外的收获。对于分析基础来讲,在现实的世界里,数据以非结构化的形式存在,这就意味着数据的类型可以是视频,可以是图片,也可以是移动产生的信号或者其他形式。这些都可以用来进行大数据分析,那么这和传统的以关系型为基础的数据库就大不一样了。对于分析效率来讲,大数据分析对数据进行实时分析,这个有别于传统数据要等待数据仓库等技术完成工作后才能得到需要的分析信息,并且传统的分析是定向批处理的。在对待硬件的需求上,大数据分析所需要的系统可以由普通设备和分析软件构成,这个成本费用能小于需要花费高昂的设备来维持研究的传统的分析系统平台,可以节约硬件成本,使得大数据时代所需的设备,可以从高端服务器向中低端通用型主机组建的大规模平台发展,而这也是为何大数据通常伴随着云计算的原因。

数据分析涉及深度学习、知识计算、社会计算、可视化、计算智能等技术。通过结合这些大数据分析技术,目前采用流式计算的在线学习技术将数据分析应用到了互联网、物联网和运营式传统行业等领域,其中在互联网领域中,搜索引擎和社交网站是比较典型的两种应用类型。

3. 云计算

云计算的发展源于网格计算和集群计算等这些技术。云计算的理念是让人们在互联网上共享仅有的数据资源,因此在大数据的大背景下,云计算是互联网、分布式计算和大数据相关的技术相结合并发展的产物。云计算的五大特征是:弹性服务、资源池化、按需服务、服务计费、泛在介入。

4. 可视化

可视化是为了帮助目标对象处理人工处理难以胜任的海量大数据,让目标对象对大数据有更深刻的认识,将知识、信息和数据转变为可见格式。主要的可视化技术有信息可视化、数据可视化、知识可视化、科学计算可视化。掌握相关技术后,可视化技术在音乐、农业、复杂网络、数据挖掘、物流等广泛领域都有很好的应用,比如互联网宇宙、标签云、历史流图。

5. 数据库管理技术

大数据意味着需要用较之前不同的方式、方法在合适的时间限制内进行数据抓取、管理、处理等问题。对于庞大数据的处理涉及通过各类数据库进行数据管理。常见的有基于关系型的数据库、基于关键值存储的 NoSQL 数据库、基于大表(big table)存储的 NoSQL 数据库、基于文档存储的 NoSQL 数据库、基于图像存储的 NoSQL 数据库。NoSQL 泛指非关系型数据库,倡导的是运用非关系型的数据存储。解决海量数据的高速存储、高并发、高吞吐量的需求。

10.1.4　大数据发展趋势

2019 年,中国计算机学会(China computer federation,CCF)大数据专家委员会面向全体委员发起了一年一度的大数据趋势预测活动。站在年底展望来年大数据领域的发展趋势,给出了 2020 年大数据十大发展趋势,如表 10-1 所示。

表 10-1　2020 年大数据十大发展趋势

排名	预 测 项 目
1	数据科学与人工智能的结合越来越紧密
2	数据科学带动多学科融合,基础理论研究的重要性受到重视,但理论突破进展缓慢
3	大数据的安全和隐私保护成为研究和应用热点
4	机器学习继续成为大数据智能分析的核心技术
5	基于知识图谱的大数据应用成为热门应用场景
6	数据融合治理和数据质量管理工具成为应用瓶颈
7	基于区块链技术的大数据应用场景渐渐丰富
8	对基于大数据进行因果分析的研究得到越来越多的重视
9	数据的语义化和知识化是数据价值的基础问题
10	边缘计算和云计算将在大数据处理中成为互补模型

本次的趋势预测结果体现出以下共性:
① 大数据与人工智能的共生关系受到持续认可。
② 对学科突破的期待心态依然存在。
③ 既要挖掘数据价值,又要在此过程中兼顾数据安全和隐私保护。
④ 从数据到知识的途径依然是关注热点。
⑤ 大数据与区块链的结合稳中有升。

　　大数据从概念兴起到应用落地,已有约 10 年的历史。在当前所处的数字经济时代,数据已经成为各行各业发展的基石。期待着数据科学能取得理论突破,也希望基于大数据的应用能够更深层次、更加充分地体现大数据的价值。无论是在数据科学层面,还是在应用工具层面,都有一些需要攻克的难关。我们期待着这些困难能够被逐渐攻破,从而让大数据的发展上升到一个新高度。

10.2　云计算

10.2.1　云计算的发展概述

　　云计算在虚拟动态化连接方面为计算机提供了巨大的资源,云计算的首字"云"主要是代表计算机网络,但由于现代科技的不断发展,"云"的含义也发生了改变。目前主要是代表计算机方面的数据处理,以及一些基础设备方面的有关意义概念。云计算技术已经使运算速率达到了 15 万次每秒,这些技术的提高都是由于云计算的强大计算功能,其中云计算数据也有可能会应用到天气预报或者是金融管理中,使用者在连接计算机或者是移动客户端或用户端就能进入数据管理中心,可以根据自己的需要改变数据。所以,目前云计算已经成为可以付费进行一些数据处理的新模式,使数据访问权限更加有针对性。

　　追溯云计算的根源,它的产生和发展与之前所提及的并行计算、分布式计算等计算机技术密切相关,都促进了云计算的成长。在 20 世纪 90 年代,计算机网络出现了大爆炸,出现了以思科为代表的一系列公司,随即网络出现泡沫时代。

　　在 2004 年,Web 2.0 会议举行,Web 2.0 成为当时的热点,这也标志着互联网泡沫破灭,计算机网络发展进入了一个新的阶段。在这一阶段,让更多的用户方便快捷地使用网络服务成为互联网发展亟待解决的问题,与此同时一些大型公司也开始致力于开发大型计算能力的技术,为用户提供了更加强大的计算处理服务。

　　2006 年 8 月 9 日,Google 首席执行官埃里克·施密特(Eric Schmidt)在搜索引擎大会首次提出"云计算"(cloud computing)的概念。这是云计算发展史上第一次正式地提出这一概念,有着巨大的历史意义。

　　2007 年以来,"云计算"成为计算机领域最令人关注的话题之一,同样也是大型企业、互联网建设着力研究的重要方向。因为云计算的提出,互联网技术和 IT 服务出现了新的模式,引发了一场变革。

　　在 2008 年,微软发布其公共云计算平台(windows azure platform),由此拉开了微软的云计算大幕。同样,云计算在国内也掀起一场风波,许多大型网络公司纷纷加入云计算的阵列。

　　2009 年 1 月,阿里软件在江苏南京建立首个"电子商务云计算中心"。同年 11 月,中国移动云计算平台"大云"计划启动。到现阶段,云计算已经发展到较为成熟的阶段。

　　2019 年 8 月 17 日,北京互联网法院发布《互联网技术司法应用白皮书》。发布会上,北京互联网法院互联网技术司法应用中心揭牌成立。

10.2.2　云计算的基本架构层次及实现形式

1. 云计算的架构层

　　(1) 显示层。多数数据中心云计算架构层主要用于以友好的方式展现用户所需的内容和服务体验,并利用到下面中间层提供的多种服务,主要有五种技术。

① HTML:标准的 Web 页面技术。

② JavaScript:一种用于 Web 页面的动态语言,通过 JavaScript,能够极大地丰富 Web 页面的功能,并且用于 JavaScript 为基础的 AJAX 创建更具交互性的动态页面。

③ CSS:主要用于控制 Web 页面的外观,而且能使页面的内容与其表现形式之间优雅地分离。

④ Flash:业界最常用的 RIA 技术,能够在现阶段提供 HTML 等技术所无法提供的基于 Web 的富应用,而且在用户体验方面非常不错。

⑤ Silverlight:来自业界巨擘微软公司的 RIA 技术,虽然其市场占有率稍逊于 Flash,但由于其可以使用 C#进行编程,所以对开发者非常友好。

(2)中间层。这层是承上启下的,它在下面的基础设施层所提供资源的基础上提供了多种服务,比如缓存服务和 REST 服务等,而且这些服务既可以用于支撑显示层,也可以直接让用户调用,主要有五种技术。

① REST:通过 REST 技术,能够非常方便和优雅地将中间层所支撑的部分服务提供给调用者。

② 多租户:就是能让一个单独的应用实例可以为多个组织服务,而且保持良好的隔离性和安全性,并且通过这种技术,能有效地降低应用的购置和维护成本。

③ 并行处理:为了处理海量的数据,需要利用庞大的 X86 集群进行规模巨大的并行处理,Google 的 MapReduce 是这方面的代表之作。

④ 应用服务器:在原有的应用服务器的基础上为云计算做了一定程度的优化,比如用于 Google App Engine 的 Jetty 应用服务器。

⑤ 分布式缓存:通过分布式缓存技术,不仅能有效地降低对后台服务器的压力,而且能加快相应的反应速度,最著名的分布式缓存例子就是 Memcached。

(3)基础设施层。这层作用是为给上面的中间层或者用户准备其所需的计算和存储等资源,主要有 4 种技术。

① 虚拟化:也可以理解它为基础设施层的"多租户",因为通过虚拟化技术,能够在一个物理服务器上生成多个虚拟机,并且能在这些虚拟机之间实现全面隔离,这样不仅能减低服务器的购置成本,而且能同时降低服务器的运维成本,成熟的 X86 虚拟化技术有 VMware 的 ESX 和开源的 Xen。

② 分布式存储:为了承载海量的数据,同时也要保证这些数据的可管理性,所以需要一整套分布式的存储系统。

③ 关系型数据库:基本是在原有的关系型数据库的基础上做了扩展和管理等方面的优化,使其在云中更适应。

④ NoSQL:为了满足一些关系数据库所无法满足的目标,比如支撑海量的数据等,一些公司特地设计一批不是基于关系模型的数据库。

(4)管理层。这层是为横向的三层服务的,并给这三层提供多种管理和维护等方面的技术,主要有下面这六个方面。

① 账号管理:通过良好的账号管理技术,能够在安全的条件下方便用户登录,并方便管理员对账号的管理。

② SLA 监控：对各个层次运行的虚拟机、服务和应用等进行性能方面的监控，以使它们都能在满足预先设定的 SLA 的情况下运行。

③ 计费管理：也就是对每个用户所消耗的资源等进行统计，来准确地向用户索取费用。

④ 安全管理：对数据、应用和账号等 IT 资源采取全面地保护，使其免受犯罪分子和恶意程序的侵害。

⑤ 负载均衡：通过将流量分发给一个应用或者服务的多个实例来应对突发情况。

⑥ 运维管理：主要是使运维操作尽可能地专业和自动化，从而降低云计算中心的运维成本。

2. 云计算的实现形式

云计算是建立在先进互联网技术基础之上的，其实现形式众多，主要通过以下形式完成。

(1) 软件即服务。通常用户发出服务需求，云系统通过浏览器向用户提供资源和程序等。值得一提的是，利用浏览器应用传递服务信息不花费任何费用，供应商也是如此，只要做好应用程序的维护工作即可。

(2) 网络服务。开发者能够在 API 的基础上不断改进、开发出新的应用产品，大大提高单机程序中的操作性能。

(3) 平台服务。一般服务于开发环境，协助中间商对程序进行升级与研发，同时完善用户下载功能，用户可通过互联网下载，具有快捷、高效的特点。

(4) 互联网整合。利用互联网发出指令时，也许同类服务众多，云系统会根据终端用户需求匹配相适应的服务。

(5) 商业服务平台。构建商业服务平台的目的是给用户和提供商提供一个沟通平台，从而需要管理服务和软件即服务搭配应用。

(6) 管理服务提供商。此种应用模式并不陌生，常服务于 IT 行业，常见服务内容有：扫描邮件病毒、监控应用程序环境等。

10.2.3　云计算的应用

1. 身份认证技术

随着计算机网络的快速发展，为了更好地服务于不同用户，保护他们的隐私权，身份认证技术应运而生。作为现阶段的重要技术，一经应用，必受到社会各界的广泛青睐，已经成为我国现阶段不可分割的一部分。过去手机验证通常通过数字组合形成密码保护，但是随着技术的发展，云技术中应用了面部识别更精准地匹配身份，进一步保证用户的合法权益，保密性更高。云技术在智能芯片的辅助下可以更加精准地识别使用者的面部特征、语音及指纹等相关资料，有效避免了密码简单容易被破解的问题，安全指数更高，操作更加便捷。云技术的应用，芯片的身份专属认证，再通过加密处理，更好地应用系统的各项功能，为用户提供更加高效的服务，提升其使用感受。

2. 云计算备份技术与恢复技术

云处理技术以其高效的信息存储能力和数据处理能力，保证了信息库的完整和安全，有效控制了外部病毒的恶意攻击。同时,云处理技术还能够及时修复计算机系统的内部故障,做好防护工作,为所有信息提供更加完善的保护措施,提高信息存储的安全性。从云技术的故障修复能力来看,这种技术可以有效避免系统漏洞或者恶意攻击造成的资源丢失问题,为用户提供更加完备的数据信息,提升信息资源的共享性,进而推动整个行业的深入发展。在分布式高速缓存系统应用中,对于内部的细碎数据也可以实现高效的访问和处理,同时可以进一步提升整个网络的信息处理效率。在具体的应用中,云处理技术可以在设备自身的内部系统中打造云数据存储空间。云计算技术的安全性更高,故障修复解决更加及时,其功能远远高于传统的信息处理模式。信息的存储安全更有保障,软硬件基础设备更加全面,不受时间和空间的限制,可以随时随地完成所有信息资源的安全维护工作。

3. 云计算数据加密技术

从云技术的存储功能来看,存储信息的安全保密技术可以通过不同的分支进行处理。现在就常用的密钥加密处理而言,通过对企业和实际用户端完成双重加密处理,其实际工作内容是保证客户的数据信息安全,所有待处理信息资源达到客户端后应根据实际需求完成信息处理校验,进而保证所获取信息的安全完整性。云计算实现数据的加密不同于传统的加密形式,主要是通过对称式加密 DES、非对称加密算法 RSA 等多种加密形式,随后再依照 DESKey 算法进一步展开加密处理。在整个加密技术的应用过程中,为了减少使用者解密所用时长,降低后期的处理难度,要多方面考虑不同的要素,根据运行中的问题进一步调整和改进相关技术。在设备服务端完成 DES 加密交换作业,随后将加密成功的 DES 数据输送到需求部门。当所有的作业完成之后,借助 DES 数据加密转移用户端的服务设备的工作任务。

4. 纠删码技术

云计算的分布式存储经常涉及纠删码技术,该技术对于整个系统的正常应用起到了重要作用。纠删码技术能够将丢失的数据及时找回,进而提升硬件设备的工作效率。该技术的应用可以为数据的安全和稳定提供重要的保障。其主要应用模式分为以下两类:①建立副本冗余数据库体系。主要包括分布式文件系统的三个副本存储,实施监控计算机硬盘的存储工作,控制其存储率保持在十分之三。②在纠删码技术的应用中,综合信息校验模块,在数据资源的处理环节,加强不同的原始校验资源系统的有效关联,进而带动生产任务的高效实现。

5. PaaS 协同层面技术

PaaS 层面主要实现边云之间的数据协同,实现数据在边缘云和中心云之间有序、可控的流动,建立完整的数据流转路径,并对数据进行全生命周期的管理与数据挖掘。新型的互联网平台是和云计算、边缘计算以及 5G 等技术进行协同,并且在云端进行业务系统的部署以及研发,并对工业产品的产业链进行协调以及生产等。在进行云边协调的过程中,边端可以运用边缘计算作为网络的载体,云端运用云计算的能力智能分析边端的反馈数据,并将数据及时地反馈给用户,进而起到降低成本,提高效率的效果。

综上所述,云技术的发展,在未来会更为强调交叉特征。无论是技术的交叉,还是应用的交叉都会成为发展趋势中的重点。云技术的出现,是对于有限资源优化利用的必然结果,有效解决了数据内在的局限性,有助于将数据的价值发挥到最大。但同时发展的过程中,诸多安全问题随之产生,同样也必须给予充分关注。

10.3　人工智能

10.3.1　人工智能的发展概述

随着信息时代的发展,物联网、云计算等新一代信息技术都有了较大幅度的进步,尤其是人工智能(artificial intelligence,AI)使得就医更快捷、物流信息更准确、在线学习更方便,快速有效地归拢了日常社会生活生产的相关信息数据,提升了国民经济各个领域的转型步伐。未来将爆发出巨大的潜能。

1956年,麦卡锡、明斯基等科学家在美国达特茅斯学院研讨"如何用机器模拟人的智能"等问题,首次提出了"人工智能"这一概念,标志着人工智能学科的诞生。人工智能是研究开发能够模拟、延伸和扩展人类智能的理论、方法、技术及应用系统的一门新的技术科学,研究目的是促使智能机器会听(语音识别、机器翻译等)、会看、会说、会思考、会学习、会行动。人工智能相对来说更具有生物智能,可以进行学习和适应,具有一定的发散能力。现阶段人工智能的主要发展目标是在某方面使机器具备相当于人类的智能水平,达到此目标即可称为人工智能。人工智能是对人类智慧以及大脑生理构造的模拟,其全方位发展涉及数学与统计学、软件、数据、硬件乃至外部环境等方方面面的因素。

人工智能属于计算机科学的重要分支。人工智能系统是人类运用技术使机器能够模拟人的行为,并且尽可能地实现对人类思维模拟的智能系统。从最初的机械计算推理到如今的学习型智能机器,人工智能经历了四个发展阶段。

第一阶段以数字计算为核心。早期的神经网络研究发现,人类大脑是由神经元组成的电子网络。1943年,美国神经学家Warren S. Mc-Culloch与数学家Walter Pitts将神经网络应用于人工智能研究。1950年,英国数学家、逻辑学家Alan Mathison Turing提出了图灵测试,即计算机与被测试者在互相被隔离的情况下进行随机提问交流,如果超过三成的被测试者没有发现对方是机器,就说明此台计算机拥有智能。Alan Mathison Turing是第一个将数学逻辑符号与现实世界相结合的数学家,其构想与测试方法的影响延续至今。1951年,Marvin Min-sky制造的神经网络学习机SNARC,成为人工智能的奠基者。1956年,美国达特茅斯会议讨论了"用机器来模仿人类学习以及其他方面的智能"这一主题,人工智能这一概念由此正式问世。

第二阶段以搜索式逻辑推理为核心。即为了完成既定目标如取得比赛胜利,通过计算推理出取胜方法,一旦出现障碍就会回到起点再次运算。1961年,James Slagle开发的SAINT程序能够基于基础搜索运算证明几何与代数问题。随后为了优化机器运算,自然语言处理成为人工智能领域的一个重要分支。20世纪60年代,Joseph Weizenbaum开发的计算机对话模拟程序Eliza可与用户聊天,其较为自然的语言处理方式让客户感觉如同真人一般。20世纪70年代初,计算机专家研发出一种名为专家系统的计算机程序系统,其中包含着已编为程序的众多人类专家的知识与经验。由于知识描述困难以及知识的复杂性,导致人工智能对知识的获取与处理非常困难,因此如何将知识与人工智能的具体应用结合起来成为这一阶段的难题。

第三阶段随着互联网的发展,突破机器学习难题成为核心。1996 年,机器学习成为人工智能发展中的重要研究领域。机器学习被进一步定义为一种能够通过经验自动改进计算机算法的研究。1998 年,谷歌搜索引擎的出现解决了人工智能关于自然语言的处理问题。

第四阶段以深度学习为核心的人工智能得到蓬勃发展。1997 年,深蓝计算机在象棋比赛中战胜国际象棋世界冠军加里·卡斯帕罗夫。2005 年,在美国国防部高等研究计划署举办的机器人挑战大赛上,斯坦福大学研发的无人驾驶赛车 Stanley 获得冠军。2016 年,谷歌旗下的 Deep Mind 公司开发的智能机器人 Alpha Go 以 4∶1 战胜韩国著名围棋棋手李世石九段,引发人们对人工智能学习能力的高度关注。时至今日,人工智能已具有比较先进的学习方式,能够自我学习、自我更新。

10.3.2 人工智能的研究方法

1. 控制论与大脑模拟

20 世纪四五十年代,许多研究者探索神经学、信息理论及控制论之间的联系。其中还造出一些使用电子网络构造的初步智能,如格雷·华特的乌龟和约翰霍普金斯野兽。这些研究者还经常在普林斯顿大学和英国的 Ratio Club 举行技术协会会议。直到 1960 年,大部分人已经放弃这个方法,尽管在 20 世纪 80 年代再次提出这些原理。

2. 符号处理

当 20 世纪 50 年代,数字计算机研制成功,研究者开始探索人类智能是否能简化成符号处理。研究主要集中在卡内基梅隆大学、斯坦福大学和麻省理工学院,而各自有独立的研究风格。约翰·豪格兰德称这些方法为 GOFAI(出色的老式人工智能)。20 世纪 60 年代,符号方法在小型证明程序上模拟高级思考有很大的成就。基于控制论或神经网络的方法则置于次要。20 世纪 60—70 年代的研究者确信符号方法最终可以成功创造强人工智能的机器,同时这也是他们的目标。

3. 认知模拟

经济学家赫伯特·西蒙和艾伦·纽厄尔研究人类问题解决能力和尝试将其形式化,同时他们为人工智能的基本原理打下基础,如认知科学、运筹学和经营科学。他们的研究团队使用心理学实验的结果开发模拟人类解决问题方法的程序。这方法一直在卡内基梅隆大学沿袭下来,并在 20 世纪 80 年代于 Soar 发展到高峰。

4. 基于逻辑

不像艾伦·纽厄尔和赫伯特·西蒙,约翰·麦卡锡认为机器不需要模拟人类的思想,而应尝试找到抽象推理和解决问题的本质,不管人们是否使用同样的算法。他在斯坦福大学的实验室致力于使用形式化逻辑解决多种问题,包括知识表示、智能规划和机器学习。致力于逻辑方法的还有爱丁堡大学,并促成欧洲的其他地方开发编程语言 Prolog 和逻辑编程科学。

5. "反逻辑"

斯坦福大学的研究者发现要解决计算机视觉和自然语言处理的困难问题,需要专门的方案:他们主张不存在简单和通用原理能够达到所有的智能行为。罗杰·单克描述他们的"反逻辑"方法为"scruffy"。常识知识库就是"scruffy"AI 的例子,因为他们必须人工一次编写一个复杂的概念。

6. 基于知识

大约在 1970 年出现大容量内存计算机,研究者分别以三个方法开始把知识构造成应用软件。这场"知识革命"促成专家系统的开发与计划,这是第一个成功的人工智能软件形式。"知识革命"同时让人们意识到许多简单的人工智能软件可能需要大量的知识。

7. 计算智能

20 世纪 80 年代,大卫·鲁姆哈特等再次提出神经网络和联结主义。这和其他的子符号方法,如模糊控制和进化计算,都属于计算智能学科研究范畴。

8. 统计学方法

20 世纪 90 年代,人工智能研究发展出复杂的数学工具来解决特定的分支问题。这些工具是真正的科学方法,即这些方法的结果是可测量的和可验证的,同时也是近期人工智能成功的原因。共用的数学语言也允许已有学科的合作。Stuart J. Russell 和 Peter Norvig 指出这些进步不亚于"革命"和"neats 的成功"。有人批评这些技术太专注于特定的问题,而没有考虑长远的强人工智能目标。

10.3.3　人工智能的主要研究方向

(1) 计算机视觉。计算机视觉是一门研究如何使机器"看"的科学,进一步来说,就是指用摄影机和计算机代替人眼对目标进行识别、跟踪和测量等,并进一步做图形处理,使计算机处理成为更适合人眼观察或传送给仪器检测的图像。作为一个科学学科,计算机视觉研究相关的理论和技术,试图建立能够从图像或者多维数据中获取信息的人工智能系统。

计算机视觉就是用各种成像系统代替视觉器官作为输入敏感手段,由计算机代替大脑完成处理和解释。计算机视觉的最终研究目标就是使计算机能像人那样通过视觉观察和理解世界,具有自主适应环境的能力,这是要经过长期的努力才能达到的目标。因此,在实现最终目标以前,人们努力的中期目标是建立一种视觉系统,这个系统能依据视觉敏感和反馈的某种程度智能完成一定的任务。例如,计算机视觉的一个重要应用领域就是自主车辆的视觉导航,还没有条件实现像人那样能识别和理解任何环境,完成自主导航的系统。因此,人们努力的研究目标是实现在高速公路上具有道路跟踪能力,可避免与前方车辆碰撞的视觉辅助驾驶系统。这里要指出的一点是,在计算机视觉系统中计算机起代替人脑的作用,但并不意味着计算机必须按人类视觉的方法完成视觉信息的处理。计算机视觉可以而且应该根据计算机系统的特点来进行视觉信息的处理。但是,人类视觉系统是迄今为止,人们所知道的功能最强大和完善的视觉系统。对人类视觉处理机制的研究将给计算机视觉的研究提供启发和指导。因此,用计算机信息处理的方法研究人类视觉的机理,建立人类视觉的计算理论。这方面的研究被称为计算视觉(computational vision)。

(2) 机器学习。机器学习是一门多领域交叉学科,涉及概率论、统计学、逼近论、凸分析、算法复杂度理论等多门学科。专门研究计算机怎样模拟或实现人类的学习行为,以获取新的知识或技能,重新组织已有的知识结构使之不断改善自身的性能。它是人工智能核心,是使计算机具有智能的根本途径。比如,给予机器学习系统一个关于交易时间、商家、地点、价格及交易是否正当等信用卡交易信息的数据库,系统就会学习到可用来预测信用卡欺诈的模式。处理的交易数据越多,预测就会越好。

（3）自然语言处理。自然语言处理（natural language processing,NLP）是计算机科学领域与人工智能领域的一个重要方向。它研究能实现人与计算机之间用自然语言进行有效通信的各种理论和方法。自然语言处理是一门融语言学、计算机科学、数学于一体的科学。因此,这一领域的研究将涉及自然语言,即人们日常使用的语言,所以它与语言学的研究有着密切的联系,但又有重要的区别。自然语言处理并不是一般地研究自然语言,而在于研制能有效地实现自然语言通信的计算机系统,特别是其中的软件系统。因而它是计算机科学的一部分。自然语言处理主要应用于机器翻译、舆情监测、自动摘要、观点提取、文本分类、问题回答、文本语义对比、语音识别、中文 OCR 等方面。

（4）机器人技术。机器人技术是将机器视觉、自动规划等认知技术整合至极小却高性能的传感器、制动器以及设计巧妙的硬件中,这就催生了新一代的机器人,它有能力与人类一起工作,能在各种未知环境中灵活处理不同的任务。例如无人机,还有可以在车间为人类分担工作的"cobots",还包括那些从玩具到家务助手的消费类产品。

人工智能（AI）无疑是机器人学中最令人兴奋的领域,同时也是最有争议的。所有人都认为,机器人可以在装配线上工作,但对于它是否可以具有智能则存在分歧。就像"机器人"这个术语本身一样,您同样很难对"人工智能"进行定义。终极的人工智能是对人类思维过程的再现,即一部具有人类智能的人造机器。人工智能包括学习任何知识的能力、推理能力、语言能力和形成自己观点的能力。目前机器人专家还远远无法实现这种水平的人工智能,但他们已经在有限的人工智能领域取得了很大进展。如今,具有人工智能的机器已经可以模仿某些特定的智能要素。计算机已经具备了在有限领域内解决问题的能力。用人工智能解决问题的执行过程很复杂,但基本原理却非常简单。首先,人工智能机器人或计算机会通过传感器来收集关于某个情景的事实。计算机将此信息与已存储的信息进行比较,以确定它的含义。计算机会根据收集来的信息计算各种可能的动作,然后预测哪种动作的效果最好。当然,计算机只能解决它的程序允许它解决的问题,它不具备一般意义上的分析能力。象棋计算机就是此类机器的一个范例。某些现代机器人还具备有限的学习能力。学习型机器人能够识别某种动作是否实现了所需的结果。机器人存储此类信息,当它下次遇到相同的情景时,会尝试做出可以成功应对的动作。同样,现代计算机只能在非常有限的情景中做到这一点。它们无法像人类那样收集所有类型的信息。一些机器人可以通过模仿人类的动作进行学习。在日本,机器人专家们向一部机器人演示舞蹈动作,让它学会了跳舞。有些机器人具有人际交流能力。Kismet 是麻省理工学院人工智能实验室制作的机器人,它能识别人类的肢体语言和说话的音调,并做出相应的反应。

10.3.4　人工智能的前景展望

人工智能已经成为国际竞争的新焦点,也是引领未来的战略性技术,世界主要发达国家把发展人工智能作为提升国家竞争力、维护国家安全的重大战略,加紧出台规划和政策,围绕核心技术、顶尖人才、标准规范等强化部署,力图在新一轮国际科技竞争中掌握主导权。经历 60 多年的不断发展,人工智能已经进入了发展高峰期,各个国家都在抢先布局,也为巨头与创业者打开了一扇大门。

从 2015 年起,国家不断发文鼓励人工智能的发展,2018 年 11 月,科技部公布了首批四家国家新一代人工智能开放创新平台名单,分别是依托"百度公司"建设自动驾驶国家新一代人工智能开放创新平台;依托"阿里云公司"建设城市大脑国家新一代人工智能开放创新平台;依托"腾讯公司"建设医疗影像国家新一代人工智能开放创新平台;依托"科大讯飞公司"建设智能语音国家新一代人工智能开放创新平台。很多创业者会认为,人工智能是巨头、大企业的事情,和自己无关,其实并不是这样,有很多中小型企业、初创者抓住风口积极布局,依然也获得了不菲的成绩。CNBC报道欧盟委员会前主席巴罗佐警告称,在发展人工智能方面,世界可能落后于中国。

其实,人工智能中也有很多适合中小型企业及创业者的选择,可以选择加盟代理的形式进行创业,成本更低,风险更小。

(1)智能家居。智能家居系统采用各种通信技术,比如 RF、ZigBee 技术、WiFi 技术、总线技术等方式来发送指令控制家中各个设备,进行集中管理。同时智能中心控制主机通过双网设计大大提高了系统的可靠性,即使在网速不稳定的地方也可以照常使用。

(2)智能机器人。智能机器人在当今社会变得越来越重要,越来越多的领域和岗位都需要智能机器人参与,这使得智能机器人的研究越来越频繁。目前的智能机器人大多分为电销机器人、家居机器人和儿童机器人。

(3)虚拟现实。虚拟现实技术近两年发展飞快,未来更将广泛应用于教育培训、医疗健康、游戏娱乐、网络社交、影视动画、数字旅游、数字媒体、房地产销售等领域,对现有产品的形态功能产生重大影响。其实,在人工智能行业中,还有许许多多的空白点等待创业者去填补。

人工智能作为时代产物,代表了人类未来发展的无尽可能。人工智能拥有的信息高速处理、学习、人脸识别、数据分析和处理等能力,节省了不必要的人力成本、减少危险岗位,还能使人类日常生活、就医等更加便利快捷。所以我们一定要重视人工智能的发展和规划,让人工智能更大幅度地推动社会的进步和发展。人工智能发展是全球的趋势,受到全球的广泛重视,要在未来的人工智能市场取得一席之地就必须加大人力物力的投资,完善相关的发展规划和发展制度,及时跟进人工智能的发展现状,以期通过人工智能获得进一步的发展机会,做新时代的领军者。

10.4　物联网

10.4.1　物联网的发展概述

所谓物联网,其本质含义是指将各种信息传感设备和互联网进行连接,形成一个连接众多设备的、统一的网络系统,物联网基于互联网和传统电信网络作为信息载体,将原先独立工作的各单位设备进行连接,使其能够以前所未有的融合状态统一操作。物联网具有以下三种特征:①可以实现物与物、人与物之间的无障碍通信,且能够适应多种终端,实现了在互联网基础上进行的拓展和延伸。②物联网系统形成的前提是物品感觉化,物联网实现了物品的自动通信,要求物品在实际使用过程中,能够具备一定的识别和判断能力,让物体能够对周围环境的变化有一定的感知,从而实现物与物、人与物之间的通信功能,一般的解决措施是在物体上植入相应的微型感应芯片,让芯片在运作时帮助物品更好地接收来自外部的信息变化情况,并通过信息处理,让其能够应用于物品的下一步操作中。③物联网系统让物品有了感官能力之后,可以实现企业功能自动化,实现一定程度的自我反馈和智能控制,具备以上功能的物品,可以完成一定程度的自动操作,摆脱了人为重复控制操作的局面,减轻了使用者的负担,让设备具有一定的自主工作能力,并可以利用互联网作为媒介,进行远程的管理。

物联网概念最早出现于比尔·盖茨 1995 年出版的《未来之路》书中,在《未来之路》中,比尔·盖茨已经提及物联网概念,只是当时受限于无线网络、硬件及传感设备的发展,并未引起世人的重视。1998 年,美国麻省理工学院创造性地提出了当时被称作 EPC 系统的“物联网”的构想。1999 年,美国 Auto-ID 首先提出“物联网”的概念,主要是建立在物品编码、RFID 技术和互联网的基础上。过去在中国,物联网被称为传感网。中国科学院早在 1999 年就启动了传感网的研究,并已取得了一些科研成果,建立了一些适用的传感网。同年,在美国召开的移动计算和网络国际会议提出了“传感网是下一个世纪人类面临的又一个发展机遇”。2003 年,美国《技术评论》提出传感网络技术将是未来改变人们生活的十大技术之首。2005 年 11 月 17 日,在突尼斯举行的信息社会世界峰会(WSIS)上,国际电信联盟(ITU)发布了《ITU 互联网报告 2005:物联网》,正式提出了“物联网”的概念。报告指出,无所不在的“物联网”通信时代即将来临,世界上所有的物体从轮胎到牙刷、从房屋到纸巾都可以通过因特网主动进行交换。射频识别技术(RFID)、传感器技术、纳米技术、智能嵌入技术将得到更加广泛的应用。

10.4.2 物联网的体系架构

体系架构可以精确地定义系统的各组成部件及其之间的关系,指导开发人员遵从一致的原则实现系统,保证最终建立的系统符合预期的设想。由此可见,体系架构的研究与设计关系到整个物联网系统的发展,因此下面将对物联体系架构做分析研究。按照自底向上的思路,目前主流的物联网体系架构可以被分为三层:感知层、网络层和应用层。根据不同的划分思路,也有将物联网系统分五层的:信息感知层、物联接入层、网络传输层、智能处理层和应用接口层。本节对当前主流的三层体系架构进行分析。

(1) 感知层。感知层是物联网三层体系架构当中是最基础的一层,也是最为核心的一层,感知层的作用是通过传感器对物质属性、行为态势、环境状态等各类信息进行大规模的、分布式的获取与状态辨识,然后采用协同处理的方式,针对具体的感知任务对多种感知到的信息进行在线计算与控制并做出反馈,是一个万物交互的过程。感知层被看作实现物联网全面感知的核心层,主要完成信息的采集、传输、加工及转换等工作。感知层主要由传感网及各种传感器构成,传感网主要包括以 NB-IOT 和 LoRa 等为代表的低功耗广域网,传感器包括 RFID 标签、传感器、二维码等。通常把传感网划分于感知层中,传感网被看作随机分布的集成有传感器、数据处理单元和通信单元的微小节点,这些节点可以通过自组织、自适应的方式组建无线网络。感知层的通信技术主要是以低功耗广域网为代表的传感网,主要解决物联网低带宽、低功耗、远距离、大量连接等问题,以 NB-IOT、Sigfox、LoRa、e MTC 等为代表的通信技术;其次包括 Zigbee、WiFi、蓝牙、Z-wave 等短距离通信技术。

(2) 网络层。网络层作为整个体系架构的中枢,起到承上启下的作用,解决的是感知层在一定范围一定时间内所获得的数据传输问题,通常以解决长距离传输问题为主。而这些数据可以通过企业内部网、通信网、互联网、各类专用通用网、小型局域网等网络进行传输交换。网络层关键长距离通信技术主要包含：有线、无线通信技术及网络技术等，以 3G、4G 等为代表的通信技术为主，可以预见未来 5G 技术将成为物联网技术的一大核心。网络层使用的技术与传统互联网之间本质上没有太大差别，各方面技术相对来说已经很成熟了。

(3) 应用层。应用层位于三层架构的最顶层，主要解决的是信息处理、人机交互等相关的问题，通过对数据的分析处理，为用户提供丰富特定的服务。本层的主要功能包括两个方面内容：数据及应用。首先应用层需要完成数据的管理和数据的处理；其次要发挥这些数据价值还必须与应用相结合。例如，电力行业的智能电网远程抄表：部署于用户家中的读表器可以被看作感知层中的传感器，这些传感器在收集到用户的用电信息后，经过网络发送并汇总到相应应用系统的处理器中。该处理器及其对应的相关工作就是建立在应用层上的，它将完成对用户用电信息的分析及处理，并自动采取相关信息。

10.4.3　物联网技术

物联网技术中最重要的技术包括传感器、网络技术、无线通信技术、射频识别、信息安全技术、嵌入式技术。

其中射频识别是一种非接触式的符号识别技术，通过无线电信号通信读取相应的数据，无须识别系统与特定目标之间建立某种机械形式的连接，通过无线信号进行连接。

传感器网络技术是实现物联网使用状态的核心，解决的是物联网系统运行过程中的信息感知问题，能够通过传感器对周围的变化情况进行自动感知，并进行简单的数据分析。

物联网的理想状态就是将所有的物品和人连接在一起，实现随时随地通信，所以其最终发展形态具有广泛性和便捷性两大特点，无线通信技术是确保人和物之间进行有效信息沟通的媒介。无线通信技术在近些年取得了较大进展，我国在当今无线通信技术领域发挥着重要作用，参与了很多相关标准的制定。

信息安全技术，由于物联网是以互联网作为基础进行的延伸，所以在使用过程中，为了确保绝对的安全，就要对信息安全技术投入大量的资源进行研发，提高安全系数，无论是物联网还是互联网，在实际的操作过程中都需要与信息通信保持较好的连接。如果不能保证信息安全，那么所有的操作都会存在安全隐患。

10.4.4　物联网的应用领域

物联网的应用领域涉及方方面面，在工业、农业、环境、交通、物流、安保等基础设施领域的应用，有效地推动了这些方面的智能化发展，使得有限的资源更加合理地使用分配，从而提高了行业效率、效益。在家居、医疗健康、教育、金融与服务业、旅游业等与生活息息相关的领域的应用，从服务范围、服务方式到服务质量等方面都有了极大的改进，大大提高了人们的生活质量；在涉及国防军事领域方面，虽然还处在研究探索阶段，但物联网应用带来的影响也不可小觑，大到卫星、导弹、飞机、潜艇等装备系统，小到单兵作战装备，物联网技术的嵌入有效提升了军事智能化、信息化、精准化，极大提升了军事战斗力，是未来军事变革的关键。

(1) 智能交通。物联网技术在道路交通方面的应用比较成熟。随着社会车辆越来越普及，交通拥堵甚至瘫痪已成为城市的一大问题。对道路交通状况实时监控并将信息及时传递给驾驶人，让驾驶人及时做出出行调整，有效缓解了交通压力；高速路口设置道路自动收费系统(简称 ETC),免去进出口取卡、还卡的时间,提升车辆的通行效率;公交车上安装定位系统,能及时了解公交车行驶路线及到站时间,乘客可以根据搭乘路线确定出行,免去不必要的时间浪费。社会车辆增多,除了会带来交通压力外,停车难也日益成为一个突出问题,不少城市推出了智慧路边停车管理系统,该系统基于云计算平台,结合物联网技术与移动支付技术,共享车位资源,提高车位利用率和用户的方便程度。该系统可以兼容手机模式和射频识别模式,通过手机端 APP 软件可以实现及时了解车位信息、车位位置,提前做好预定并实现交费等操作,很大程度上解决了"停车难、难停车"的问题。

(2)智能家居。智能家居就是物联网在家庭中的基础应用,随着宽带业务的普及,智能家居产品涉及方方面面。家中无人,可利用手机等产品客户端远程操作智能空调,调节室温,甚者还可以学习用户的使用习惯,从而实现全自动的温控操作,使用户在炎炎夏季回家就能享受到冰爽带来的惬意;通过客户端实现智能灯泡的开关、调控灯泡的亮度和颜色等;插座内置 WiFi,可实现遥控插座定时通断电流,甚至可以监测设备用电情况,生成用电图表让你对用电情况一目了然,安排资源使用及开支预算;智能体重秤,监测运动效果,内置可以监测血压、脂肪量的先进传感器,内定程序根据身体状态提出健康建议;智能牙刷与客户端相连,提供刷牙时间、刷牙位置提醒,可根据刷牙的数据生成图表,显示口腔的健康状况;智能摄像头、窗户传感器、智能门铃、烟雾探测器、智能报警器等都是家庭不可少的安全监控设备,你长时间出门在外,在任意时间、地方查看家中任何一角的实时状况和任何安全隐患。看似烦琐的种种家居生活因为物联网变得更加轻松、美好。

(3)公共安全。近年来全球气候异常情况频发,灾害的突发性和危害性进一步加大,物联网可以实时监测环境的不安全性情况,提前预防、实时预警、及时采取应对措施,降低灾害对人类生命财产的威胁。美国布法罗大学早在 2013 年就提出研究深海物联网项目,通过特殊处理的感应装置置于深海处,分析水下相关情况,海洋污染的防治、海底资源的探测,甚至对海啸也可以提供更加可靠的预警。该项目在当地湖水中进行试验,获得成功,为进一步扩大使用范围提供了基础。利用物联网技术可以智能感知大气、土壤、森林、水资源等方面各指标的数据,对于改善人类生活环境发挥了巨大作用。

10.4.5 物联网的发展趋势

信息产业经过多年的高速发展,经历了计算机、互联网与移动通信网两次浪潮,物联网被称为世界信息产业第三次浪潮,代表了下一代信息发展技术,物联网是现代信息技术发展到一定阶段后出现的一种聚合性应用与技术提升,将各种感知技术、现代网络技术和人工智能与自动化技术聚合与集成应用,使人与物智慧对话,创造一个智慧的世界。

趋势一:中国物联网产业的发展是以应用为先导,存在着从公共管理和服务市场,到企业、行业应用市场,再到个人家庭市场逐步发展成熟的细分市场递进趋势。目前,物联网产业在中国还是处于前期的概念导入期和产业链逐步形成阶段,没有成熟的技术标准和完善的技术体系,整体产业处于酝酿阶段。物联网概念提出以后面向具有迫切需求的公共管理和服务领域,以政府应用示范项目带动物联网市场的启动将是必要之举。进而随着公共管理和服务市场应用解决方案的不断成熟,企业集聚、技术的不断整合和提升逐步形成比较完整的物联网产业链,从而将可以带动各行业大型企业的应用市场。待各个行业的应用逐渐成熟后,带动各项服务的完善、流程的改进,应用市场才会随之发展起来。

　　趋势二：物联网标准体系是一个渐进发展成熟的过程，将呈现从成熟应用方案提炼形成行业标准，以行业标准带动关键技术标准，逐步演进形成标准体系的趋势。物联网概念涵盖众多技术、众多行业、众多领域，试图制定一套普适性的统一标准几乎是不可能的，标准的开放性和所面对的市场的大小是其持续下去的关键和核心问题。随着物联网应用的逐步扩展和市场的成熟，哪一个应用占有的市场份额更大，该应用所衍生出来的相关标准将更有可能成为被广泛接受的事实标准。

　　趋势三：随着行业应用的逐渐成熟，新的通用性强的物联网技术平台将出现。物联网的创新是应用集成性的创新，一个单独的企业是无法完全独立完成一个完整的解决方案的，一个技术成熟、服务完善、产品类型众多、应用界面友好的应用，将是由设备提供商、技术方案商、运营商、服务商协同合作的结果。随着产业的成熟，支持不同设备接口、不同互联协议、可集成多种服务的共性技术平台将是物联网产业发展成熟的结果。物联网时代，移动设备、嵌入式设备、互联网服务平台将成为主流。无论终端生产商、网络运营商、软件制造商、系统集成商还是应用服务商，都需要在新的一轮竞争中寻找各自的重新定位。

　　趋势四：针对物联网领域的商业模式创新将是把技术与人的行为模式充分结合的结果。中国具有领先世界的制造能力和产业基础，具有五千年的悠久文化，中国人具有逻辑理性和艺术灵活性兼具的个性行为特质，物联网领域在中国一定可以产生领先于世界的新的商业模式。

10.5　虚拟现实

10.5.1　虚拟现实的发展概述

　　所谓虚拟现实，顾名思义，就是虚拟和现实相互结合。从理论上来讲，虚拟现实技术(VR)是一种可以创建和体验虚拟世界的计算机仿真系统，它利用计算机生成一种模拟环境，使用户沉浸到该环境中。虚拟现实技术就是利用现实生活中的数据，通过计算机技术产生的电子信号，将其与各种输出设备结合使其转化为能够让人们感受到的现象，这些现象可以是现实中真真切切的物体，也可以是我们肉眼看不到的物质，通过三维模型表现出来。因为这些现象不是我们直接能看到的，而是通过计算机技术模拟出来的现实世界，故称虚拟现实。

　　虚拟现实技术受到了越来越多人的认可，用户可以在虚拟现实世界体验到最真实的感受，其模拟环境的真实性与现实世界难辨真假，让人有种身临其境的感觉；同时，虚拟现实具有一切人类所拥有的感知功能，比如听觉、视觉、触觉、味觉、嗅觉等感知系统；它具有超强的仿真系统，真正实现了人机交互，使人在操作过程中，可以得到环境最真实的反馈。正是虚拟现实技术的存在性、多感知性、交互性等特征使它受到了许多人的喜爱。

　　从发展历史看，虚拟现实技术的发展经历了四个阶段。

　　第一阶段(1963 年以前)有声形动态的模拟是蕴涵虚拟现实思想的阶段。1929 年，Edward Link 设计出用于训练飞行员的模拟器；1956 年，Morton Heilig 开发出多通道仿真体验系统 Sensorama。

　　第二阶段(1963—1972 年)虚拟现实萌芽阶段。1965 年，Ivan Sutherland 发表论文

"UltimateDisplay"(终极的显示);1968 年,Ivan Sutherland 研制成功了带跟踪器的头盔式立体显示器(HMD);1972 年,NolanBushell 开发出第一个交互式电子游戏 Pong。

第三阶段(1973—1989 年)虚拟现实概念的产生和理论初步形成阶段。1977 年,Dan Sandin 等研制出数据手套 SayreGlove;1984 年,NASA AMES 研究中心开发出用于火星探测的虚拟环境视觉显示器;1984 年,VPL 公司的 JaronLanier 首次提出"虚拟现实"的概念;1987 年,JimHumphries 设计了双目全方位监视器(BOOM)的最早原型。

第四阶段(1990 年至今)虚拟现实理论进一步的完善和应用阶段。1990 年,提出 VR 技术包括三维图形生成技术、多传感器交互技术和高分辨率显示技术;VPL 公司开发出第一套传感手套"DataGloves",第一套 HMD"EyePhoncs";21 世纪以来,VR 技术高速发展,软件开发系统不断完善,有代表性的如 MultiGen Vega、Open Scene Graph、Virtools 等。

10.5.2　虚拟现实的关键技术

(1)动态环境建模技术。虚拟环境的建立是 VR 系统的核心内容,目的就是获取实际环境的三维数据,并根据应用的需要建立相应的虚拟环境模型。

(2)实时三维图形生成技术。三维图形的生成技术已经较为成熟,那么关键就是"实时"生成。为保证实时,至少保证图形的刷新频率不低于 15 帧/秒,最好高于 30 帧/秒。

(3)立体显示和传感器技术。虚拟现实的交互能力依赖于立体显示和传感器技术的发展,现有的设备不能满足需要,力学和触觉传感装置的研究也有待进一步深入,虚拟现实设备的跟踪精度和跟踪范围也有待提高。

(4)应用系统开发工具。虚拟现实应用的关键是寻找合适的场合和对象,选择适当的应用对象可以大幅度提高生产效率,减轻劳动强度,提高产品质量。想要达到这一目的,则需要研究虚拟现实的开发工具。

(5)系统集成技术。由于 VR 系统中包括大量的感知信息和模型,因此系统集成技术起着至关重要的作用,集成技术包括信息的同步技术、模型的标定技术、数据转换技术、数据管理模型、识别与合成技术等。

10.5.3　虚拟现实的技术应用领域

(1)在影视娱乐中的应用。近年来,由于虚拟现实技术在影视业的广泛应用,以虚拟现实技术为主而建立的第一现场 9DVR 体验馆得以实现。第一现场 9DVR 体验馆自建成以来,在影视娱乐市场中的影响力非常大,此体验馆可以让观影者体会到置身于真实场景之中的感觉,让体验者沉浸在影片所创造的虚拟环境之中。同时,随着虚拟现实技术的不断创新,此技术在游戏领域也得到了快速发展。虚拟现实技术是利用计算机产生的三维虚拟空间,而三维游戏刚好是建立在此技术之上的,三维游戏几乎包含了虚拟现实的全部技术,使游戏在保持实时性和交互性的同时,也大幅提升了游戏的真实感。

(2)在教育中的应用。如今,虚拟现实技术已经成为促进教育发展的一种新型教育手段。传统的教育只是一味地给学生灌输知识,而现在利用虚拟现实技术可以帮助学生打造生动、逼真的学习环境,使学生通过真实感受来增强记忆,相比于被动性灌输,利用虚拟现实技术来进行自主学习更容易让学生接受,这种方式更容易激发学生的学习兴趣。此外,各大院校利用虚拟现实技术还建立了与学科相关的虚拟仿真实验室来帮助学生更好地学习。

(3) 在设计领域的应用。虚拟现实技术在设计领域小有成就,例如室内设计,人们可以利用虚拟现实技术把室内结构、房屋外形通过虚拟技术表现出来,使之变成可以看得见的物体和环境。同时,在设计初期,设计师可以将自己的想法通过虚拟现实技术模拟出来,可以在虚拟环境中预先看到室内的实际效果,这样既节省了时间,又降低了成本。

(4) 虚拟现实在医学方面的应用。医学专家们利用计算机,在虚拟空间中模拟出人体组织和器官,让学生在其中进行模拟操作,并且能让学生感受到手术刀切入人体肌肉组织、触碰到骨头的感觉,使学生能够更快地掌握手术要领。而且,主刀医生们在手术前也可以建立一个病人身体的虚拟模型,在虚拟空间中先进行一次手术预演,这样能够大大提高手术的成功率,让更多的病人得以痊愈。

(5) 虚拟现实在军事方面的应用。由于虚拟现实的立体感和真实感,在军事方面,人们将地图上的山川地貌、海洋湖泊等数据通过计算机进行编写,利用虚拟现实技术,能将原本平面的地图变成一幅三维立体的地形图,再通过全息技术将其投影出来,这更有助于进行军事演习等训练,提高我国的综合国力。

除此之外,现在的战争是信息化战争,战争机器都朝着自动化方向发展,无人机便是信息化战争的最典型产物。无人机由于它的自动化以及便利性深受各国喜爱,在战士训练期间,可以利用虚拟现实技术去模拟无人机的飞行、射击等工作模式。战争期间,军人也可以通过眼镜、头盔等机器操控无人机进行侦察和暗杀任务,减小战争中军人的伤亡率。由于虚拟现实技术能将无人机拍摄到的场景立体化,降低操作难度,提高侦查效率,所以无人机技术和虚拟现实技术的发展刻不容缓。

(6) 虚拟现实在航空航天方面的应用。由于航空航天是一项耗资巨大,非常烦琐的工程,所以,人们利用虚拟现实技术和计算机的统计模拟,在虚拟空间中重现了现实中的航天飞机与飞行环境,使飞行员在虚拟空间中进行飞行训练和实验操作,极大地降低了实验经费和实验的危险系数。

10.5.4 虚拟现实的未来发展趋势

对 VR 技术进行历史溯源,我们认为虚拟现实技术仍有着极为广阔的发展空间,一系列应用技术如动态环境建模技术、实时三维图形生成和显示技术、新型交互设备的研制、智能化语音虚拟现实建模在未来技术更新中必将得到诸多关注。下面对此进行简单介绍。

(1) 动态环境建模技术。这一技术是虚拟环境技术的基础性、支撑性技术,能够对现实层面中的基础数据进行组织处理,从中提取出建设虚拟环境所需的三维数据,以此助力于虚拟环境模型的建设。

(2) 实时三维图形生成和显示技术。现阶段这一技术已趋于成熟,对这一技术革新的关键在于能否及时生成实时效果。最为理想的技术状态应保证图形本身的高质量与复杂度,同时不断提升三维图生成与显示过程中的刷新效率,且 VR 技术对于立体显示、传感器等有着较高的要求,故全新化、高质量的技术有其生成的必要性。

(3) 新型交互设备。虚拟现实技术将人类主体与虚拟世界的完美交际作为主要追求目标,现阶段头盔显示器、数据手套、数据衣服、三维位置传感器和三维声音产生器为主要的输入—输出设备,但它们往往成本过高、在交互效果上仍不甚令人满意。为实现交互效果、用户体验的最佳化,开发者应寻求成本更为合适、性能更为优良的数据显示设备作为载体。

　　在过去的数十年实践中，通信技术与计算机技术几乎以并驾齐驱的速度迅猛发展，两类技术之间的互助支撑促使网络技术层面发生了翻天覆地的变革，整个信息应用系统层面也呈现出较之传统信息时代更为蓬勃的生机。当然，在一片光明的研究前景中，虚拟现实技术所存在的诸多问题也需引起相关开发人员的重视，如虚拟系统本身的交互性、逼真性程度等问题，这一系列问题的解决，有赖于人工智能、数据处理、社会学等各领域的合作互助，也是未来虚拟现实技术发展的必然趋势。

参 考 文 献

[1] 李永胜,卢凤兰,等.大学计算机(Windows 10+Office 2016)[M].北京：电子工业出版社,2020.

[2] 高万萍,王德俊.计算机应用基础教程(Windows 10,Office 2016)[M].北京：清华大学出版社,2020.

[3] 黄晓宇,等.大学计算机基础(Windows 7+Office 2010 版)[M].北京：清华大学出版社,2018.

[4] 罗容,迟春梅,王秀鸾.大学计算机——基于计算思维[M].6 版.北京：电子工业出版社,2020.